国家林业局普通高等教育"十三五"规划

U0664265

森林工程导论

赵　尘　主编

中国林业出版社

内 容 简 介

本教材首先从森林资源、森林环境进行阐述，主要介绍森林工程的内涵和特点，并简述森林工程专业的学习内容和方法；然后结合现代森林工程学科的知识和技术体系，依次阐述森林资源建设与保护工程、森林资源开发利用工程、林区道路与运输工程、森林作业技术与管理、森工经济与管理；最后讲述了森林工程科技发展前沿。

本教材的特点体现在以下3个方面：第一，知识系统全面。本书着重反映了森林工程的资源与环境、建设与保护、开发与利用、道路与运输、技术与管理、经济与法律、历史与前瞻全貌。第二，体系新颖。力图使森工行业、学科与专业，森林资源建设、保护与利用，采伐、道路与运输，技术、经济与管理，作业、机械与规划设计，行业现状与发展贯穿一体。第三，适合初学者学习和掌握。知识由浅入深，技术由初级到专业，理论浅显易懂。

本教材适用于森林工程专业学生的专业入门导论课程和非森工专业（林产化工、木材科学与工程、农林经济管理、林学等）学生的森工概论课程，使读者了解和掌握森工生产过程和森林工程的基本知识、技术与方法，同时，本教材也适合一般林业技术人员的自学使用。

图书在版编目（CIP）数据

森林工程导论 / 赵尘主编. —北京：中国林业出版社，2018.2（2025.6 重印）
国家林业局普通高等教育"十三五"规划教材
ISBN 978-7-5038-9447-3

Ⅰ. ①森… Ⅱ. ①赵… Ⅲ. ①森林工程–高等学校–教材 Ⅳ. ①S77

中国版本图书馆 CIP 数据核字（2018）第 036316 号

国家林业局生态文明教材及林业高校教材建设项目

中国林业出版社·教育出版分社

策划编辑： 肖基浒　吴　卉　**责任编辑：** 肖基浒　范立鹏
电话：（010）83143560　　　**传真：**（010）83143516

出版发行	中国林业出版社（100009　北京市西城区德内大街刘海胡同 7 号）	
印　　刷	中林科印文化发展（北京）有限公司	
版　　次	2018 年 2 月第 1 版	
印　　次	2025 年 6 月第 2 次印刷	
开　　本	850mm×1168mm　1/16	
印　　张	13.25	
字　　数	314 千字	
定　　价	36.00 元	

《森林工程导论》编写人员

主　　编　　赵　尘

编写人员　　(按姓氏笔画排序)

王大明　(南京林业大学)

王伟杰　(南京林业大学)

冯　岚　(南京林业大学)

余爱华　(南京林业大学)

张正雄　(福建农林大学)

赵　尘　(南京林业大学)

赵　康　(南京林业大学)

赵　曜　(南京林业大学)

前　言

　　本教材从森林资源、森林环境出发，介绍森林工程的内涵和特点，按照现代森林工程学科知识和技术体系，依次阐述森林资源建设与保护工程、森林资源开发利用工程、林区道路与运输工程、森林作业技术与管理、森工经济与管理等，并介绍森林工程专业的学习内容和学习方法、森林工程科技发展前沿等。本教材全方位涵盖了森林工程的行业、学科专业、资源环境、规划设计、作业技术、工程经济、工程管理等基本内容，包含本专业的基本理论、技术、产品和方法等，同时介绍了森工生产、学科专业的发展历史、现状和发展前景。

　　本教材的定位是面向森林工程的初学者：一是作为森林工程专业低年级学生专业入门导论课教材，引导学生大学4年的学习(课程、实践)；二是作为非森工专业(如林学、农林经济管理、林产化工、木材科学与工程等)学生的"森工概论"课程教材；三是作为一般林业和森工技术人员自学读物，以了解和掌握森工生产过程和森林工程的基本知识、方法与技术。内容上注重知识性、全面性、系统性和创新性，形式上注重启发性、趣味性、开放性、可读性。本教材适用于30~50学时的课程教学。

　　本教材具有以下特点：

　　1. 知识系统全面：本书全方位地反映了现代森工生产的知识和技术，包括森林工程的资源与环境、建设与保护、开发与利用、道路与运输、技术与管理、经济与法律、历史与发展的全貌。

　　2. 体系新颖：本书由森林资源与环境引出森林工程行业、学科与技术，把森工行业、学科与专业，森林资源建设、保护与利用，采伐、道路与运输，技术、经济与管理，作业、机械与规划设计，行业现状与发展前瞻贯穿一体，从而形成新颖的教学内容和方法体系。

　　3. 适合初学者：本书内容连贯，知识由浅入深，技术由初级到专业，理论浅显易懂，适用于森工专业低年级和非森工专业初学者的教学，也可用于一般林业森工从业人员的自学。

　　《森林工程导论》为南京林业大学立项建设的重点教材，由南京林业大学赵尘主编。参编人员主要是南京林业大学森林工程学科的教师。

　　本教材具体编写分工如下：赵尘编写第 1 章和第 2 章；王大明编写第 3 章；赵康编写第 4 章和第 7 章；王伟杰和冯岚编写第 5 章；张正雄编写第 6 章；赵曜编写第 8 章；赵尘和余爱华编写第 9 章。

　　本教材是在森林工程行业和学科新的内容体系下的一次尝试，定有众多的商榷之处，诚请各位读者不吝赐教。

赵　尘

2017 年 6 月 12 日于南京

目　录

第1章

森林资源与环境

【本章提要】本章给出了森林、资源、环境的定义；介绍了我国森林资源的历史变迁、现状、结构和分布特点；简要介绍了世界森林资源概况，森林的地理环境、生态环境和林区社会经济环境；阐述了森林资源的三大效益。

森林工程(forest engineering)是一门面向森林的工程学科专业，泛指在森林区域内与森林资源相关的采运工程、土木工程、机械运用工程、交通运输工程和管理工程。森林工程学科按照国务院学位委员会、教育部颁布的《学位授予和人才培养学科目录(2011年)》归属工学门类林业工程(forestry engineering)一级学科的下属二级学科，学科代码为082901。林业工程学科的另外两个二级学科是木材科学与技术(wood science and technology)和林产化学加工工程(chemical engineering of forest products)，这3个二级学科在教育部颁布的2012版《全国普通高等学校本科专业目录》(2012版)中，分别对应林业工程专业类下属的森林工程、木材科学与工程和林产化工3个本科专业。

我国在长期的森林开发利用实践中，森林工程和森林工业(forest industry)均被我们简称为"森工"。本教材所称"森工"特指森林工程，与学科和专业分类一致。

在本书中，首先介绍了森林资源与环境的概念，进而阐述了森林工程学科涉及的3个主要工程领域：森林资源建设与保护工程、森林资源开发与利用工程以及林区道路与运输工程；其后分别了阐述森林作业技术、森工经济与管理；最后介绍了森林工程的科技发展前景。

森林资源是森林工程的对象，森林环境是人在森林中所处的地域空间。森林资源与环境的特性决定了森林工程较一般工程领域有着独特之处。森林工程的目的是发挥森林资源的三大效益。

1.1 森林、资源、环境的概念

(1)森林(forest)

森林是以树木为主体组成的地表生物群落(biome)。在自然界中，森林是地球表面经过自然历史长期发展形成的地理景观。森林是陆地生态系统中结构组成最复杂、生物种类最丰富、适应性和稳定性最强、功能最完善的生态系统(ecosystem)。联合国粮食及农业组织(FAO)把森林定义为树冠覆盖土地(林分郁闭度)面积大于10%、树高在5m以上、能生产木材且面积大于0.5hm^{2}的林地。这个定义包含了郁闭度标准和面积标准(又称规模标准)两层含义限制。

一般人都知道"众木为林"，汉《淮南子》一书中，就把"木丛曰林"作为森林的定义。近代日本给森林下的定义为："大地之上，树木丛生之地。其木曰林木，其地曰林地。二者合称谓森林。"

我们把覆盖在地球表面上的众多植物称作"植被"，植被又可划分为各种类型的植物群落，森林就是植物群落的一种类型。其他植物群落类型还有草原、湿地、荒漠、冻原等。现在一般认为，森林是以乔木为主体，包括灌木、草本植物以及其他生物在内，含有相当大的空间，密集生长，并能显著影响环境的生物群落。森林与环境是一个对立统一、不可分割的总体。

在森林里，不仅有许多树木即木本植物，还有草本植物、蕨类植物、苔藓植物、藤本植物和菌类等，植物下面是土壤，土壤里还有微生物，此外，森林里还有鸟类、兽类、爬行类、两栖类、昆虫类等动物。形成了一个千姿百态的生物层。森林中的所有生物息息相关，构成了一张复杂的食物网。

（2）资源（resource）

按《辞海》（2010 年版）中的解释，资源为一国或一定地区内拥有的物力、财力、人力等物质要素的总称，分为自然资源和社会资源两大类。前者如阳光、空气、水、土地、森林、草原、动物、矿藏等；后者包括人力资源、信息资源以及劳动创造的物质财富等。

森林资源（forest resources）是自然资源的重要组成部分。我国 2011 年修订实施的《森林法实施条例》指出森林资源包括森林、林木、林地以及依托森林、林木、林地生存的野生动物、植物和微生物。森林，包括乔木林和竹林。林木，包括树木和竹子。林地，包括郁闭度 0.2 以上的乔木林地以及竹林地、灌木林地、疏林地、采伐迹地、火烧迹地、未成林的造林地、苗圃地和宜林地。

森林资源是有生命的再生资源，具有多种效益和功能。人类对森林资源的开发只要按森林发展的自然规律，实施科学经营，合理利用，积极保护，有效管理的发展模式，森林资源的生产力将永不枯竭。

从广义上而言，森林生态系统中一切为人们所认识，并具有一定效益的物质，均属森林资源范畴。由于林木、林地资源是构成森林资源的主体，所以本章主要介绍林木和林地资源。

（3）环境（environment）

何谓环境？哲学上认为，环境是相对的概念，是相对于主体的客体。社会学认为，环境是以人为主体的外部世界。而生态学界则认为，环境是以生物为主体的外部世界。环境科学认为，环境是以人类社会为主体的外部世界的总体，即人类赖以生存、繁衍和发展的各种因素（自然因素与社会因素）的总和。我国《环境保护法》规定，环境是指影响人类生存和发展的各种天然的和经过人工改造的自然因素的总体，包括大气、水、海洋、土壤、矿藏、森林、草原、野生生物、自然遗迹、人文遗迹、自然保护区、风景名胜区、城市和乡村等。

对林木个体和森林群落而言，其所处的物理环境是由地上部分周围的大气和地下部分周围的土壤所组成的。对森林里的人及其活动来说，森林环境就是周围的土壤、植被、动物、微生物、光、大气、水、地质、地理、人文等外部自然因素与社会因素的总和，其中植被、动物、微生物属于生物因素，土壤、光、大气、水、地质、地理等属于非生物因素。

由以上关于森林、资源、环境的定义可见，三者是密切联系在一起的有机整体。如图 1-1 所示，在森林工程领域，一般认为森林、森林资源、森林环境之间存在以下关系。

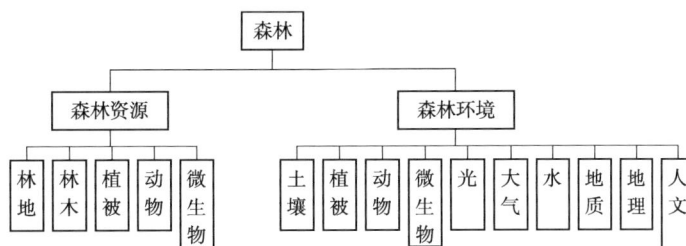

图 1-1　森林、森林资源、森林环境的关系

1.2　中国的森林资源

1.2.1　中华人民共和国成立 60 多年来中国森林资源的变化

森林是一种可再生的自然资源，有着生长和枯损的自然发展演替过程。同时，由于受到人类经营活动和自然条件的影响，森林的数量、质量和分布状况处于不断变化的状态。

目前中国森林面积占世界森林面积的 5%，居俄罗斯、巴西、加拿大、美国之后，列第 5 位；森林蓄积量占世界森林总蓄积量的 3%，居巴西、俄罗斯、美国、刚果民主共和国、加拿大之后，列第 6 位。人工林面积居世界首位。近 60 多年来我国森林资源变化情况见表 1-1。

表 1-1　中国森林资源变化情况

时 期 （年）	森林面积 （$\times 10^8 \mathrm{hm}^2$）	森林蓄积量 （$\times 10^8 \mathrm{m}^3$）	森林覆盖率 （%）	人均森林面积 （hm^2）	人均森林蓄积量 （m^3）
1950—1962	1.13		11.81		
1973—1976	1.22	86.56	12.70	0.14	9.63
1977—1981	1.15	90.28	12.00	0.12	9.10
1984—1988	1.25	91.41	12.98	0.11	8.41
1989—1993	1.34	101.37	13.92	0.114	8.622
1994—1998	1.59	112.67	16.55	0.128	9.048
1999—2003	1.75	124.56	18.21	0.130	9.000
2004—2008	1.95	137.21	20.36	0.145	10.151
2009—2013	2.08	151.37	21.63	0.151	10.983

1.2.2 中国森林资源现状

据第八次全国森林资源清查(2009—2013 年)结果,我国 $960 \times 10^4 km^2$ 国土上的森林资源状况如下。

(1)林地面积

全国林地面积 $3.10 \times 10^8 hm^2$,占国土总面积 32.3%,其中有林地面积 $1.91 \times 10^8 hm^2$,占 61.6%,其余为疏林地、灌木林地、未成林造林地、苗圃地、宜林地和无林地。在有林地面积中,防护林 $9\,967 \times 10^4 m^2$,用材林 $6\,724 \times 10^4 hm^2$,薪炭林 $177 \times 10^4 hm^2$,特种林 $1\,631 \times 10^4 hm^2$,经济林 $2\,056 \times 10^4 hm^2$,竹林 $616 \times 10^4 hm^2$。全国人均占有林地面积约 $0.14 hm^2$。

(2)林木蓄积量

全国活立木总蓄积量为 $164.33 \times 10^8 m^3$,其中森林(林分)蓄积量 $151.37 \times 10^8 m^3$,其余为疏林、散生木和四旁树蓄积,为 $12.96 \times 10^8 m^3$。全国人均森林蓄积量约 $11 m^3$。

(3)森林覆盖率

按有林地面积占全国国土总面积的比率计算,全国森林覆盖率为 21.63%。在全国各省、自治区、直辖市中,森林覆盖率最高的为福建,达 66.0%;江西次之,为 60.0%;浙江、台湾分别位居第 3 和第 4 位,森林覆盖率分别为 59.1%和58.8%。按活立木蓄积量排列,前 5 位依次为西藏、云南、黑龙江、四川和内蒙古,均在 $14 \times 10^8 m^3$ 以上;而上海、天津、宁夏、北京最少,均不足 $2\,000 \times 10^4 m^3$。

1.2.3 中国森林资源结构

以上只是介绍了我国森林资源的数量,而其结构状况则更能反映森林资源的特点。

1.2.3.1 林种结构

按照自然、社会条件和国民经济需要、以及森林经营目的和功能,我国森林划分为防护林、用材林、薪炭林、特种用途林和经济林 5 大林种。各林种的经营目的和主导功能如下:

(1)防护林

以防护为主要目的的森林、林木和灌木丛。该林种包括水源涵养林、水土保持林、防风固沙林、农田和牧场防护林、护岸林、护路林等。

(2)用材林

以生产木材、竹材为主要目的的森林和林木。该林种包括速生丰产用材林、一般用材林以及为培育某种工业生产所需的专业用材林,如造纸林、矿柱林等。

(3)经济林

以生产果品、食用油料、饮料、饲料、工业原料和药材等为主要目的的森林和林木。该林种如油料林、特种经济林、果树林等。

(4)薪炭林

以生产燃料为主要目的的森林和林木。

（5）特种用途林

以国防、环境保护、科学实验、风景旅游等特种用途为主要目的的森林和林木。该林种包括国防林、实验林、母树林、环境保护林、森林公园、风景名胜林、自然保护区森林等。

目前全国各林种面积和蓄积量分别为：防护林 9 967×10⁴hm²、79.48×10⁸m³；用材林 6 724×10⁴hm²、46.02×10⁸m³；特种林 1 631×10⁴hm²、21.70×10⁸m³；薪炭林 177×10⁴hm²、0.59×10⁸m³；经济林 2 056×10⁴hm²；竹林 616×10⁴hm²。

1.2.3.2　林龄结构

森林从幼苗培育到成熟成材，历经十数年乃至百余年。由于树种生物学特性、生长过程及经营利用方式的不同，森林按树种年龄大小可划分成 5 个阶段（龄级），即幼龄林、中龄林、近熟林、成熟林和过熟林。每个龄级期限即级差定为 5 年、10 年或 20 年，南部毛竹龄级期限定为 2 年。

目前全国森林各龄组的面积和蓄积量分别为：幼龄林 5 332×10⁴hm²、16.30×10⁸m³；中龄林 5 311×10⁴hm²、41.06×10⁸m³；近熟林 2 583×10⁴hm²、30.34×10⁸m³；成熟林 2 176×10⁴hm²、35.64×10⁸m³；过熟林 1 058×10⁴hm²、24.45×10⁸m³。

1.2.3.3　树种结构

按第 8 次全国森林资源清查结果，在全国有林地中，以针叶树为优势的乔木林面积为 7 311×10⁴hm²，蓄积量 76.81×10⁸m³，分别占乔木林林分面积的 43.9% 和林分蓄积量的 50.7%；以阔叶树为优势的乔木为林面积 9 344×10⁴hm²，蓄积量 74.56×10⁸m³，分别占林分面积的 56.1% 和林分蓄积量的 49.3%。

全国森林按优势树种或树种组成统计可划分为近 40 种林分（树种）类型，其中林分面积较大的 10 个优势树种依面积由大到小排列依次为：栎类、桦木、杉木、落叶松、马尾松、杨树、云南松、桉树、云杉、柏木。这 10 种林分面积合计占地 8 649×10⁴hm²，占全国林分总面积的 53%；蓄积量合计 70.15×10⁸m³，占全国蓄积总量的 47%。

1.2.3.4　权属结构

全国森林按土地权属分国有林和集体林两类。在全国林地面积和有林地面积中，集体林与国有林之比约为 6∶4，而蓄积量上则约为 4∶6。在经济林和竹林面积上集体林占绝对多数，均在 95% 以上。

1.2.3.5　起源结构

全国森林按起源不同，划分为天然林、人工林两大类。全国天然林面积 12 184×10⁴hm²，占有林地面积的 64%；天然林蓄积量 122.96×10⁸m³，占森林蓄积总量的 83%。天然林主要分布在东北、西南各省（自治区）。全国人工林面积 6 933×10⁴hm²，占有林地面积的 36%；人工林蓄积 24.83×10⁸m³，占森林蓄积总量的 17%。人工林面积和蓄积较大的有广西、广东、湖南、四川、云南、福建，这 6 个省（自治区）合计的人工林面积和蓄积均占全国的 42%，其中广西人工林面积最大，占全国总面积的 9%，福建人工林蓄积量最多，占全国总蓄积量的 10%。

1.2.4　中国森林资源特点

（1）森林类型齐全，树种丰富

中国地域辽阔，自然条件复杂多样，形成了中国森林类型多样，森林植物种类繁多、绚丽多彩的特色，在世界植物宝库中占有重要地位。世界上 2 万余种木本植物中，中国有 8 000 余种，其中乔木树种 2 000 多种。在针叶树中，我国拥有构成北半球主要森林树种的松杉科植物中的 26 个属近 200 种。其中水杉、银杏、金钱松、水松、福建柏、台湾杉、油杉、杉木属均为中国特有。阔叶树种更为丰富，达 260 属之多。此外，中国还是世界上竹类资源最丰富的国家，有竹类 30 个属、300 种以上，竹林广泛分布于长江以南的亚热带地区是竹类分布的中心，其中以毛竹分布最为广泛。

（2）森林资源面积和蓄积量大，但森林覆盖率低，资源分布不均，人均占有量少

据 2010 年联合国粮食及农业组织的统计，全世界森林总面积为 $40×10^8hm^2$，森林覆盖率为 31%，森林总蓄积量 5 270×10^8m^3。在 233 个国家和地区中，中国森林面积居第 5 位，林木总蓄积量名列第 6 位。我国森林资源分布主要受自然条件的制约，分布极不均衡，东北、西南边远地区和东南部省份森林资源多，西北、华北、中原省份分布少。从人均占有量看，我国人均占有森林面积约 $0.15hm^2$，森林蓄积约 $11m^3$，远远低于世界人均 $0.6hm^2$ 和 $79m^3$ 的水平。我国森林覆盖率为 21.63%，也远低于世界 31% 的水平。

（3）林地利用率低，生产力低，单位面积蓄积小

林业用地利用率是指有林地占林业用地面积的比重，这是衡量一个国家或地区林业发展水平的重要标志之一。中国现有林业用地 $3.1×10^8hm^2$，而有林地面积仅 $1.91×10^8hm^2$，占林业用地面积的 61.6%。世界上一些林业发达国家林地利用率一般都在 80% 以上，美国、德国、芬兰等国都超过 90%。我国森林每公顷平均蓄积为 $89.79m^3$，只相当于世界平均 $131m^3$ 的 68.5%。

（4）人工林面积大，但质量不高，发展潜力大

我国拥有世界第一大的人工林面积，达 $6 833×10^4hm^2$，约占全国有林地面积的 36%。但人工林质量不高，平均每公顷蓄积量只有 $53m^3$，仅相当于全国林分平均每公顷蓄积的 59%。中国人工林造林保存面积居世界之首，而且目前还有未成林造林地超过 $1 000×10^4hm^2$，经过经营、培养和管护，几年后将可郁闭成林。

1.2.5　中国的主要林区

森林资源地理分布与自然条件、经济社会发展有着密切关系。森林是以乔木为主体组成的植物群落，乔木的生长发育主要受到自然条件中热量和水分的影响。中国地域辽阔，江河湖泊众多、山脉纵横交织，复杂多样的地貌类型以及纬向、经向和垂直地带形成的水热条件差异，造就了复杂的自然地理环境，孕育了生物种类繁多、植被类型多样的森林资源。不同气候带和水热条件组合而成的环境，适生着不同种类的森林植物，形成了不同类型森林，其分布显著反映了地带性，由北向南依次为寒温带针叶林、温带针叶与落叶阔叶混交林、暖温带落叶阔叶林、北亚热带常绿与落叶阔叶混

交林、中亚热带典型常绿阔叶林、南亚热带季风常绿阔叶林、热带季雨林和雨林。

中国大陆区域内的降水主要来源于东南部太平洋季风和西南部印度洋季风所携带的暖湿气流，大部分地区的降水量显现从东南向西北、从沿海向内陆递减的规律性。因而从东北到西南形成了一条年平均 400mm 等降水线，这一等降水线把中国疆域分为东南与西北两半。这条等降水线即著名的胡焕庸线，即黑河—腾冲一线。其西北侧年降水量低于 400mm，为干旱、半干旱区，该区域由于水分不足，绝大部分地区不能生长乔木林。在东南侧为湿润、半湿润区，年降水量大于 400mm，甚至高达 2 000～3 000mm，丰足的水热条件使该区域大部地区都适于乔木林生长，中国现有森林绝大部分分布在这一区域。

社会经济发展的不平衡造成我国现有森林资源的地理分布极不均衡。总的趋势是东南部多、西北部少。在东北、西南边远省份及东南、华南丘陵山地森林资源分布多，而辽阔的西北地区、内蒙古中西部、西藏中西部以及人口稠密经济发达的华北、中原及长江、黄河下游地区，森林资源分布少。

中国林区主要有东北内蒙古林区、东南低山丘陵林区、西南高山林区、西北高山林区和热带林区 5 大林区。五大林区的土地面积占全国国土面积的 40%，森林面积占全国的 77%，森林蓄积量占全国的 88%。5 大主要林区森林资源统计结果见表 1-2。

表 1-2　中国 5 大主要林区森林资源统计结果

林　区	森林覆盖率（%）	森林面积（×10⁴hm²）	占全国比例（%）	森林蓄积（×10⁸m³）	占全国比例（%）
东北内蒙古林区	68.82	3659	15.99	35.41	23.96
东南低山丘陵林区	55.55	6127	26.78	28.95	19.59
西南高山林区	23.78	4483	19.59	52.85	35.76
西北高山林区	49.90	544	2.38	5.74	3.88
热带林区	47.79	1294	5.66	10.03	6.79
合　计	—	16107	77.44	132.98	87.85

资料来源：国家林业局编制《中国森林资源报告（2009—2013）》，中国林业出版社，2014。

1.2.5.1　东北内蒙古林区

东北、内蒙古林区地处黑龙江、吉林、内蒙古 3 省（自治区），包括大兴安岭、小兴安岭、完达山、张广才岭、长白山等山系。该林区地跨寒温带和温带两个气候区，气候较湿润，山势和缓，森林资源丰富，是我国森林资源主要集中分布区之一。该林区优势树种为落叶树、桦木、栎类、阔叶混交林、针阔混交林等。林龄结构中中幼龄林比重较大。东北林区的权属结构以国有林为主，是中国开发最早、规模最大的林业生产基地，目前已建立 4 个大型国有森林工业企业集团，包括 84 个森林工业企业。该区森工企业除生产木材外，还生产大量林副特产品。

1.2.5.2　东南低山丘陵林区

该林区包括江西、福建、浙江、安徽、湖北、湖南、广东、广西、贵州、四川、重庆等省(自治区、直辖市)的全部或部分地区。该区域地处中国湿润半湿润区,大部位于亚热带气候区,该区域气候温和,雨量充沛,自然条件优越,给林木生长创造了有利的发展条件。本区森林树种资源丰富,优势树种为马尾松、杉木、栎类、硬阔叶类林、杂木、软阔叶类林等。本林区经济林树种繁多,主要有油茶、油桐、漆树、棕榈以及各种干鲜果类树种分布,同时也是重要的竹材产区,其竹林面积占全国的98.2%。一般在海拔1 000m以下天然或人工竹林分布广泛,主要有毛竹、刚竹、水竹、青皮竹和苦竹等。

本林区林龄结构中幼龄林比重甚大。人工林占本区有林地面积的45%,占全国的54%。本林区近90%的森林面积权属归为集体所有,故传统上称为南方集体林区。

1.2.5.3　西南高山林区

该林区主要包括云南、四川、西藏3省(自治区)的部分地区。本林区纬度低,海拔高,地形起伏大,水热条件复杂,植物种类繁多,森林分布垂直带明显。其中在横断山脉地区的川西、滇东南和西藏东部分布有原始林,主要树种是云冷杉,树木高大,单位蓄积高,有的云杉林每公顷蓄积高达3 000m³,林分平均树高达68.5m。由于本林区森林多处于大江河流上游,对保持水土、涵养水源有巨大作用。因此,本区森林兼有防护和用材双重作用。

该林区优势树种为栎类、云南松、云杉、冷杉、杂木、硬阔叶类林、桦木、思茅松、高山松、软阔叶类林等。成过熟林比重很大。

1.2.5.4　西北高山林区

该林区主要包括新疆天山、阿尔泰山,甘肃祁连山、白龙江、子午岭,陕西秦岭、巴山等林区。本林区以天然林为主,大多分布在高山峻岭及水分条件较好的山地。对西北干旱半干旱区的自然环境而言,该林区的森林在维护生态环境方面有举足轻重的作用。该林区优势树种为云杉、栎类、落叶树、硬阔叶类林、冷杉、桦木、软阔叶类林、杨类、油杉、华山松、柏木等。

1.2.5.5　热带林区

该林区包括云南、广西、广东、海南、西藏5省(自治区)的部分地区。该区热量充足,全年基本无霜。降水充沛,干湿季分明,降雨主要集中在夏季。森林类型有热带季雨林、热带常绿阔叶林、热带雨林和红树林等。

1.2.6　近5年中国森林资源的变化

在2008—2013年的5年间,全国森林面积、蓄积量增长,森林覆盖率提高;天然林逐步恢复,人工林快速发展;森林质量和结构有所改善,健康状况趋于好转,供给能力逐步加大。我国森林资源总体上呈现数量持续增加、质量稳步提升、效能不断增强的发展态势。主要表现为以下变化特征:

(1)森林面积、蓄积量持续增长

森林面积增加1 223×10⁴hm²,增长6.7%;森林覆盖率提高1.27个百分点,增长6.2%;森林蓄积量增加14.16×10⁸m³,增长10.3%。森林资源整体上继续呈现生长大于消耗的良好态势。

（2）天然林逐步恢复，人工林快速发展

天然林面积增加 $215 \times 10^4 \mathrm{hm}^2$，增长 1.8%；蓄积增加 $8.94 \times 10^8 \mathrm{m}^3$，增长 7.8%。人工林面积增加 $764 \times 10^4 \mathrm{hm}^2$，增长 12.6%；蓄积增加 $5.22 \times 10^8 \mathrm{m}^3$，增长 26.6%。

（3）人工林采伐比重进一步加大

人工林采伐量所占比重上升了 7 个百分点，达 46%；天然林采伐量继续减少，森林采伐对象逐步由天然林向人工林转移。

（4）森林质量进一步提高

森林每公顷蓄积量增加 $3.91\mathrm{m}^3$，达 $89.79\mathrm{m}^3$，增长 4.6%。森林每公顷年均生长量达 $4.23\mathrm{m}^3$，增长 9.9%。

（5）森林健康趋于好转

按林木生长发育状况和受灾情况，综合评定森林健康状况，处于健康等级的乔木林面积占 75%，提高了 3 个百分点；处于亚健康、中健康和不健康等级的面积分别占 18%、5% 和 2%，其中亚健康的比例下降了 3 个百分点。

1.3　世界森林资源

1.3.1　世界森林区划

由于世界各地区的气候、土壤、位置等环境因素的差异，形成具有不同景观和特征的森林群落。联合国粮食及农业组织把世界森林资源划分为 5 大基本类型：寒带针叶林、温带混交林、亚热带常绿阔叶林、热带雨林和干旱林。

（1）寒带针叶林

分布于北纬 45°~70° 之间，主要在俄罗斯、瑞典、芬兰、挪威、加拿大和美国，属大陆性气候地域，为世界重要的用材林基地。其树种单纯，北欧和原苏联的寒带针叶林绝大部分为泰加林。在俄罗斯，泰加林（即沼泽林）面积占有林地面积的 90%，西部主要树种为西伯利亚云杉和冷杉，东部主要树种为西伯利亚落叶松和兴安落叶松。北美主要有北美云杉和加拿大铁杉。北欧主要有欧洲赤松和欧洲铁杉。在中国东北，朝鲜北部，俄罗斯西南、西伯利亚及远东地区分布有珍贵树种红松。

（2）温带混交林

主要分布在北半球中纬度、温带海洋性气候地域，包括混交林亚型、针阔混交林和阔叶林。以针叶树种占优势的混交林主要分布在俄罗斯针阔混交林的北部和北美西海岸，其次位于欧洲山区、墨西哥和喜马拉雅山。温带阔叶林主要分布在欧洲（北纬 60° 以南）和远东地区（中国、日本北部）。在针叶林和阔叶林之间分布着一条宽广的针阔混交林带。温带混交林树种较寒带针叶林复杂，针叶树种有欧洲云杉、北美黄杉、铁杉、欧洲松、红松和加拿大云杉，阔叶林树种有山毛榉、栎树、椴树和槭树等。

（3）亚热带常绿阔叶林

主要分布在南、北半球的亚热带地区。亚洲分布区域为中国长江以南地区和日本南部，主要树种有桉树、杉木、油桐、竹、柳杉、核桃、山核桃、樟、松和栎。北美洲分布区域为美国东南部的佛罗里达州、佐治亚州、阿拉巴马州和路易斯安那州，主要树种有火炬松、美国长叶松、美国红皮松、美国沙松、湿地松、紫杉、铅笔柏和栎树等。大洋洲分布区域为澳大利亚西南、东南地区及新西兰，主要树种为桉树。

（4）热带雨林

分布在赤道附近，属海洋性气候区域。其林分结构和树种都极为复杂，主要树种为喜湿性常绿树。全球呈 3 大片分布：南美洲主要分布在巴西的亚马孙河流域，代表树种有青紫苏木、绿心木、钟花树和轻木等；非洲主要分布在中非和西非的安哥拉、刚果民主共和国、中非、喀麦隆、尼日利亚和加蓬等国，主要树种有加蓬榄、非洲桃花心木、非洲楝、非洲梧桐、艳榄仁树和大绿柄桑等；亚洲主要分布在南亚和东南亚的印度、斯里兰卡、泰国、越南、菲律宾、印度尼西亚、马来西亚和巴布亚新几内亚，主要树种有龙脑香、柚木、檀香、黄檀和香椿等。热带雨林是世界大径级阔叶材的主要产地，也对全球的生态效益具有特殊的重要意义。

（5）干旱林

广泛分布在亚洲、非洲、南美洲和大洋洲等严重干旱的部分地区。因生长季节极度缺雨，形成硬叶林，树干低矮，生长量很低。主要树种有齐墩果、海枣、山龙眼和石楠等。

1.3.2　世界森林资源现状

据联合国粮食及农业组织发表的《2011 年世界森林状况》显示，全世界森林面积 $40 \times 10^8 hm^2$，人均 $0.6 hm^2$，约占世界陆地面积的 31%，比十年前提高了一个百分点。世界森林总蓄积为 $5\,270 \times 10^8 m^3$，森林总生物量 $6\,000 \times 10^8 t$。森林的碳储量为 $6\,520 \times 10^8 t$，其中 44%以生物量形式存在，11%在枯死木和枯枝落叶中，45%在土壤层。图 1-2 为 2010 年世界各主要地区的森林面积。

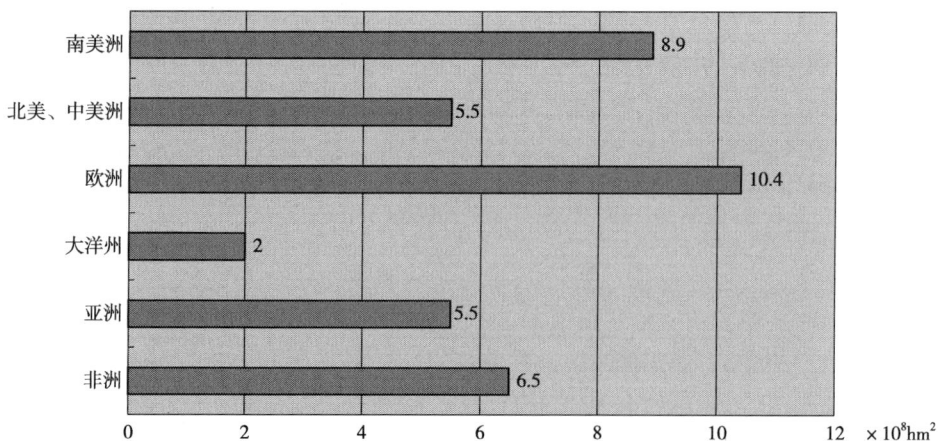

图 1-2　2010 年世界主要地区的森林面积

（资料来源：联合国粮食及农业组织《2010 年世界森林资源评估主报告》，2011）

2010 年，欧洲（包括俄罗斯）占世界森林总面积的 25%，其次是南美洲（21%）以及北美洲和中美洲(17%)。世界森林的 53% 位于 5 个森林资源最丰富的国家：俄罗斯、巴西、加拿大、美国、中国，分别占世界森林面积的 20.1%、12.9%、7.7%、7.5%、5.1%。在 200 多个国家和地区中，有 50 个国家和地区的森林覆盖率超过 50%，其中 12 个高达 75% 以上；而在有 20 亿人口的 64 个国家中，森林覆盖率均低于 10%，其中 10 个国家则根本没有森林。

1.3.3　世界各国森林资源排位

由于受人为和自然灾害的影响，各国森林资源都在不断地变化。不同时期世界森林面积、森林覆盖率、森林蓄积量、森林生物量、人均森林面积、人均森林蓄积量等统计指标都在变，中国的也在变。

森林面积排名前 10 位的国家依次为(单位：$\times 10^8 hm^2$)：俄罗斯(8.09)、巴西(5.20)、加拿大(3.10)、美国(3.04)、中国(2.07)、刚果民主共和国(1.54)、澳大利亚(1.49)、印度尼西亚(0.94)、苏丹(0.70)、印度(0.68)。

森林蓄积量排名前 10 位的国家和地区依次为(单位：$\times 10^8 m^3$)：巴西(1 262)、俄罗斯(815)、美国(471)、加拿大(330)、刚果民主共和国(355)、中国(147)、印度尼西亚(113)。

森林覆盖率排名前 10 位的国家和地区依次为：法属圭亚那(98%)、苏里南(95%)、密克罗尼西亚(联邦)(92%)、美属萨摩亚(89%)、塞舌尔(88%)、帕劳(88%)、加蓬(85%)、皮特凯恩(83%)、特克斯和凯科斯群岛(80%)、所罗门群岛(79%)。

1.4　森林环境

如前所述，对林木个体和森林群落而言，森林环境是指森林所处的空间及其影响森林生长和发育的一切因素总和。对森林工程来说，森林环境就是影响森林工程作业的森林地理环境、森林生态环境和社会经济环境等因素的总和。

1.4.1　森林地理环境

地理环境是指一定区域所处的地理位置以及与此相联系的各种自然条件的总和，包括气候、土地、河流、湖泊、山脉、矿藏以及动植物资源等。地理环境是能量的交错带，位于地球表层，即岩石圈、水圈、土壤圈、大气圈和生物圈相互作用的交错带上，其厚度约 10~30km。

地理环境具有 3 个特点：①来自地球内部的内能和主要来自太阳的外部能量在此相互作用；②构成地球生物活动基地的 3 大条件，即常温常压的物理条件、适当的化学条件和繁茂的生物条件；③与人类的生产和生活密切相关，直接影响着人类的饮食、呼吸、衣着、住行。由于地理位置不同，地表的组成物质和形态不同，水、热条件不同，地理环境的结构具有明显的地带性特点。

森林在世界上分布很不均匀，类型也极为复杂多样。随着海拔升高而引起的热量和水分重新分配，导致森林群落分布的垂直地带性。随着纬度升高，热量依次递减；

经度不同可能导致湿度和降水量很大的差异，这又导致森林分布的水平地带性。据此一般将北半球及热带范围划分为4大林带式林区。南半球陆地面积小，植物区系与北半球迥然不同，划作一个大林带或一个大林区。

中国南北跨越纬度近50°，大部分在温带、亚热带，小部分在热带。中国森林的地理环境主要包括气候、地貌和土壤3个方面。中国大部分地区属东亚季风气候，每年秋冬季节干燥寒冷的季风从北部吹来，造成全国冬季寒冷干燥，冬季南北温差达40℃以上；春夏季受海洋暖湿气流影响，东部、南部广大地区高温多雨。大陆性季风气候和雨热同季的特点决定了我国的自然地貌和森林环境。中国地貌类型丰富多样，山区面积广大，山脉纵横，地势西高东低，呈阶梯状分布，江河、湖泊众多，岛屿星罗棋布。纬度、地貌和地势综合影响到森林的气候和土壤条件，从而造就了森林分布和类型的复杂性和多样性。森林土壤上枯枝落叶层比较发达，剖面中根系和石砾含量多、土壤生物多。中国森林土壤的主要类型有灰化土、暗棕壤、棕壤、黄棕壤、红壤(黄壤)以及褐土等。

1.4.2 森林生态环境

森林的生长依赖于其生活的环境，即森林植物有机体生存空间内各种自然因素的总和，这就是森林生态环境。同时森林对环境也具有一定的影响和改造作用。

我们把各种自然因素称为环境因子，如气候因子、土壤因子、地形因子、生物因子等。对森林植物的生长发育有着直接或间接影响的环境因子称为生态因子，如温度、湿度、食物、氧气和其他相关生物等。

生态因子可以划分为气候、土壤、地形、生物、人为，共5类。

(1)气候因子

包括光照、温度、水分、大气等。气候因子主要影响森林的光合作用。

(2)土壤因子

包括土壤质地、结构、土壤有机质、土壤生物等。土壤是森林植物生活的基质，它提供森林植物生活必需的矿物营养元素和水分，同时又是生态系统中物质与能量交换的重要场地。森林植物的根系和土壤之间具有极大的接触面，不断进行物质交换，彼此相互影响。

(3)地形因子

包括地貌、海拔高度、坡度、坡向、坡位等。地形是间接的生态因子，它通过光、温度、水分、养分等的重新分配而对森林植被类型分布起作用。可将地形分为平原、山地、丘陵、高原和盆地5种类型。

(4)生物因子

包括动物、植物、微生物，以及生物之间的相互作用。

(5)人为因子

人类对森林资源的利用、改造和破坏，以及对环境造成的污染等。

全部的生态因子综合在一起就构成了森林的生态环境，简称为生境，在林学上称为立地条件。

1.4.3　林区社会环境

上述的森林地理环境和森林生态环境属于自然环境，社会环境则是人类社会的环境。

社会环境包括政治环境、经济环境、法制环境、科技环境、文化环境等宏观要素。其中经济环境是指区域的社会经济状况和经济政策。社会经济状况包括经济要素(生产力和生产方式)的性质、水平、结构、变动趋势等多方面的内容，如资源所有制、生产力水平、市场方式等。经济政策是国家履行经济管理职能，调控宏观经济水平、结构，实施经济发展战略的指导方针。

林区的社会环境直接影响当地的林业生产、森林资源发展和森林工程建设。

1.5　森林的效益

浩瀚的大森林曾是哺育人类文明的摇篮。在人类社会发展的历史长河中，虽然人们很早就学会了筑木为巢，钻木取火，进而发展到利用木材构筑房舍和制作各种生活、生产和交通用具及武器，但是，对大自然所赐予的森林的认识却经历了相当长的过程。

今天，随着生态科学的发展，人们对森林有了较深入的认识。森林对于人类具有生态效益、经济效益和社会效益。

1.5.1　森林的生态效益

森林的生态效益主要表现在以下方面：

(1)涵养水源，保持水土

森林像绿色的水库，蓄藏着大量的水分，$1hm^2$ 森林相当于 $300m^3$ 的水库库容。森林的蒸发量比同纬度海面蒸发量大 20%，因而森林上空湿度大，降雨条件充分。另外，森林对降雨起着有益的再分配作用，有利于减少水土流失。

(2)防风固沙，保护农田

一般在农田防护林带的迎风面 1~3 倍树高的范围内，在林带背风面风速可降低 40%~50%。植物根系能固沙改土，可以使农田高产、稳产，而且能逐渐扩大可耕地和草场面积。

(3)调节林内气候，改善环境

森林庞大起伏的林冠，对太阳辐射具有再分配功能。阳光投射到树冠上层时，光线被反射掉 10%~20%，被林冠吸收 35%~80%，而透入林内的光线仅剩 10%~29%，从而使林内温度比空旷地低。另一方面，林冠又像一个保温罩，防止热量迅速散发。由于林内湿度大，热容量大，风速较林外小，气流交换能力弱，热量散发少，所以林内温度变化小，从而使林区形成了冬暖夏凉、温和湿润的环境。

(4)净化大气，防治污染

森林在净化大气和防治污染方面的主要作用是吸碳、制氧、吸尘、吸收并降解有毒气体、杀菌和隔音等。森林和其他绿色植物是地球上天然的吸碳和制氧工厂。全球

绿色植物每年吸收 $2\ 000\times10^8t$ 二氧化碳，释放 $4\ 000\times10^8t$ 氧气，其中 70% 的二氧化碳和 60% 的氧气是森林吸收与释放的。

地球上每年降尘量达 10^6t 数量级。林区大气尘埃比城市无林区少 60%，这是因为森林起着吸尘器的作用。有的树种还能吸收的毒气和杀死大气中和细菌。所有森林都有隔音作用。

(5)维持碳平衡，调节全球气候

近 200 年来，大气中温室气体二氧化碳和氮氧化物浓度已经分别增加了 33% 和 15%，其温室效应引起了全球气候变暖，在过去 100 年里全球平均温度升高了 $0.6℃\pm0.2℃$。温室效应的产生与全球碳循环密切相关，森林通过固碳能够有效地缓解由于温室气体浓度升高而引起的温室效应。森林虽能固定二氧化碳，但森林破坏后又会向大气中释放二氧化碳。据估计，二氧化碳浓度增加量中有 30%~50% 是由于森林面积的减少引起的。森林平均吸收二氧化碳 $20\sim40t/(hm^2\cdot a)$。营造森林是目前世界上成本最低的控制二氧化碳、维持碳氧平衡的措施。

森林除了具有上述的涵养水源、保持水土、净化空气、降低气温等作用外，还影响着我们生活的方方面面。例如，生物多样性问题、臭氧层问题、旱涝灾害频发问题，可以说小到呼吸空气的质量，大到地球的异常变化，甚至决定一个国家、一个民族的兴衰。古巴比伦文明、古埃及文明、黄河文明、楼兰文明都因森林的兴衰而兴衰。一些看似无关的变迁其实与森林密不可分。

1.5.2 森林的经济效益

经济效益指对人类某种社会经济实践活动作出的评价。森林的经济效益可分为直接经济效益和间接经济效益。

(1)直接经济效益

森林是多资源的复合体，包括土地、立木、地被物、野生动物和微生物等，因此其经济效益也是多方面的。其直接经济效益主要是为人类提供木材、竹材、薪材、工业原料等林产品，还能提供干鲜果品、木本粮油、食用菌类、药用植物以及野生动物等。森林是原材料和能源的生产基地。木材是国家建设和人民生活不可缺少的重要物资，主要作为建筑材料、造纸原料及各种工艺用材。木材在社会生产、生活中耗量巨大，其与钢材、水泥并称为现代社会的三大建材。

(2)间接经济效益

森林具有防护农田和牧场的作用，能增加农业、畜牧业的受益。防风固沙林可保护农田、牧场免受风沙危害，扩大农田面积；沿海防护林可使农田减轻风沙灾害，提高产量；农田防护林可使林网内粮食增产。

1.5.3 森林的社会效益

人类生存需要一个清洁、安静、优美、舒适的环境。森林景观色调柔和，绿色环境中空气清新，气候宜人。因此，林区和森林公园已成为广大人民旅游、疗养、休息的胜地。这种由良好的生态环境形成的森林生态效益称为社会公益效益，把森林提供人们旅游场地和美化人们生活环境的效益称为社会效益。

众所周知，物质资料生产是社会存在的基本条件。商品生产是以满足人民日益增长的物质文化生活的需要为目的的。在现实生活中，人们一方面需要森林提供的生产资料满足物质生活；同时，也需要森林提供的生态效益满足精神生活。森林在人类社会生产和文化生活方面产生的生态效益和经济效益，即为森林的社会效益。

森林是人们贴近自然、增长知识、修身养性、净化心灵的最理想场所。森林本身就是一部内容丰富、包罗万象的教科书，是一座取之不尽、用之不竭的知识宝库。在森林里，人们可以从大自然的点点滴滴之中接触到文、史、哲、数、理、化、天、地、生以及景观学、造园学、生态学、仿生学等各个方面的知识，也能得到美学、艺术、伦理、道德、宗教等方面的熏陶和享受，在启迪中感悟真谛。

森林文化源远流长、博大精深。它不仅影响着远古的农耕文明和现代的工业文明，而且涉及自然科学与社会科学的许多领域。由森林文化延伸出来的竹文化、花文化、茶文化、园林文化、森林美学、森林旅游文化等均是森林社会效益的体现。

1.5.4　森林生态效益与经济效益的关系

森林生态效益是森林最本质功能的体现。随着科学技术的进步，森林生产的木材在某些方面可由其他材料代替(金属、水泥、塑料等)，而森林的多种生态效益则是难以由其他任何物质代替的。森林的经济效益主要是在森林采伐后实现的，而生态效益是在森林植物群落存在的前提下发挥的，两者既存在着对立的一面，但也有相辅相成的一面。生态效益与经济效益既互相制约，又互相促进。

森林的经济效益要以森林生态环境的良性循环为基础，否则，经济发展和经济效益是不稳定的，经济发展甚至会破坏生态平衡。另外，良好的森林经济效益，可使生态平衡得到经济上的保障。

总之，森林是大自然赋予人类的一份宝贵财富。在它有生命的时候，它能调节气候、防止风沙、涵养水源、美化环境。在它被砍伐成为木材时，它具有强度大、重量轻、不锈蚀、易加工、不污染环境、视触感好的特点，被称为环境友好材料，深受人们的喜爱，是人们生活、建设不可缺少的重要材料。

复习思考题

1. 森林资源与森林环境有何关系？
2. 我国森林资源的现状如何？与世界上的林业发达国家有何差距？
3. 如何理解森林资源三大效益之间的关系？
4. 中国森林分布有何规律性？世界森林分布有何规律性？
5. 中国和世界的森林分布有何相似之处？有何区别？
6. 森林的地理环境和生态环境有何联系？
7. 你对我国森林资源的前景有何展望？

推荐阅读文献

1.《中国森林》编辑委员会.中国森林(第一卷 总论).北京：中国林业出版社，1997.

2. 赵雨森，王逢瑚，王立海.林业概论.哈尔滨：东北林业大学出版社，2004.

3. 陈祥伟，胡海波.林学概论.北京：中国林业出版社，2010.

4. 宋敦福.现代林业概论(第2版).北京：科学出版社，2013.

5. 周晓峰.中国森林与生态环境.北京：中国林业出版社，1999.

6. 联合国粮食及农业组织.2011年世界森林状况.2011.

7. 联合国粮食及农业组织.2010年世界森林资源评估主报告.2011.

8. 国家林业局.中国森林资源简况——第八次全国森林资源清查.2014.

9. 国家林业局.中国森林资源报告.北京：中国林业出版社，2014.

10. 赵尘.林业工程概论(第2版).北京：中国林业出版社，2016.

第2章

森林工程概述

【**本章提要**】本章给出工程、科学、技术的定义；简要介绍国内外森林工程的发展历程；阐述森林工程的内涵和特点；介绍森林工程学科的发展以及森林工程专业的学习内容和学习方法。

森林工程的作业对象是森林及其资源，森林、森林资源和森林环境的特性决定了森林工程较一般工程领域有着独特之处。森林工程的目的是发挥森林资源的三大效益。

2.1 工程、科学、技术的概念

（1）工程（engineering）

工程是人们将科学技术的理论应用到经济建设和社会发展各部门中形成的各学科的总称，故广义上有人把工程解释为"人工的过程"，以区别于自然的过程。一般把工程定义为人工造物的过程及其产物，如土木建筑工程、水利工程、冶金工程、机电工程、化学工程、海洋工程、生物工程等。工程学科是应用数学、物理学、化学、生物学等基础科学的原理，结合在科学实验及生产实践中积累的技术、经验发展出来的，主要内容包括工程基地的勘测、设计、施工，原材料的选择研究，设备和产品的设计制造，工艺和施工方法的研究等。

工程是应用科学知识使自然资源最佳地为人类服务的一种专门技术（《简明大英百科全书》）；但工程并不等于技术，它还受到政治、经济、法律、美学等非技术因素的影响。工程是利用和改造自然的实践过程，技术存在于工程之中。

工程的完整概念是运用科学原理、技术手段、实践经验，利用和改造自然，生产开发对社会有用的产品的实践活动的总称。

（2）科学（science）

指关于事物基本事实和原理的有组织、有系统的知识。科学的任务是研究关于事物和事实（自然界和社会）的本质和机理，以及探索它们发展的客观规律。其中，基础科学（basic science）如数学、物理、化学、地学、生物学等，其任务是研究自然界的基本客观规律。技术科学（technological science），如固体力学、流体力学、机械学、电工学、电子学等，则是研究相邻几门技术或工程方面共同性的自然规律。

（3）技术（technology，technique）

指根据生产实践经验和自然科学原理发展成的各种生产工艺、作业方法、操作技能和设备装置的总称。技术的英文名词有两个：technology 和 technique。Technology 指技术学,是一种学术,有它的理论基础,也有实用技术;technique 指单纯经验性的技术。技术的任务是利用和改造自然,以其生产的产品为人类服务。其中工程技术有土木、机械、机电、电讯、化工、计算机等;农业技术有种植、畜牧、造林、园艺等。

简言之,科学旨在发现知识,探索事物的规律性,也即"认识世界";技术旨在应用知识解决实践问题,也即"利用自然,改造自然"。

森林工程则是运用对森林的认识,利用和改造森林,开发对人类社会有用产品和服务的生产活动和工程技术。产品可以是木材、竹材、药材、食品、林木等,也可以是林区土建工程、景观工程、防沙工程、水土保持工程等工程建筑物,还可以是森林游憩、物流运输等服务项目。森林工程与森林资源、科学技术之间的关系如图 2-1 所示。

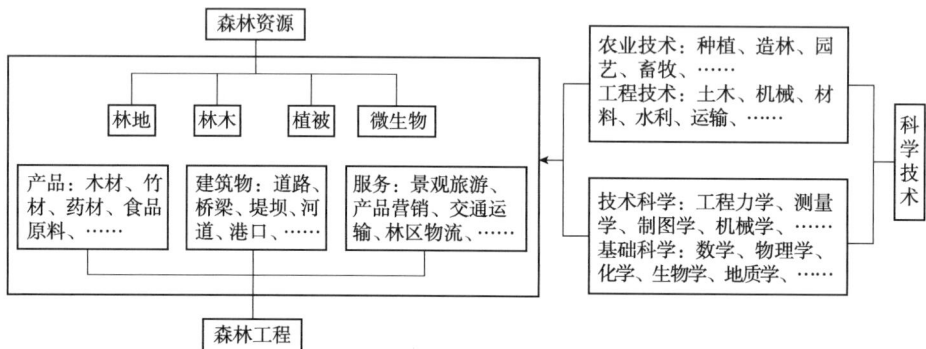

图 2-1 森林工程与森林资源、科学、技术的关系

2.2 森林工程的发展及其内涵

2.2.1 森林工程的发展历程

远古人类从森林走出来,从事砍树、打柴、修路、架桥、建筑、搬运等劳动,均属森林工程的范畴。到了近代,由于生产分工,森林工程形成独立的工程分支,成为一种独特的职业。

2.2.1.1 中华人民共和国成立前的森工发展

中国是世界上最早从事木材采运的国家之一。在旧石器时代,先民们已开始利用森林,如构木为巢、钻木取火,当时人们的衣、食、住和丧葬等均依赖于森林。而古代森林采伐则始于新石器时代,相当于传说中的神农氏所处的时代。改进了的石器工具不仅可用来伐木,而且可进行木材加工。如公元前 5000—前 4500 年间,浙江余姚河姆渡人已开始从事伐木和木器制造。

至铜器时代,即夏、商、周 3 代,采伐工具由铜制斧、刀、锯等取代石斧。公元前 2032—前 1989 年间,夏禹平定水患、整治国土以及后来商代修筑庙堂进行了规模庞大的森林采伐活动。当时木材运输主要依靠水运,在水路不通的地方才水陆兼施。

直到 2 000 多年后的明清时期,中国古代对森林的利用发展到了大规模的开发利用。历代均使用刀、斧、锯伐木造材，集材靠人背肩扛，运材以水运为主兼施车运，全部手工作业，效率甚低。即便如此，由于过度开发以及乱砍滥伐造成了森林的严重破坏，全国森林覆盖率已从80%多下降到40%。

从1840年鸦片战争开始，中国近代的森林采运在生产环境、作业技术以及组织管理等方面都发生了很大的变化。对森林的利用方式由原始的森林利用转向掠夺式的原木生产利用。木材的采伐利用作为社会经济发展的重要支柱，森林遭到大肆砍伐。同时，外国列强大肆掠夺我国森林资源，仅日本就在我国东北采伐了$1×10^8m^3$以上的木材。到中华人民共和国成立前夕，我国森林覆盖率进一步下降到8.6%，森林资源显著减少，成为少林国家。

在近代，随着林业教育的兴起、林学思想逐步建立，森林采运作业技术有了一定提高。当时在东北林区的采伐作业一般采用斧锯并用法，就地造材。木材运输由牛马牵引雪橇(爬犁)集材，故称牛马套子集材。装卸爬犁使用"押角子"、搬钩，靠人抬肩扛。山坡短距离集材多利用土滑道，依靠木材重力在土坡上自行下滑，俗称"串坡"。木材运输以水运为主，分单漂流送(赶羊)和筏运(放排)2种方式。在无水运条件的林区，实行木材陆运，最初是利用林道或冰雪道，采用畜力车辆运材。后来有了以蒸汽机牵引的铁路运材，用森林窄轨铁路运材或用人力放运的平车运材。

2.2.1.2　中华人民共和国成立后的森工发展

中华人民共和国成立后，随着国民经济发展对木竹材和林产品日益增长的需要和森林工业的兴起，我国森林采运在国民经济部门愈来愈占据重要地位，森工行业在全国工业总产值中曾位居第二。在20世纪50年代，为了开发林区，先后在国有林区建设了131个林业局，在南方集体林区建设了158个重点产材县，建立了约350个国营伐木场(采育场)。到1957年，全国森林采伐企业职工已达36万人。采运作业生产技术上也有了很大改进，包括采伐更新、合理造材。从国外引进技术设备的部分林区，开始使用油锯、电锯伐木和造材，用打枝机打枝桠、履带式拖拉机集材、汽车运材，从而由伐区手工作业向机械化作业迈进了一大步。

20世纪60~80年代，是我国森林工程发展最快的阶段之一。森林采运机械化得到了迅速发展。1962年，我国在东北、内蒙古林区，扩建了一批林业机械厂。这些厂区主要使用油锯或电锯伐木造材，用拖拉机、绞盘机或平车集材，以森林铁路运材为主并发展汽车运材，使木材生产机械化率从1957年的42%提高到80年代中期的81%。南方林区亦由手工作业发展至部分机械作业，伐木造材机械化率达10%，运材机械化率达41%。到20世纪80年代，基本摆脱手工作业方式，实现了机械化的流水作业，大大提高了木材生产效率，1986年达$1\ 192m^3/(人·a)$。

自20世纪80年代以来，木材生产政策、工艺与技术又发生了显著变化。一是林区经济出现"两危"，即"资源危机"和"经济危困"，使许多依赖于木材资源的生产企业濒临倒闭。二是木材生产量逐年下降，实施"天然林保护工程"后，采伐重点逐渐转向林木径级、蓄积均相对较小的人工林。三是木材生产技术多样化。以集材为例，20世纪五六十年代以人力和畜力为主，七八十年代以机械动力为主，90年代后则机械动力、畜力和人力并存。

　　另一方面，近 20 年来，我国的森林工程逐渐从以木材生产即采运工程为主转向以森林资源建设与保护为主，投入大量资金用于林业生态体系的建设。重点建设六大工程，即天然林保护工程、"三北"和长江中下游地区等重点防护林体系建设工程、退耕还林还草工程、环北京地区防沙治沙工程、野生动植物保护及自然保护区建设工程、重点地区以速生丰产用材林为主的林业产业基地建设工程。目前这些生态和产业建设工程已见成效，为森林资源的合理开发利用创造了条件，最终将形成森林资源和环境的建设、保护与利用的良性循环，走上林业可持续发展的道路。再造秀美山川，为子孙后代造福。

2.2.1.3　国外森工发展简况

　　20 世纪初，在北美洲，尤其是其西部地区对采伐和森林经营中的工程技术需求持续上升。到 1910 年，美国林务局已修建了 515km 道路，铺设了 3 580km 铁路和 3 038km 电话线路。

　　美国西部的采伐工人面对陡峻地形条件和大径级树木作业时，采用索道系统和铁路进行木材集运，需要进行铁道线路勘测、地界测量和道路规划、设计、施工。

　　第一次世界大战后，采运工程的基本性质发生了变化，一是内燃机和制造技术的发展使拖拉机和汽车适用于采运作业，二是对更新和择伐加以重视。

　　早期的采运工程是考虑在困难地形下对木材资源的经济利用，对铁路和索道集材机的投资需要进行工程上和经济上的详细规划，而对林学要求则含糊不清。直到 20 世纪 20 年代，随着公众对森林持续产出的日益关注，采伐作业开始对林学要求有所考虑。木材的生长成为采运工程和作业的必要部分。

　　20 世纪 40 年代，陡峻地形的采伐技术有了新的发展，出现了履带式钢架杆集材机，广泛应用轮式和履带式钢索装车机和动力链锯。到 60 年代，出现了采伐联合机，能将伐木、打枝、剥皮、造材中的若干工序集于一身，驾驶室内操作，可越野行驶，大大提高了生产效率和作业安全性。至七八十年代，在北美和西欧已经实现了采运作业的全盘机械化。近 30 年来，发达国家的木材生产技术在全面机械化的基础上，不断应用高新技术，向人—机—环境系统更加协调的方向发展，进一步提高了作业效率、作业安全性和生态环保水平。

2.2.2　森林工程的内涵

　　森林工程是以森林为对象的工程分支。由于森林是可再生可更新的自然资源，因而森林工程肩负两方面任务：一方面是开发利用森林资源，如采伐林木，采集加工药材、竹藤和森林食品，开发森林景观、水源、水电、矿产等；另一方面是建设和保护森林资源，如营造、抚育和更新改造林木，保护森林以防火灾、防病虫，防治荒漠化等。建设和保护森林是前提，是基础，开发和利用森林是目的，也就是为了实现森林的三大效益，为人类造福。在这些生产活动中所采用的手段就是相应的工程技术和林业技术。

　　为经营森林资源而在林中进行的各种工程活动称为森林作业(forest operation)，森林作业分布在森林资源从建设、保护到开发、利用、更新、恢复的全过程。

2.2.2.1　森林工程的对象

森林工程的对象是森林生态系统，这一系统主要由林木、植被、土壤、岩石、水、空气、动物、微生物等自然物组成，同时林区内的房屋、道路、桥梁、堤坝、河港等人工建造物以及人类活动也在其中起到影响作用。因此，森林工程的对象是自然资源与社会资源密切结合在一起的复杂系统。

森林工程作业的具体对象是森林中的林木、动植物、微生物等生物资源和土地、水源、河流、矿藏等非生物资源。这两种资源处于一个生态系统中，相互影响，密切联系，互为支撑，密不可分，是一个有机的整体。

2.2.2.2　森林工程的环境

任何工程活动都处于一定的自然环境和社会环境中，森林工程也不例外。它所处的自然环境是林地、林木、河流等区域，主要反映资源供给状况。社会经济环境是当时当地的社会文明和经济发展状态，主要反映社会需求情况。

由于中国森林资源一般地处偏僻林区，实施森林工程的地域多数是在地形起伏、河谷纵横的山地或丘陵地带，因而工程条件差。加上林木、灌丛、植被的阻碍作用以及森林小气候的影响，工程作业受限较大。另一方面，对森林资源进行开发利用的工程实施又会改变原有自然环境。这种双向影响是工程项目所共有的普遍现象，但对森林工程的影响则更明显、更深刻。

由于地处偏僻，林区一般经济发展水平不高，科技力量不强，因而也限制了森林工程的投资和实施环境。加上以前由于乱砍滥伐和掠夺性开发对林区造成的荒漠化、水旱灾等恶果，使人们对森林工程尤其是林木采伐生产产生了持久偏见，社会关注密切，法律限制增强，常使森林工程的发展处于不利的境况。

2.2.2.3　森林工程的类型

森林工程肩负着建设、保护、开发利用森林资源的任务，因而其工程类型可分为以下 3 类。

(1) 森林资源建设与保护工程

建设森林资源是为了增加和改善资源的数量与质量，保护森林则是维护和巩固原有森林自然资源，保护森林资源的建设成果。

森林资源建设包括森林营造、森林抚育和森林更新、森林改造等工程。森林营造 (silviculture) 即营林造林，包括播种和植树，主要在无林地、疏林地和灌木林地进行。森林抚育 (forest tending) 是为了保证幼林成活、促进林木生长和改善林木品质，以提高森林生产力的活动，如除草、松土、间作、施肥、灌溉、排水、去藤、修枝、抚育采伐、下木栽植等。森林更新 (forest regeneration) 是原有森林经过采伐或遭受破坏后，在其迹地上重新形成幼林的过程，分为天然更新和人工更新两类。森林改造是对质量不高的已有森林改变其林分结构或变更树种，以提高林分质量和林木生长率。

森林资源保护是对森林中的生物和非生物因素进行维护，以抵御外界天然的或人为的破坏，主要包括森林水土保持、森林防火灭火和森林病虫害防治等。

（2）森林资源开发与利用工程

开发利用森林是为了实现森林的经济和社会效益，包括生物利用、非生物利用和景观利用。

生物利用的对象包括木材、竹、藤、药材、食材、动物、微生物等。其中木材采运工程是采伐木材，并进行集运和贮存。木材初加工是在林内进行造材、剥皮和削片等。林特产品采集加工包括药材、食材、动物和微生物等的采集和加工。竹藤采运工程是对竹、藤的采集、运输和初级加工。

森林非生物利用包括土地、水源、能源、矿产等的开发利用，这方面的利用常与土木工程、水利工程、电气工程、采矿工程等工程分支密切相关，交叉融合。

森林景观利用是实现森林资源环境效益的重要途径之一，它包括森林景观的建设、森林旅游开发和经营。

（3）林区道路与运输工程

林区道路又称森林道路、林业道路，是地处林区的道路工程，指通行各种车辆和行人的工程设施，是为林区内的道路交通运输服务的。道路由线路、路基、路面和沿线附属设施组成，因此林区道路工程包括林道网规划、林道设计、施工、运营和养护等内容。林区运输除通过道路外，水路也是一条常见的途径。因此，林区河道的整修、疏浚以及河港的修建也是森林工程的内容之一，同时与水利工程、交通运输工程密切相关。

林区运输工程就是通过道路、铁路、水路，利用汽车、火车或船舶等运送森林物资，包括原料、产品和半成品如原木、竹秆等，运送生产和生活资料等。林区运输工程涉及运输工具、运输线路、运输规划与管理和运输设施如装卸场、中转站、码头等。

2.2.3　森林工程的特点

与其他工程分支相比，森林工程具有明显的特点。

（1）工程对象特殊

森林工程针对森林的个体林木和整体生态环境进行具体工程作业。其对象是可再生的植物生物体和生物群落，其作业处于森林环境的特定条件下并严格受其限制。如打破这一限制将会造成生态失衡而破坏森林的可持续发展。这是森林工程完全区别于其他一般的土木工程、机械运用工程、交通运输工程之所在。因此，森林工程技术复杂程度高、独特性强、影响因素多，是其他工程领域所难以比拟的。

（2）工程内容广泛，类型多

森林工程涵盖了森林资源培育和开发利用中的所有非生物工程，贯穿从采种、育苗、植树、造林、抚育、采伐、运输、产品初加工到销售的整个林业生产过程。森林工程涉及工程类型多，内容广泛，涉及林学、森林保护和市场营销等，与森林环境工程、土木工程、交通运输工程、机械运用工程、管理工程等相互交叉和渗透。

（3）跨产业属性

按我国国民经济产业分类，森林资源建设与保护属第一产业即种植业，森林资源开发利用属第二产业即采掘业和加工制造业，而林产品原料、产品或半成品的运输、销售、流通又属第三产业即服务业。因此，森林工程横跨一、二、三产业，兼有 3 种产业的属性。森林工程在我国林业生态体系和林业产业体系中处于结合部和交汇点的位置。

(4)市场和经济属性

森林工程承担森林原材料和初级产品的生产和经营任务，直接面向经济市场，具有鲜明的市场属性，成为社会生产和经营相结合的一个综合体。

(5)公益属性

森林工程中与森林生态环境相关的部分构成了其公益属性的一面，包括水源涵养、水土保持、风景旅游、自然保护、防风固沙以及各种防护效益等。国际林业研究组织联盟(IUFRO)第三学部在 1990 年即增设了"森林作业与环境保护"学组，以研究森林作业与森林生态环境效益的统一课题。

(6)环境艰苦，作业粗放

森林工程一般地处偏僻，交通不便，社会经济欠发达。林区自然条件复杂，有的地形环境脆弱，气候恶劣。森林工程的作业对象多是树木、岩石、土壤等通常为野外作业。森林工程至今仍是一个艰苦行业，劳动强度大，作业环境不佳，工作危险性大。对机械化、电气化、信息化、自动化的实现有很大的限制。经营管理上较粗放。

2.3　森林工程学科与专业

"学科"是学术的分类，指一定科学领域或一门科学的分支。森林工程也是一门学科，称为森林工程学。"专业"是高等教育或中等专业教育上根据社会专业分工的需要设立的学业类别，一般与学科相对应。

2.3.1　森林工程学科的发展

2.3.1.1　国外森林工程学科的发展

森林工程的前身是森林采运工程，而森林采运、木材加工和木材化学利用是传统的森林利用三大部分。德国 K. Gayer 在 1863 年出版了第一本《森林利用学》专著，到 1909 年由 Mayr Heinrich 修订为第 10 版。1912 年，日本林学家上村胜尔教授编写了广义的《森林利用学》，分上下册出版，书中包括了森林采伐运输、木材利用等主要内容。

在美国，1912 年出版了教科书《采伐、木材加工与森林利用》，系统地介绍采伐作业技术。1913 年出版了《采伐：美国的作业原理和一般方法》，作为典型的教科书，受到广泛传播，并于 1923 年进行了修订再版。美国的森林工程学位在 1902 年首次由康奈尔大学授予。1910 年华盛顿大学开设了采运工程课程。1913 年俄勒冈州立大学设立了采运工程系。到 1920 年，在北美西部地区已有 5 所大学开设了采运工程专业。到 40 年代，俄勒冈州立大学将采运工程专业名称改为森林工程。1919 年俄勒冈工程师注册法规把采运工程作为其中的一门职业，1945 年华盛顿州将采运工程设立为一门特定的工程分支，用于职业注册。

在北美，1909 年召开了第一次太平洋采运大会，以后每年都有年会，进行学术交流和技术、商务交易。加拿大的森林工程师学会成立于 1908 年，现在设有东部、西部 2 个森林工程研究所。美国农业工程师协会（ASAE）自 20 世纪 60 年代末开始举行森林工程大会。在此基础上，1979 年美国成立了独立的森林工程协会。

2.3.1.2 我国森林工程学科的发展

在我国，森林采运工程学科始建于 1952 年，是我国林业工程一级学科中创建最早的二级学科。1981 年实行学位制度后逐步发展成 3 个二级学科，即森林采运工程、林区道路与桥梁工程、林业机械。1997 年国家对学科专业目录重新调整后，将前两个学科合并，并融入了部分林业机械的内容，设立了森林工程学科。

中国的森林工程学科萌芽于森林利用学。新中国成立后吸收了苏联的高教模式，设立了森林采伐与运输机械化专业，以适应机械化大趋势的要求。20 世纪 80 年代初改为采伐运输工程专业。90 年代初，为了与国际接轨，改称森林工程专业，内容上涵盖了采伐运输工艺、采运机械、林区道路和森工管理 4 个方向，为林区培养采运、土木、机械和管理的复合人才。

2.3.1.3 森林工程学科定义和内容

森林工程学科是指运用数学、物理学、化学等基础科学知识，林学、力学、材料学等技术科学知识，管理学、经济学等社会科学知识，以及森林工程方面的工程技术知识来研究、设计、修建各种森林工程设施和实施森林作业的一门学科。在这里，设施指供生产、生活或其他活动的建筑物，如房屋、道路、桥梁、堤坝、蓄水池、港口、码头等。森林作业指在森林内实施的造林、抚育、管护、采伐、更新等各种生产活动，旨在实现森林经营的目标。

具体来说，森林工程学科遵循森林集约经营和可持续发展的原则，研究以下内容：森林资源的建设、保护、开发与利用，木材生产的规划，森林采伐、集材、运材和贮木场作业的工艺与技术，林区道路和桥梁工程的规划、勘测、设计、施工组织与管理的理论与技术，森工机械设计制造和合理使用，森工生产组织管理的理论与技术，木材检验与营销等。上述研究内容可归结为木材采运工程、林区土木工程、森工机械设备工程和森工经营管理工程 4 个方面。

目前，森林工程学科的主要技术领域包括森林可再生资源采集更新技术、森林环境保护工程技术、生态采运技术、森林作业工效学技术、森林产品经营技术、森林作业机械应用技术、森工管理技术、林区土木工程技术、林区运输工程技术等。主要知识体系包括林木采伐与更新、动植物资源采集和运输、森林作业环境保护、森工机械、森林工程水文与地质、森林道路和水路、森林产品经营销售等。

2.3.1.4 森林工程学科的发展前景

21 世纪我国要建成比较完备的森林生态体系和发达的林业产业体系，从而形成林业可持续发展的新局面。在实现这个宏伟目标的进程中，森林工程学科以其丰富的内涵和鲜明的特色，必将起到积极的推动作用。

森林工程学科的使命是维护和发展森林生态环境体系，满足社会经济对森林资源的开发利用需求，达到森林资源利用的最佳效果。森林工程肩负着林区修路、筑桥、采伐更新、运输、机械运用、产品经营，以及工程性森林培育、环境保护、景观开发等重任，对林区、森林和林业的兴衰起着举足轻重的作用。

在今后一段时期内，中国森林工程的重点将是结合生态工程建设，推出先进而适用的森工机械和作业技术。在逐渐提高森林作业机械化水平的同时，加强对森林作业中生态环境保护的研究，着重研究不同分类经营模式下的作业评测体系和作业技术方法。引进现代工程技术和方法，如信息技术、优化设计技术、系统工程技术、模拟预测技术等，以改进森工作业技术、提高森工规划设计水平。

森林工程学科将不断引入土木工程、交通运输工程、机械运用工程、系统工程、信息技术、生态工程等学科的先进技术，结合森工生产要求，加以改进和创新，推出符合林区生产的适用技术。另一方面，将引进国外先进技术，通过吸收、改造，为我所用，少走弯路。

我国森林工程的发展方向是：
①森林作业环境的环保化；
②森林作业技术的多样化；
③森工生产规划与管理现代化；
④森工机械的多元化；
⑤与其他学科之间的交叉、合作强化。

2.3.2　森林工程学科与其他学科的关系

森林工程学科是一门综合性的应用学科，其主要学科基础是工程力学、林学、工程管理学、土木工程学。与机械工程、交通运输工程、农林经济管理等学科密切相关，相互交叉、渗透。与林业工程的其他二级学科既紧密联系，又分工合作。

从森林资源建设与利用范畴上看，森林工程学科是以林学学科为先导，以木材加工和林产化工为后继学科。因此，在林业生产过程中处于一个"承前启后"的地位，即林业生态体系和林业产业体系的结合部和交汇点。

从森林工程的学科基础上看，它借鉴和应用土木工程、交通运输工程、机械运用工程的理论、技术、工艺和管理方法，运用于林区和森林资源的特殊环境和工程对象，从而形成独特的学科。

从森林工程学科的内容上看，它与森林培育学、森林生态学、森林保护学、森林经理学、水土保持学等学科横向联系广泛。森林工程是从工程角度服务于上述学科，为了一个共同的目标，就是建设、保护和利用好森林资源和生态环境。

2.3.3　森林工程专业的学习内容

森林工程专业的学习是为今后从事森林工程实践服务的，是为将来进行相应的科研、生产、设计、施工、管理工作准备知识和培养能力的。因此，专业学习内容要切合学生今后工作和发展的需要。森林工程专业的学习内容按照工程需要可分为理论知识和实践技能两个方面。以下从森林工程专业从事的典型工程项目出发，介绍本专业的基本要求、知识构成和实践技能。

2.3.3.1 森林工程典型项目流程

图 2-2 为木材采运工程的典型生产流程。图 2-3 为林区道路工程的典型建设流程。为了完成好相应的木材采运生产或道路工程建设任务，必须针对具体项目进行仔细的勘查、设计、实施和检测等环节的工作，其概要流程如图 2-4 所示。

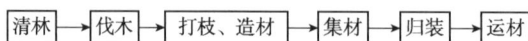

清林 → 伐木 → 打枝、造材 → 集材 → 归装 → 运材

图 2-2 采运工程的典型生产流程

道路布线 → 桥涵施工 → 路基施工 → 路面施工 → 道路营运及养护

图 2-3 林区道路工程的典型建设流程

勘查 → 选择策划方案 → 设计 → 实施(执行) → 竣工验收 → 维护及保养

图 2-4 森林工程建设概要流程

在开展一项木材采运工程具体项目之初，工程师要进行资源调查和伐区现场踏勘，区划伐区；然后设计伐区生产工艺流程，选择伐区生产作业方式和机械类型，安排伐区工程布局，设计组织机构及作业体系，并核算伐区生产阶段成本，最后形成伐区规划设计方案。这些调查、设计成果都要以图纸和设计书的形式表示出来，以便各方执行、实施。因此，工程图纸也称为"工程师的语言"。在此基础上，才能实施具体的生产和作业。在完工后进行验收和后续维护。

同样，林区道路工程也需要经历线路踏查、场地测绘、道路选线、布线、路基路面以及桥涵的设计、施工组织设计等工前准备。然后进行具体施工，完工后按要求通过竣工验收，验收后才能开放交通，供运输使用。

2.3.3.2 森林工程专业的要求

森林工程专业具有应用性强、涉及面宽、知识更新快等特点。学生要掌握较系统扎实的专业基础知识、基本理论和基本技能，还应具有较高的人文素质、实践能力和自学能力，富有创新意识和社会责任感，能够适应科学技术和社会经济的发展，在森林工程及相关领域从事科研、技术研发与应用、工程设计、工程施工、工程管理及工程教育等工作。本专业的具体要求如下：

①掌握森林工程基础知识、基本理论和专业知识；

②掌握森林工程实践的基本技能；

③了解森林工程的发展历史、学科前沿和发展趋势；

④初步掌握森林工程研究的基本方法和手段，初步具备发现、提出、分析和解决森林工程相关问题的能力；

⑤掌握本专业所需的数学、物理学等学科的基本内容，了解材料、计算机应用技术、林学等相关领域的基础知识；

⑥掌握必要的信息技术，能够获取、加工和应用森林工程及相关领域的信息；

⑦具有高度的安全意识、环保意识和可持续发展理念。

2.3.3.3　森林工程专业的知识构成

森林工程专业的知识可分为通识类知识、基础知识和专业知识 3 类。

（1）通识类知识

包括人文和社会科学、外国语、计算机与信息技术、体育和艺术等方面的知识。

（2）基础知识

主要包括数学、物理学和工程图学。数学主要包括微积分、常微分方程等基础知识。物理学主要包括力学、热学、光学、电磁学等基础知识。工程图学主要包括制图基本知识和基本技能、投影法、投影面体系、简单立体三视图、换面法、平面立体和回转体、组合体、轴测图、标准结构和零件图等。

（3）专业知识

当前，我国森林工程专业主要培养森林采运工程、森工机械工程、林区道路工程 3 个方向的专业人才。这 3 个专业方向的核心知识领域分别为：森林资源合理开发与利用，林区规划理论与作业技术；林业机械设计理论与方法，设备自动控制理论与方法；林区道路的勘测设计、组织施工与管理。

相应的理论和实践知识包括：林业生产规划与伐区规划设计，森林抚育技术，森林多种经营规划，森林作业与环境，木材生产规划，木材生产工艺与技术，木材生产管理，采伐剩余物收集与利用等；森林抚育机械、木材采伐机械、集材机械、造材机械、削片与剥皮机械设计与应用，工程机械和起重运输机械的结构、原理及应用，森工装备的电气控制技术，林业机械与装备自动化、信息化与智能化等；道路规划设计与勘测，道路选线与定线，路基与路面工程，道路施工与维护，工程材料等。

森林工程与森林资源、科学技术之间的关系如图 2-1 所示，图中左右两侧为森林工程的资源与环境，中间由下往上为科学、技术对森林工程的层层支撑。

表 2-1　森林工程专业知识体系和知识领域

序号	知识体系	知识领域
1	工具性知识	外国语、计算机应用、信息技术基础
2	人文社会科学知识	政治、历史、法律、伦理学、心理学、管理学、体育、艺术
3	自然科学知识	工程数学、物理学、地质学、环境学、生态学
4	专业知识	工程图学、工程力学、工程材料、工程结构、工程经济、工程管理、工程测量、机械学、机械设计、机械制造、结构设计原理与方法、施工技术与方法、采运工程、木材生产规划设计、森工机械与装备、道路工程、桥梁工程、运输工程、岩土工程、专业技术相关基础

（4）森林工程专业课程体系

上述的专业知识和专业技能都体现在具体的课程体系中，以便学生逐步建构、形成专业的知识、素质和能力一体化的结构。

对应于前述的通识类知识、基础知识、专业知识和专业技能，森林工程专业分别设置了通识类课程、专业基础课程、专业课程和实践教学课程（表 2-2）。

表 2-2 森林工程专业课程体系结构

教学类型	课程类型	主要课程
理论课程	通识类课程	政治课、外语、体育、计算机及信息技术基础
	专业基础课程	①自然科学基础：数学、物理学、林学、环境学等 ②人文社会科学基础：法学、历史学、哲学等 ③工程技术基础：工程制图、工程力学、工程材料、测量学等 ④管理科学基础：工程经济学、工程管理学、工程运筹学等
	专业课程	①采运工程类：木材生产技术与管理、森工规划设计、森林经营等 ②森工机械工程类：机械原理、机械设计、起重输送机械、森工机械与装备、工程机械等 ③道路工程类：道路网规划、道路勘测设计、路基路面工程、桥梁工程、道路施工技术等
实践性教学课程	各科实验	物理力学类、材料类、采运类、机械类、土木类等课程
	课程设计	公路勘测设计、森工规划设计、木材生产技术与管理、森工机械与装备等
	教学实习	专业认识实习、工程测量、工程材料、工程制图、金工实习等
	毕业设计(论文)	

按照本专业必须掌握的知识和可选择掌握的知识，所有课程可分为必修课和选修课两大类。必修课反映了本专业的核心课程体系，包含了今后从事本专业工作必须了解或掌握的核心知识内容。森林工程专业的核心课程有森工规划设计、木材生产技术与管理、森工机械与装备、林区道路工程等，依专业方向的不同而定。选修课是为了满足学生知识结构和能力多样化的需要而设立的。工科专业根据学生个人的兴趣和发展，以及社会对多样化人才的需要，培养研究型、应用型、复合型、创新型、创业型、技术性、管理型等多口径多类型的特色人才。本专业按多样化的人才培养模式确定相应的课程体系、教学内容和教学方法。

森林工程专业的实践技能培养主要体现在各门课程内设置的实验室实验以及现场参观考察和集中性实践教学环节两个方面。各门课程根据教学内容的要求，可结合课上的理论教学，设置若干实验室实验项目或现场参观项目，进行现场观摩、实际演示、动手操作等，旨在帮助学生理解理论知识、培养实践操作技能、了解工程实际。实验室实验项目可分为教学演示性、自主设计性和研究探索性等实验类型。集中性实践教学环节则分为专业类实验、课程设计、工程现场实习、毕业论文或毕业设计等形式。每次集中性实践教学环节一般集中在一到若干周内进行，例如英语实训、物理实验、工程制图、工程测量、工程材料实验、专业认识实习、木材生产规划设计、道路勘测设计、工程结构设计、桥梁工程设计、施工组织设计、金工实习、机械设计、毕业实习、毕业设计等。为了拓展学生的实践技能，一般专业还设置了社会实践、大学生创新创业训练、科研训练、工程训练等。

2.3.4 森林工程专业教学方法

大学的专业教育有别于普通中学的教学内容和教学模式，因而应转换学习方式和方法。

每个学期或学年前，按照学校制定的森林工程专业人才培养方案(也称教学计划)，校方安排教师承担具体的课堂教学、实验指导或集中性实践教学的任务，学生可以在一定范围内选择选修课。学生可通过课程简介、教师咨询等导学渠道自主制订课程选修计划，选择自己的专业兴趣和发展路径。

教师开设的理论教学课程，一般在第 1 节课就会简要介绍本门课程的教学目的和要求、主要教学内容、学分、学时安排、考核方式、教材和教学参考书籍等。课内的教学方法和手段多种多样，包括讲授、板书、阐述、推导、举例、提问、讨论、测验、多媒体演示、解题、答疑等多种形式。目的是让学生快速、高效、扎实地理解和掌握相应的理论知识。为了提高课堂学习效率，学生应事先预习课程内容，在课堂上紧跟教师的讲解进度，理解教师讲授的思路、重点、难点和主要结论，积极参与课堂讨论。课后及时复习，完成相应的文献阅读、习题练习等各种作业，思考质疑、交流总结、扩展知识，为下一次课做好准备。

每门课程的内容都是一个有机的整体，课程之间还有着紧密的联系。应注重课内知识的概括和综合，注意课程之间的比较、交叉和联系，从知识点、知识单元到知识链，构建自己完整的专业知识结构。还要通过批判性思维，反思所学内容，自觉提出和分析新问题，将逻辑思维、形象思维和发散思维相结合，激发创新意识，培养创新能力。提倡主动式、探索性学习，扩大知识面，锻炼思维能力；避免传统的被动式接受、死记硬背和思维定式。

课堂教学适合于理论知识的传授和构建，如工程科学和数学等内容。而专业实践经验知识就需要在实验、实习环节中通过现场参观、考察、实际操作等方式来掌握。通过实验室实物演示和自己动手操作实验，还能使学生具体形象地了解和掌握课堂上介绍的理论知识。实践教学环节也需要事先预习和事后复习，以充分发挥有限的实验室实验或现场参观考察的空间和时间效益。一般在每次实验、实习之前要很好地预习相应的课程内容，做到事先心中有数。在实验过程中了解具体的实验方法，正确使用实验仪器设备，逐步掌握实验技能。每次实验、实习后，应认真回顾实验实习过程，总结分析实验实习内容，完成相应的实验、实习报告或习题。实验、实习报告要阐述实验、实习的目的、方法、具体内容和结果，反映实验、实习的全过程。

专业的课程设计如木材生产规划设计、道路勘测设计、工程结构设计、桥梁工程设计、施工组织设计、机械设计等环节，也要按照设计指导书的要求，在一定期限内独立完成具体的设计任务，从而培养工程设计的能力。

毕业设计或毕业论文是本科学生的最后一个专业学习环节，一般安排在最后一个学期进行，期限为整个学期或大半个学期，旨在培养学生的工程设计和创新能力。毕业设计(论文)要求学生综合运用所学的理论、知识和技能，分析和解决工程实际问题，并通过学习、研究和实践，使理论深化、知识拓宽、专业技能延伸。在毕业设计中，针对具体设计任务，调研和整理设计资料，采用有关工程设计程序、方法和技术规范，进行工程设计计算、理论分析、图表绘制、技术文件编写等，完成设计成果。在完成毕业论文过程中，针对具体工程问题开展研究，运用实验、测试、数据分析、理论推导等研究技能，分析和解决工程问题，提出具体见解，推出研究成果，撰写毕业论文。毕业设计(论文)通过答辩，最终使学生初步具备从事科学研究或承担专门技术的工作能力，形成正确的设计思想和科研意识、严肃认真的科学态度、严谨的工作作风、以及团队合作的能力。

俗话说，教无定法，但要得法，要因材施教。同样，学无定法，但要得法。每个同学的兴趣爱好、知识基础、经历阅历、性格习惯、志向追求都不会完全一样，学习方法也不尽相同。关键是要找到适合自己的高效学习模式，培养学习兴趣，形成良好的学习习惯，这样才能把本专业的知识和能力掌握好，有利于今后的长远发展。

复习思考题

1. 举例说明森林工程领域内属于科学的问题、属于技术的内容、属于工程的现象。
2. 我国森林工程的现状如何？与发达国家有何差距？
3. 从我国森林工程的发展历程上看，有什么经验教训？
4. 森林工程的环境、特点与土木工程有何异同？
5. 如何向其他专业的同学描述森林工程专业？
6. 从森林工程的学习内容出发，如何规划自己的职业生涯发展？
7. 从森林工程的学习方法上看，你应如何安排今后的大学学习和生活？
8. 你个人的知识、能力和学习有何特点？如何扬长避短、取长补短？

推荐阅读文献

1. 赵尘. 森工与土木工程科技进展. 北京：中国林业出版社，2008.
2. 项海帆，沈祖炎，范立础. 土木工程概论. 北京：人民交通出版社，2007.
3. 张志国. 土木工程概论. 武汉：武汉大学出版社，2014.
4. 刘荣桂，胡白香. 土木工程导论. 镇江：江苏大学出版社，2013.
5. 袁鞠. 土木工程类专业认识实习指导书. 成都：西南交通大学出版社，2014.
6. 罗福午，刘伟庆. 土木工程(专业)概论(第4版). 武汉：武汉理工大学出版社，2012.
7. 王立海. 木材生产技术与管理. 北京：中国财政经济出版社，2001.
8. 史济彦，等. 中国森工采运技术及其发展. 哈尔滨：东北林业大学出版社，1998.
9. 赵尘. 林业工程概论(第2版). 北京：中国林业出版社，2016.
10. 姚立根，王学文. 工程导论. 北京：电子工业出版社，2012.
11. 赵希文. 大学生学习方法导论. 杭州：浙江大学出版社，2015.

第 3 章

森林资源建设与保护工程

【本章提要】对我国森林资源建设与保护工程中的森林营造、森林抚育与更新、天然林资源保护、水土保持与防护林建设、森林防火灭火、森林病虫害防治、荒漠化防治等方面的内容进行了介绍，从工程角度阐述了森林资源建设与保护工程的内涵、原理、种类、工程设施、机械设备、技术措施和工艺过程、方法等知识。

建设森林资源是为了增加和改善资源的数量和质量，保护森林则是维护和巩固原有森林自然资源的建设成果。森林资源建设包括森林营造、森林抚育、森林更新及森林改造等工程。森林资源保护包括森林水土保持、森林防火灭火、森林病虫害防治及森林荒漠化防治等工程。

3.1 森林营造

在无林地或原来不属于林业用地的土地上造林，称为营造人工林。在原来生长森林的迹地（采伐迹地、火烧迹地）上造林，称为森林人工更新。两者均属森林营造。

3.1.1 造林的目的和人工林的种类

造林的目的是为了维持、改善和扩大森林资源，为社会提供木材和各种林产品，并发挥森林的多种生态效益和社会效益。造林的目的是多方面的，每块造林地的造林目的均各有侧重，如生产木材、水源涵养、维护生态环境、景观建设、休闲旅游等。

用人工的方法营造的森林称为人工林。根据人工林的不同效益可划分为不同的种类，称为林种。不同的林种反映不同的造林目的，在造林措施上也各有不同。

森林划分为五大林种，即防护林、用材林、经济林、薪炭林及特种用途。按照人们对森林的主导需求，相应地将森林区划分为以发挥生态、社会效益为主的公益林（即防护林和特种用途林）和以发挥经济效益为主的商品林（即用材林、经济林和薪炭林）2 大类。

3.1.2 造林的基本技术措施

为使林木实现速生、丰产、优质，必须采用适当的造林技术措施。这些措施是基于森林发生发展的客观规律和已有的造林经验制订的。

（1）适地适树

适地适树是指树种特性尤其是生态学特性应与造林地的立地条件相适应，充分发挥林地生产力，达到该立地在当前技术经济条件下的高产水平。例如，刺槐、马尾松、臭椿等树种耐干燥，适宜栽在瘠薄的土壤上；柳树、枫杨等适宜在低温的地方生长；泡桐、杨树、白榆等树种适于平原生长，在山地上种植则生长不良。适地适树是相对的，允许地树在一定范围内存在差异，而通过人工措施，改地适树或改树适地。

（2）选育良种，培育壮苗

良种壮苗具备较强的生理机能和抗逆能力、较优的干材品质，使林木具备了速生丰产优质的潜力。有了壮苗良种，还必须认真细致地种植，使其成长为优良林木。否则栽不活，长不好，壮苗良种也发挥不了作用。

（3）林木群体结构

人工林是个群体，树木个体组成林木群体即形成一定的结构，包括密度、配置方式、树种搭配、年龄结构等。如果人工林的结构合理，则能充分利用光能及土地，改良土壤性能，增强对外界不良环境因子的抗性，达到速生丰产的效果。

（4）林木生长环境

林木的速生丰产需要良好的外界环境。为此要进行细致整地、抚育保护，有可能时还要施肥、灌水以及排水，以发挥其潜能。

综上所述，造林的基本技术措施是在适地适树的基础上，以良种壮苗和认真种植来保证树木个体优良品质，以合理密度及组成来保证人工林群体的合理结构，以细致整地、抚育保护以及可能的灌水施肥（排水）保证良好的林地环境。

3.1.3 造林地

造林地是实施造林作业的地段，也称宜林地，是林业用地中的一个类型。造林地一般包括采伐迹地、火烧迹地、林间空旷地等无林地，还有那些难以开垦为农田但适于林木生长发育的荒山荒坡、乡村中分散的"四旁"地（即村旁、宅旁、路旁、水旁）和城市中适于造林绿化的空隙地等。一般来说，湿润和半湿润地区的大部分农耕地都适于造林。但从社会经济需要出发，通常把灌溉良好、土层肥厚的土地作为农耕地，而将那些供水较差、土壤较薄的劣等农耕地和荒山荒地作为宜林地。这样，既充分利用了土地资源，又获得了较大的经济效益。随着人们对土壤侵蚀、沙化等危害的认识，大量的具有潜在水土流失（如黄土沟壑区）和土地沙化（如沙地边缘）风险的农耕地也划归为宜林地，以保护自然环境，确保土地资源的永续利用。

3.1.3.1 造林地的立地条件

在一定的地区内，虽然大的环境条件基本一致，但不同的造林地块之间仍然存在着很大的差异。地形的不同部位具有不同的小气候、土壤、水文、植被及其他环境条件。在造林地上凡是与森林生长发育有关的自然环境因子统称为立地条件。一般的立地条件因子有：

（1）地形

包括海拔高度、坡向、坡形、坡位、坡度、小地形等。地形会引起小气候条件和土壤条件的变化，从而对森林的生长发育产生影响。一般随着海拔高度的升高，森林植被类型也发生类似于由南向北的变化。

（2）土壤

包括土壤种类、土层厚度、腐殖质层厚度、土壤质地、土壤结构、土壤酸碱度、土壤侵蚀程度、各土壤层次的石砾含量、土壤中的养分元素含量、土壤含盐量及成土母岩和母质的种类等。植物生长发育所需水分和矿质养分来源于土壤，造林地土壤的状况对森林的生长起着非常重要的作用。

（3）水文

包括地下水位深度及季节变化、地下水的矿化度及其盐分组成，有无季节性积水及持续期等。在平原地区，水文条件尤其是地下水位对植被的生长起重要作用，而在山地则作用较小。

（4）生物

包括造林地上的植物群落、结构、盖度及地上地下部分的生长分布状况，病、虫、兽害的状况，有益动物及微生物的存在状况等。在植被未受到严重破坏的地区，植被的状况能反映立地质量。

（5）人为活动

包括土地利用的历史沿革及现状，各项人为活动对上述各环境因子的作用等。不合理的人类活动，如取走林地枯枝落叶、不合理的整地方法和间种，将导致造林地土壤肥力的下降；而合理的生产措施，如合理的整地、施肥和灌溉，能提高土壤肥力，提高造林地的生产性能。

3.1.3.2　造林地种类

通过划分立地类型能够较为准确地了解造林地的特性，为适地适树奠定了基础。再根据造林地的环境状况，划分不同的造林地种类。造林地种类大致划分为 4 大类：

（1）荒山荒地

这是中国面积最大的一类造林地。这种造林地上没有生长过森林植被，或过去生长过森林植被，但多年前已遭破坏，植被已退化演替为荒山植被，土壤也失去了森林土壤的湿润、疏松等特性。荒山可按其现有植被划分为草坡、灌丛及竹丛地等。平坦荒地多是不便于农业利用的土地，如沙地、盐碱地、沼泽地、河滩地、海涂等。

（2）农耕地、"四旁"地及撂荒地

农耕地是营造农田防护林及林农间作地的造林地。农耕地一般平坦、裸露、土层较厚，条件较好，便于机械化作业。但农耕地耕作层下往往存在较为坚实的犁底层，对林木根系的生长不利。如不采取适当措施，易使林木形成浅根系，容易发病及风倒。造林时最好采用深耕及大穴深栽植树方法。"四旁"地是指路旁、水旁、村旁和宅旁植树的造林地。在农村，"四旁"地基本上是农耕地或与农耕地类似的土地，条件较好。其中水旁地有充足的土壤水分供应，条件更好。在城镇地区，"四旁地"的情况比较复杂，有的地方立地条件较好，有的地方可能是建筑渣土、地下管道及电缆，有的地方则受到屋墙挡风、遮阴或烘烤等影响。撂荒地是指停止农业利用一定时期后的土地，它的性质随撂荒的原因及时间长短而定。一般撂荒地的土壤较为瘠薄，植被稀少，有水土(肥)的流失现象，草根盘结度不大。撂荒多年的造林地，其上的植被覆盖度逐渐增大，与荒山荒地的性质相接近。

（3）采伐迹地和火烧迹地

采伐迹地是采伐森林（皆伐）后的林地。刚伐后的新采伐迹地是一种良好的造林地，光照充足，土壤疏松湿润，原有林下植被衰退，而阳性杂草尚未侵入，此时人工更新条件好，应当争取时间及时清理林地进行人工更新。火烧迹地是森林被火烧后腾出的林地，与采伐迹地相似，但有其特点。火烧迹地上往往站杆、倒木较多，需要进行清理。火烧迹地的土壤中灰分养料增多，土壤微生物的活动也因土温增高而有所促进，林地上杂草少。故应充分利用这些条件及时进行人工更新。新火烧迹地如不及时更新，造林地的环境状况将不断恶化，逐渐过渡为荒山造林地。

（4）已局部天然更新的迹地、低价值幼林地及林冠下造林地

这类造林地的共同特点是已长有树木，但其数量不足或质量不佳，需要补充或更替造林。在已经局部天然更新的迹地上需要进行局部造林，原则上是"见缝插针，栽针保阔"，必要时要砍去部分原有的低价值树木，使新引入的树木得到更均匀的配置。低价值幼林地一是指封山育林或采伐迹地经天然更新而形成的天然幼林，由于树种组成结构不合理，造成林分密度太小，分布不均；二是指人工造林由于不适地适树，树种组成不合理，造林密度偏大，或抚育管理不善等原因，致使林木成了"小老树"。这些都需要分别对具体情况采取适当措施及时加以改造。林冠下造林地是指老林未采伐之前在林冠下进行伐前人工更新的造林地。这类造林地也有良好的土壤条件，杂草不多，但上层林冠对幼树影响较大。适用于幼年耐阴的树种造林，可粗放整地，在幼树长到需光阶段时要及时伐去上层林冠。

3.1.4　造林树种的选择

造林树种的适当选择是造林工作成功的关键因素之一。如果造林树种选择不当，会使林木不易成活，以致徒费劳力、种苗和资金。即使能成活，人工林可能长期生长不良，难以成林、成材，使造林地的生产潜力在数十年时间内不能充分发挥，起不到森林应有的作用，造成损失。对于一定的造林区，适当的树种选择，既能提高造林的成活率，又可提高成林后的稳定性，从而实现林分较好的生态效益和经济效益。

3.1.4.1　用材林树种的选择

（1）速生性

中国森林资源不足，而社会迫切需要大量的木材。为了弥补木材供应上的缺额，维持和扩大未来的木材供应来源，选用速生树种造林具有战略性意义。

（2）丰产性

要求造林树种有较好的丰产性能，即生长高大，生命周期和材积生长速生期较长，且适于密植，从而能在单位面积上获得较高的木材产量（蓄积量）。

（3）优质性

良好的用材树种应该具备树干通直、圆满、分枝细小、整枝性能良好等特性。这样的树种出材率较高，采运方便，用途较广，因此经济价值较大。

3.1.4.2　经济林树种的选择

经济林对造林树种的要求与用材林类似，但在含义上有所不同。例如，对于以利

用果实为主的木本油料林来说，"速生性"指其"早实性"。"丰产性"指果实的单位面积年产量，也指换算为油脂的单位面积年产量。"优质性"除了出仁率、含油率等指标外，还包括油脂的成分、品质及用途等。

3.1.4.3 防护林树种的选择

（1）农田防护林的树种选择

农田防护林主要考虑抗风力强；生长迅速，树形高大，枝叶繁茂（如杨树、桉树等）；生命周期相对较长，生长稳定，能长期具有防护效能；树冠以窄冠形的为好；本身具有较高的经济价值。

（2）水土保持林的树种选择

水土保持林的主要任务是减少、阻拦及吸收地表径流，涵蓄水分，使土壤免受各种侵蚀。因此，水土保持林选择的树种要求根系发达；树冠浓密，落叶丰富且易分解，能改良土壤，提高土壤的保水保肥能力；生长迅速，郁闭紧密，避免雨点直接冲击地表，能在林下形成良好的枯枝落叶层，保持土壤；能适应不同类型水土保持林的特殊环境，如护坡林的树种要能耐干旱瘠薄（如柠条、杜梨等），沟底防冲林及护岸林的树种要能耐水湿（如柳树、桲树等）、抗冲淘等。

（3）固沙林的树种选择

固沙林的主要任务是防止沙地风蚀，控制沙粒移动危及各项生产事业（农田、城镇、交通线、水利设施等），并合理利用沙地的生产能力。固沙林的树种选择要求根系伸展广，根蘖性强，能笼络地表沙粒，固定流沙（如梭梭、沙拐枣等）；耐风吹露根及沙埋（如沙柳、沙蒿等），有不定根，耐沙割（流沙粒的撞击）；落叶丰富，能改良土壤；耐干旱、耐瘠薄、耐地表高温（如花棒、樟子松），或耐沙洼地的水湿及盐碱（如胡杨、桲柳）。

另外，海岸防护林、护牧林等也都有各自的特殊要求。

3.1.4.4 薪炭林及能源林的树种选择

薪材可以作为其他林种的副产物来生产。但在许多地方这样的来源不能满足需求，这时就需要营造专门的薪炭林。薪炭林树种要求生长快，生物产量大，以期能及早获得数量较多的薪炭；木材容重大，产热量高，且易燃、火旺、少烟；具备萌蘖更新的能力，便于短期轮伐收获。

3.1.4.5 环境保护林和风景林树种的选择

在大型疗养区周围营造以保健为主要目的的人工林，最好选用能释放杀菌挥发物的树种。大部分松属及桉属的树种都具有这种释放能力。

在大型厂矿周围，特别是能产生有害气体（二氧化硫、氟化氢、氯气等）的厂矿周围营造人工林时，要选择对污染物的抗性强而且能吸收这类污染气体的树种。

在城市附近为了给人们提供旅游休闲场所，在营造人工林时（建立森林公园及市郊绿化），除了树种的保健性能外，还要考虑美化的要求及游玩和休息活动的需要。

3.1.5 造林方法

造林方法是指造林施工的具体方法。造林方法按所使用的造林材料（种子、苗木、插穗等)的不同,一般分为播种造林、植苗造林和分殖造林 3 种,如图 3-1 所示。根据造林树种的繁殖特性和造林地的立地质量,正确的选用造林方法,掌握施工技术,确定适宜造林季节,有利于以较低的经济投入来达到较高的造林成活率。

图 3-1 造林方法
(a)播种造林(飞机播种造林) (b)植苗造林 (c)分殖造林(插条法)

(1)播种造林

将林木种子直接播种到造林地的造林方法,又称直播造林,简称直播。播种造林是一种常用的造林方法,虽然其应用不如植苗造林普遍,但在某些自然、经济条件下,依然显示出较大的优越性。播种造林又分为人工播种造林和飞机播种造林。

(2)植苗造林

是将苗木作为造林材料进行栽植的造林方法,又称栽植造林、植树造林。植苗造林法受树种和造林地立地条件的限制较少,是应用最广泛的造林方法。植苗造林应用的苗木,主要是播种苗(又称实生苗)、营养繁殖苗和移植苗。

(3)分殖造林

分殖造林是利用树木的营养器官(如枝、干、根等)及竹子的地下茎作为造林材料直接造林的方法,又称为分生造林。其特点是能够节省育苗时间和费用,造林技术简单、操作容易,成活率较高,幼树初期生长较快,而且在遗传性能上保持母本的优良性状。这种方法主要用于营养繁殖的树种,如杨树、柳树、泡桐和竹类等。分殖造林按照所用营养器官和繁殖的具体方法,分为插条、插干、压条、埋干、分根和地下茎造林等。

3.1.6　造林机械

（1）挖坑机

主要用于造林植树挖坑，适用于平原、丘陵、沙地等不同条件下挖暖土的圆柱状穴坑。挖坑直径一般为 0.4～1.0m，挖坑深度可达 1.2m。该机械挖坑植树效率高，广泛用于大面积速生丰产林大苗穴坑挖掘以及城市路边园林绿化等工程建设中，对生态建设、公路、铁路两侧绿化等。图 3-2 所示为 IWX-50 挖坑机。

（2）植树机

用于栽植 1～3 年生全株大苗，适应在平原、沙丘和退耕还林地上大面积植树。植树机作业时由前铧开沟破开表层干土、草皮、沙石，后铧在沟里再次开沟，植苗、培土、镇压、覆土一次完成。工作效率和苗木成活率可大大提高。图 3-3 示为 YTE-60(45) 型植树机。

图 3-2　IWX-50 挖坑机　　　　图 3-3　YTE-60(45)液压通用植树机

3.2　森林抚育与更新

对人工林或天然林，在从幼林开始直到可以利用之前的整个林木生长过程中，为把森林培育成符合利用目的而实行的各种人工作业，称为森林抚育。根据抚育措施作用于林木生长环境或林木本身的不同，森林抚育可分为幼林抚育和抚育间伐两大类。幼林抚育是直接作用于环境从而间接影响林木。抚育间伐直接作用于林木与环境，从而改善林木生长和品质。

森林更新是在森林利用后，为恢复森林而采取的措施。

3.2.1　幼林抚育

新造幼林一般要经历缓苗、扎根、生长并逐步进入速生的过程。这一阶段的林分尚未郁闭，幼林基本上处于散生状态。这时进行抚育管理，是为了创造优越的环境条件，满足幼林对水、肥、气、光、热的要求，达到较高的成活率和保存率，并使之迅速成长，为林木速生、丰产、优质奠定良好的基础。幼林抚育包括以下几个方面：

（1）松土除草

松土除草为幼树创造一个良好的生长环境，促进根系的呼吸活动，加速幼根的生长，并可减少土壤养分的流失，促进林木的生长。松土除草一般在造林后第 1 年开始，连续进行 3~5 年。

（2）浇水施肥

浇水施肥是促进林木生长的关键措施，特别是在北方干旱地区尤为重要。幼树除造林时要施足底肥外，成活后每年春季还要追一次肥，一般结合浇水进行。每年春季浇一次返青水；5、6 月份在林木即将进入快速生长的前期，浇 1~2 次透水；一般雨季到来以后不再浇水，在土壤结冻前再浇一次封冻水。

（3）修枝

为促进林木生长，在造林后第 2 年开始，对主干下部萌生的枝条要全部剪掉，疏去徒长枝和并生枝。对于主枝不明显的幼树将枝头截去 1/2，促使其形成徒长枝，重新换头。对于有两个主枝的幼树，要疏去竞争枝。为促进林木主干通直圆满，根据树木生长情况，每隔 2~3 年，在春季萌发前或秋季落叶后进行一次修枝，剪去影响林木生长的徒长枝、竞争枝、并生枝和轮生枝，以免形成主干弯曲或"卡脖"。修枝时，一般在林分郁闭前保留树冠应占树高的 2/3，林分郁闭后保留树冠也应占树高的 1/2，以保证林木正常生长。

3.2.2 抚育间伐

抚育间伐简称间伐，是指在未成熟的林分中，为了给保留木创造良好的生长环境条件，而定期采伐部分林木的森林培育措施。同时也作为一种中间利用手段，提供大量中、小径材。

由于构成林分的树种不同，年龄不同，则抚育间伐承担的任务不同，因而也就有不同的抚育间伐的种类。传统上我国将抚育采伐分为透光伐、除伐、疏伐、生长伐、卫生伐 5 类。

（1）透光伐

在天然混交幼林第 I 龄级的前半期，即林分开始郁闭时进行。目的是为了主要树种不被次要树种所压，使主要树种占优势，砍去部分次要树种，同时割除杂草、藤蔓。对密度过大的纯林，也应伐去其中生长不良的个体，改善林木生长发育条件。

（2）除伐

在天然混交林第 I 龄期的后半期，即林分完全郁闭后进行。除继续完成透光伐未完成的调整组成的工作，还要伐去主要树种中的劣质木、生长落后木，通常在郁闭度 0.9 以上的林分中进行。

（3）疏伐

从干材林时期开始，主要是伐去树干弯曲、多杈、偏冠、以及受害的、生长衰弱的林木，因而是干形抚育。在密度大的林分中，也要伐去一些干形虽好但生长不良的个体。

（4）生长伐

在疏伐结束后至主伐前一个龄级进行。此时林木高、生长缓慢，干形已定，整枝也慢。因此，此时进行抚育采伐是为加速林木直径生长与材积生长，生产大径材，缩短工艺成熟期,并有利于林木结实,为下一代天然更新创造良好条件。

(5)卫生伐

将枯立木、风倒木、风折木、受机械损伤的濒死木,以及受病虫危害的、无培育前途的立木伐去,目的是改善森林的卫生状况,减少病虫害与火灾的发生,促进林木的健康生长。

3.2.3 森林主伐更新

对成熟林分或部分成熟林木进行的采伐称为森林主伐。主伐的目的,一是取得木材;二是更新森林,扩大再生产,使森林成为永续利用的资源。森林更新包括采伐老林和更换成新林的一系列工作,既包括采伐老林,创造有助于林木结实、种子发芽和幼苗生长的环境条件;也包括各种育林措施如清理采伐迹地、整地和抚育等,以期尽快使目的树种更替老林。主伐方式实际上是森林更新的一个组成部分,更新方法决定着主伐方式。

所谓主伐方式,就是在预定采伐的地段上,根据森林更新的要求,按照一定的方式配置伐区,并在规定的期限内进行采伐和更新的整个顺序。主伐方式依据更新方法的不同可以分为 3 种类型。

(1)皆伐

一次采伐全部林木,人工更新或天然更新形成同龄林。

(2)渐伐

在不超过 1 个龄级期的较长期间内,分若干次采伐掉伐区的林木。利用保留木下种,并为幼苗提供遮阴条件。林木全部采完后,林地也全部更新起来,同样也是形成同龄林。

(3)择伐

分次采伐单株或群状老龄林木,形成并维持异龄林。

天然林或人工林经过采伐、火烧或其他自然灾害而消失后,在这些迹地上以自然力或用人为的方法重新恢复森林,称为森林更新。根据森林更新发生于采伐前后的不同,分为伐前更新和伐后更新。伐前更新(简称前更)是在采伐以前,在林冠下面的更新;伐后更新(简称后更)是在森林采伐以后的更新。更新的方法有人工更新和天然更新。对天然更新加以人工辅助,则称为人工促进天然更新。应根据森林类型的特点如树种特性、更新过程和演替方向等,选择合理的更新方法。在渐伐和择伐迹地并有天然更新条件的地方,可侧重利用天然更新;在皆伐迹地或没有天然更新条件的地方,应采用人工更新。

3.3 天然林资源保护工程

天然林资源保护工程(简称"天保"工程)是通过限制对天然林的采伐量,保护、恢复天然林资源,实施分类经营,优化经济结构,立体开发林区多种资源,特别是开展森林复合经营,合理分流富余人员,实现林区天然林可采资源的消长平衡、人口就业平衡、经济平衡和"三大效益"间的平衡。

我国的天然林资源是最为基础的自然资源，主要分布在大江大河的源头、流域和重要山脉的核心地带。天然林资源是生物圈中功能最为完备的动植物群落，具有很高的生物多样性，也是陆地生态系统强有力的支撑，发挥着维护生态平衡和提高生态环境质量的主体作用。天然林资源破坏容易恢复难，其所发挥的功能和作用，更是远非人工林所及。因此，把天然林作为单纯的经济资源来采伐利用，不仅十分可惜，而且后果严重。

我国国有林区天然林面积约 $0.63×10^8 hm^2$，占全国天然林面积的 52%，蓄积量约占全国天然林蓄积的 71%。这些天然林是长江和黄河流域、呼伦贝尔草原、三江平原、新疆畜牧区等地的重要生态屏障，对保护我国的水资源、保证大江大河的水利设施发挥长期的效能具有极其重要的作用，对维护区域乃至全国的农、牧业的稳产高产、调节气候、改善人类生存环境起着不可替代的作用。因此，国有林区是天然林保护的重点和关键。

天然林资源保护工程的长远目标是使天然林资源得到根本恢复，基本实现木材生产以利用人工林为主，使林区建立起比较完备的林业生态体系和合理的林业产业体系，充分发挥林业在国民经济和社会可持续发展中的重要作用。

工程实施重点是国有林区，即分布于东北、西北和西南的黑龙江、吉林、内蒙古、陕西、甘肃、新疆、青海、四川、重庆和云南 10 个省（自治区、直辖市）的国有成片天然林林区。

天然林资源保护工程将林业用地划分为生态公益林和商品林两类。其中，生态公益林依据保护程度的不同又划分为重点保护的生态公益林（重点公益林）和一般保护的生态公益林（一般公益林），并分别按照各自特点和规律确定其经营管理体制和发展模式，以充分发挥森林的多种功效。

在实施天然林资源保护工程之后，木材产量大幅度调减，致使木材供需缺口扩大，木材供给的结构矛盾加剧。商品林的建设是通过高强度集约经营、定向培育、基地化建设、规模化生产，发展速生丰产用材林、工业原料林及珍贵大径级用材林等，为重点地区长期发挥木材生产基地的作用奠定基础，从根本上解决木材供需矛盾。

3.4 水土保持与防护林工程

水土保持是防止水土流失，保护、改良与合理利用水土资源，维护和提高土地生产力，减轻洪水、干旱和风沙灾害，以利于充分发挥水、土资源的生态效益、经济效益和社会效益。水土保持措施主要有 2 大类，分别是水土保持林草措施和水土保持工程措施。

防护林是为了防止自然灾害，改善气候、土壤、水文条件，创造有利于农作物和牲畜生长繁育的环境，以保证农牧业稳产高产、提供多种效用的人工林生态系统。水土保持林是防护林的一种。

3. 4. 1　防护林工程

防护林指以防护为主要目的的森林、林木和灌丛，包括水源涵养林，水土保持林，防风固沙林，农田、牧场防护林，护岸林，护路林。

我国防护林体系建设的重点包括"三北"、沿海、长江和平原农区等防护林人工生态工程。全国整体的综合防护林体系覆盖范围达 $578×10^4 km^2$，占国土面积的60%以上，包括了全国主要的水土流失、风沙危害、平原农区和台风盐碱地区。

3. 4. 1. 1　防护林的树种选择

适地适树是国内外防护林树种选择的基本原则。美国通过筛选比较，选出了大平原防护林常用树种，如美国黄松、铅笔柏、落基杨等。俄罗斯在草原造林时，考虑乔灌木树种对土壤条件的适应性，根据乔灌木树种的根系、生长发育状况进行分类选择。我国关君蔚院士曾提出的 6 个风害防护林专用林种、4 个沙地防护林专用林种、7 个水土保持专用林种、4 个环境保护及其他专用林种为我国防护林的基本林种。

防护林体系朝着生态防护型和生态经济型的建设方向发展。树种的选择强调立地的防护功能和多效利用，将树种的生态指标与经济指标结合起来，如在水土保持林中推广水土保持效果好、经济价值高的树种。

3. 4. 1. 2　我国防护林体系

（1）"三北"防护林体系

"三北"防护林体系包括西北、华北和东北的 13 个省（自治区、直辖市）的 551 个县，东西长 4 480km，南北宽 560~1 460km，总面积达 $406.9×10^4 km^2$，占全国陆地总面积的42.4%。自 1978 年起，在我国华北北部、东北西部和西北大部分干旱和风沙危害、水土流失严重的地区建立以防风固沙林、农田防护林、水土保持林以及牧场防护林为主体的多防护林种相结合的防护林体系工程。

（2）长江流域防护林体系

长江全长 6 397km，流域总面积为 $180×10^4 km^2$，占我国国土面积的 19%。该流域内，流域内山地占 65%，丘陵 24%，平原 11%。现有森林面积为 $6 612×10^4 hm^2$，占全国森林面积的 29%，覆盖率达 38%。由于森林逐年减少，致使土壤侵蚀和流沙淤积严重，洪水灾害日趋严重，1998 年形成历史上百年不遇的特大洪灾即为一例。流域内水土流失面积在 20 世纪 50 年代为 $36×10^4 km^2$，到 80 年代增至 $72×10^4 km^2$，土壤侵蚀量达 $24×10^8 t$。从 1989 年起开展长江防护林体系工程建设，在流域的中上游大力发展水源林，在主要支流的中下游建设水土保持林，在干流的中下游建立护岸林、防浪林，在平原地区建设农田防护林。工程实施完成后全流域将增加森林面积 $2 000×10^4 hm^2$。

（3）海岸防护林体系

我国大陆海岸线长 $1.8×10^4 km$，北起鸭绿江口，南至广西的北仑河口。沿海岸线 150 个县的总面积达 $2 270×10^4 hm^2$，人口近 1 亿，是我国农林牧副渔业的重要基地。但该区域受到风、沙、潮、旱、涝、盐碱等不利因素影响，自然灾害频繁。我国在 20 世纪 50 年代就开始发展沿海防护林，主要以防风固沙为主。海岸基干林带一般宽于海岸线，同风沙、海浪的方向垂直，为海岸的第一道防线。另一种形式是在沿海沙丘、沙滩营造高密度(4 500~6 000 株/hm²)的片林和林带，起到固定流沙的目的。近十多年来，海岸防护林建设逐渐走向生态经济型的防护林体系发展方向，因地制宜地把防护林与用材林、经济林、薪炭林等有机结合，建成海岸防护林体系，逐渐发展成为我国外贸型经济林基地。目前，海岸防护林体系已基本建成。

(4)农业防护林体系

农业防护林体系建设是我国防护林建设中规模最大的一项工程，其范围包括三江平原、松辽平原、黄淮平原、华北平原、长江下游平原和珠江三角洲等农业区，共有耕地 $1.3×10^8hm^2$，按行政区划包括 918 个县，人口占全国 1/2。由于我国属季风气候，自然灾害频繁，旱涝、风沙、盐碱、低温等灾害直接影响着我国农业的发展。因此，农业防护林成为我国农田基本建设的重要组成部分。自 20 世纪 60 年代开始，以平原绿化为中心，在农田的沟、渠、路边，因地制宜地营造 2~3 行窄林带，在农田、果园建立疏透结构的防护林网，其营林面积每年占人工造林面积的 9% ~ 13%。目前已完成700 余县的农田林网化，自然灾害得到有效的控制，农业抗逆功能有了显著的增强，生态环境发生了根本的变化。由于农田防护林增产效益，仅小麦一项就增加粮食产量 $5×10^8kg$，并且为平原地区提供木材 $600×10^4m^3$、薪柴 $300×10^4m^3$。随着市场经济的发展，我国农业防护林也向多林种、多树种、多层次的生态经济型、景观生态型以及农林复合经营型系统发展。

3.4.2 水土保持林

水土保持林是指在水土流失地区，调节地表径流，防治土壤侵蚀，减少河流、湖泊和水库泥沙淤积，改善山地丘陵的农牧业生产条件，提供一定林副产品的天然林和人工林。

3.4.2.1 我国水土流失现状

水土流失是我国的头号环境问题。据全国第二次水土流失遥感调查报告显示，我国水土流失面积约 $356×10^4km^2$，约占国土面积的 37%，其中水蚀面积 $165×10^4km^2$，占水土流失面积的 46%；风蚀面积 $191×10^4km^2$，占 54%。在水蚀、风蚀面积中，水蚀风蚀交错区水土流失面积 $26×10^4km^2$，占 7%。

我国是一个多山的国家，山区面积占国土面积的 2/3，山区是我国众多江河的源头，由于地形复杂，在重力和水力等外营力作用下易造成水土流失，再加上地质新构造运动较为活跃，山崩、滑坡、泥石流危害严重。黄土高原面积 $58×10^4km^2$，水土流失面积占总面积的 79%，土壤平均侵蚀模数达 $3 000t/(km^2·a)$，每年流入黄河的 $16×10^8t$ 泥沙有 80% 来自本区。长江流域水土流失面积 $56×10^4km^2$，比 20 世纪 50 年代增加了 56%，年均流失土壤 $22.4×10^8t$。珠江流域水土流失面积约 $7.7×10^4km^2$，年流失土壤 $2.3×10^8t$。淮河流域水土流失面积约 $5.5×10^4km^2$，年均流失土壤 $1.8×10^8t$。

我国小流域治理始于 20 世纪 50 年代，六十多年来的实践证明，在水土流失综合治理中，水土保持林草措施是根本的长远战略性措施，只有采用自然恢复、人工促进自然恢复和人工造林种草，恢复林草植被，才能从根本上改善生态环境。水土保持林对于控制水土流失、涵养水源、保护生态环境发挥着巨大的作用。

3.4.2.2　水土保持林的作用

（1）调节地表径流

通过林分的乔、灌木林冠层截留降水来改变林下的降水量和降水强度，减少雨滴对地表直接打击的能量，延缓径流形成的时间。林下灌木和草本植物及枯枝落叶，不仅保护地表土壤免遭雨滴的冲击，减少了击溅侵蚀，而且增加了地表粗糙度，削弱了地表径流，在很大程度上降低径流携带泥沙的能量。枯落物层腐烂后，在土壤中形成团粒结构，有利于微生物活动，有效地增加了土壤的孔隙度，从而使森林土壤对降水有极强的吸收和渗透作用，增大了土壤水容量和渗透系数，有利于水分的下渗，发挥了良好的径流调节作用。

（2）涵养水源

水土保持可以增加、保持、滞蓄下渗水分，调节河川流态，削减洪峰流量，延长径流历时，增加枯水期河流流量，从而减轻洪水危害。

（3）增强土壤的抗蚀抗冲性

依靠林分的乔、灌、草密布的地上部分及其强大的根系网络，减少径流冲刷从而固持土壤，改善土壤理化性质和结构。强大的根系也可发挥良好的固岸、固坡、防冲、防滩以及减少滑坡、崩塌等作用，增强了土壤的抗蚀抗冲性。

3.4.2.3　水土保持林的配置

山丘区气候和地形条件的多样性，反映了各地形部位水土流失的特点。应根据地形部位和土地利用方式配置水土保持林，以达到特定的防护作用和营造目的，如分水岭防护林、护坡林、水源涵养林等。水土保持林常具有双重的林种作用，如护坡用材林、固沟薪炭林、护渠用材林等，既反映了其水土保持的作用，又反映了它的培育方向。

水土保持林的配置，是以防治土壤侵蚀，改善生态环境，保障农牧业稳产高产为目的。所以，水土保持林体系内各个林种的配置与布局，应根据当地的实际情况，实行乔、灌、草结合，网、带、片相结合，用材林、经济林与防护林相结合，要以较小的林地面积力求达到最大的防护效果，产生最大的经济效益。

我国水土保持林的特点是其生产性和综合性。生产性主要表现在林木的生产和为农牧业生产提供服务这两个方面。综合性则主要反映在水土保持林既要与各生产内容相协调，与农林业生产体系结合，又要使生物措施与工程措施相结合，而在生物措施中使乔、灌、草相结合。

3.4.3　水土保持工程

水土保持工程是改变小地形，控制坡面径流，治理沟壑防止水土流失的重要措施。在单靠林草措施和生物技术措施不能充分控制水土流失的地方，就要配合实施工程措施，以相互促进水土保持。水土保持工程主要包括坡面治理工程、沟道治理工程和山区小型水利工程等。

3.4.3.1　坡面治理工程

坡面治理工程也称治坡工程，如梯田、梯地、水平沟、水平阶、鱼鳞坑、水簸箕和地坎沟等，在防止坡面径流、保持水土、促进农业生产中有着重要作用。这些治坡工程形式各异，但都有一个共同的特点，即在坡面上沿等高线开沟筑埂，修成不同形式的水平台阶，用改变小地形的方法，起到蓄水保土作用。

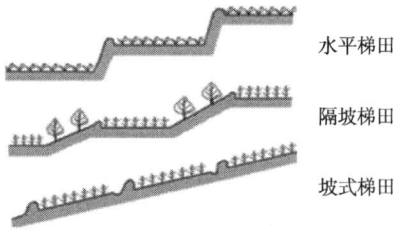

其中梯田分为水平、坡式和隔坡梯田3种（图3-4）。

水平梯田

隔坡梯田

坡式梯田

图3-4　三种梯田模拟图

3.4.3.2　沟道治理工程

沟道治理工程也称治沟工程，是丘陵山区治理水土流失的重要工程内容，是防止沟壑侵蚀发展、变荒沟为良田的有效措施。在我国黄土丘陵沟壑区，把沟壑治理与建设高产稳产农田结合起来的作法，是独具风格的。

（1）沟壑治理

无论发育在何种土壤、地形条件下的侵蚀沟，在治理过程中都应遵循从上到下、从坡到沟、从沟头到沟口、全面部署、层层设防的原则，既要解决侵蚀发生的原因，又要解决侵蚀产生的结果。

（2）沟头防护工程

沟头防护工程用于防止沟头因径流冲刷而导致的沟头前进和扩张，有蓄水式和排水式2种类型。无论哪种类型都应与造林种草密切结合起来，使之更有效地保持水土。蓄水式沟头防护工程多修在距分水岭较近、集水面积较小、暴雨径流量不大的沟头，或虽坡面集水面积较大，但坡面治理已基本控制住了坡面径流的沟头，要求把水土尽可能拦蓄。在沟头较陡、破碎，坡面来水量较大的地区，没有条件将水拦蓄，或拦蓄后易造成坍塌时，可采用排水式沟头防护工程。将沟头修成多阶式跌水或陡坡状的防冲排水道，也可采用悬臂式排水工程。

（3）沟底工程

从本质上讲，沟底工程就是修筑堤坝，主要有谷坊、淤地坝和小水库3类。谷坊是稳定河床、防止沟底下切、抬高侵蚀基准的一项工程措施，能拦泥缓流、改变沟底比降，为植物在沟床中生长提供条件。淤地坝是滞淤拦泥，控制沟床下切、沟壑扩张，变荒沟为良田，合理利用水土资源的一项重要措施。淤地坝和谷坊一样，都是修筑于沟底的坝，但它们的大小、高低和目的不同。谷坊多在毛沟内修筑，高度一般5m以下；淤地坝高度一般在5m以上，依据径流量和泥沙冲刷量而定，其功能除稳定沟床外，更重要的是拦泥淤地，扩大耕地，达到稳产高产目的。

在溪沟河谷地形条件较好、集水面积较大的地段，可修建小型水库，对放洪、灌溉、发电、养鱼、保持水土、促进农业增产等方面都有重要作用。

3.4.3.3　小型水利工程

在水土流失地区，除沟中小水库外，在坡面上可修筑"以蓄为主，排蓄结合"的小型水利工程。它们在暴雨时能拦蓄地表径流，减缓流速，同时有助于用洪用沙，变害为利。小型水利工程包括塘坝(塘堰)、蓄水池(陂塘、山弯塘、涝池)、转山渠(盘山渠、撇洪沟)、土窖、水窖、引洪漫地等。

3.5　森林防火灭火工程

森林火灾是一种自然灾害，具有很强的周期性、突发性和破坏性，它的发生与天体演变、气候变化和人类活动密切相关。森林火灾具有自然灾害和人为灾害的双重性，重在自然灾害属性。

3.5.1　综合森林防火

综合森林防火是从生态观点出发，根据森林的实际情况和现有的技术水平，进行综合性的森林防火规划，采用人为和天然的多种防火措施，有效地把森林火灾控制在允许范围之内，将森林火灾损失限制在一定水平，以维护森林生态平衡。

森林防火综合措施主要包括营林防火、生物与生物工程防火、以火防火、群众防火等。

3.5.1.1　营林防火

营林防火就是使森林经营和森林防火结合起来。森林经营的目的是不断地调节森林结构，改善森林生长发育的条件，这与森林防火的要求常常是一致的。通过营林防火措施可减少和调节森林可燃物，增强林分的抗火和防火能力，是森林防火的基础。营林防火主要有以下措施：

(1)扩大森林覆被

林火多发生在荒山、草坡、林缘和林间空地，这些地区大多生长着容易着火的禾本科杂草，同时立地裸露、日照强、气温高、湿度小、通风良好，所以容易着火蔓延。如果将这些荒地和林间空地都栽植上树木，则可形成森林气候。由于林内阳光少、温度低、湿度大、风力小，就不容易着火蔓延。所以通过营林增加森林覆盖可以增强森林的抗火性。

(2)加强造林前整地和幼林抚育管理

造林前的整地和幼林抚育管理，是搞好造林地防火的一项措施。清除幼林中的杂草灌木，不但为幼苗、幼林创造良好的生长发育条件，也可以使幼苗、幼林免遭森林火灾的危害。

(3)针叶幼林郁闭后的修枝打杈

针叶幼林尤其是阴性针叶林郁闭后，很快自然整枝，这些干枯的枝条距离地面很近，一旦着火，就会将火引向树冠，形成毁灭性的树冠火。因此，结合营林进行修枝打杈，既能加快林木的生长发育，又有利于防火。

(4)抚育间伐

森林郁闭后，林木开始分化，应及时进行间伐抚育。不断伐去生长落后、病腐、干形不良的个体和非目的树种，随时清除林内杂乱物，可以大大减少森林可燃物的积累。这既有利于森林防火,改善森林环境,还能促进林木生长发育,增强林分抗火性。

3.5.1.2 生物与生物工程防火

自然界中形形色色的动物、植物和微生物对火有着不同的抗性。不同的森林植物群落的燃烧性不同,不同动植物之间的相互作用也会影响到森林的燃烧性。生物与生物工程防火的实质是利用自然界的力量和条件以及生物之间的相互作用关系来开展防火。

开展生物与生物工程防火,可以利用不同植物、不同树种的抗火性能来阻隔林火的蔓延。也可以利用不同植物或树种生物学特性的差异,来改变火环境,使易燃林地变为难燃林地,降低林分可燃性。还可以通过调节林分结构来增加林分的难燃成分,减少易燃成分,从而降低森林的燃烧性。此外,利用微生物、低等动物或野生动物的繁殖,减少易燃物的积累,也可以达到降低林分燃烧性的目的。总之,生物与生物工程防火,主要是通过调节森林燃烧的物质基础来达到森林防火的目的。

3.5.1.3 以火防火

火能引起森林火灾,破坏森林结构,影响森林正常发育,给森林带来危害。另一方面,在人为控制下,按计划用火,则可减少森林中可燃物积累,给森林防火带来益处,有利于防火。只要方法对头,以火防火是一种多快好省的防火措施。目前许多发达国家都在推行大面积计划火烧,以减少森林火灾的危害。

3.5.1.4 群众防火

全世界由人为原因引起的森林火灾占森林火灾总次数的75%以上。因此,无论发展中国家还是发达国家都十分重视群众防火。加拿大每年将1/4的防火资金用于宣传教育,搞群众防火;美国的密西西比州设有火灾研究所,工作内容包括研究各种人的防火心理。

加强群众防火,减少人为火源,可使森林火灾明显减少。通过宣传教育,让人们认识森林火灾的危害性,强化全民森林火灾预防意识和法制观念,提高各级领导对火灾预防重要性的认识和责任感,使森林防火变为全民的自觉行动。

3.5.2 森林灭火

森林燃烧需要具备燃烧的3个条件:即森林可燃物、空气(氧气)和火源。三要素中缺少一个要素燃烧就会停止。因此,扑救森林火灾就是破坏其中一个要素使火熄灭。

3.5.2.1 扑救林火机理

(1)窒息灭火(隔绝空气)

隔绝可燃物,使着火的可燃物与未着火的可燃物隔离,达到灭火的目的。隔绝或稀释空气,使空气中氧气的浓度低于14%~18%,使其窒息熄灭,以达到灭火的目的。可采用化学灭火剂,也可用覆盖或扑打的方法,使可燃物与空气隔绝而熄灭林火。此法适合于林火初期,对大面积森林火灾,需要隔绝空气的空间过大,操作困难。

(2)冷却灭火

降低温度,使可燃物的温度降至燃点以下。如在可燃物上覆盖湿土或洒水等,使可燃物的温度低于燃点，达到冷却降温灭火的目的。

（3）隔离灭火（封锁可燃物）

使火与可燃物隔离而达到灭火的目的。一种是使燃烧的可燃物与未燃烧的可燃物彻底分离，如建立防火线、防火沟、生土隔离带等措施；另一种是增加可燃物的耐火性，喷洒化学灭火剂或水等，使其成为难燃或不燃物。

3.5.2.2　扑救林火的基本方法

（1）直接扑火法

这类扑火方法适用于弱度、中等强度地表火的扑救。由于林火的边缘上一般有40%～50%的地段燃烧强度不高，因而这个范围可作为扑火员的安全避火点。从这个点出发，沿顺风方向分别向火场的两侧翼推进，扑火员靠近火边直接扑火。扑火员由于距离火源较近，容易了解林火的温度和强度，因此易保证安全，同时扑火费用也少。直接扑火法分为扑打法、土灭法、水灭法、风力灭法及化学灭火法等。

（2）间接扑火法

有时由于火的行为、可燃物类型及人员设备等原因，不允许采用直接扑火法，这时就要采用间接扑火法。这类灭火法适用于高强度的地表火、树冠火及地下火。主要是开设较宽的防火线或利用自然障碍物及火烧法来阻隔森林火灾的蔓延。

（3）平行扑救法

当火势很大、火的强度很高、蔓延速度很快、无法用直接方法来扑救时，由地面扑火员和推土机沿火翼进行作业或建立防火隔离带。

3.5.2.3　常用灭火方法

（1）扑打法

扑打法是最原始、最常用的一种林火扑救方法，常用于扑救弱度和中等强度的地表火。常用的扑火工具有"一号工具"和"二号工具"，前者是用树条扎成的扫帚或将湿麻袋绑在木棒上；后者是用汽车外胎的里层剪成宽2～3cm，长0.8～1m的胶皮条，绑在塑料棍上呈拖把状。

（2）土灭法

土灭法是以土盖火，使火与空气隔绝，从而使火窒息。适用于枯枝落叶层较厚、森林杂乱物较多的地方，用扑打法不易扑灭时，可采用锄头、铁锹等工具取土盖火。一般在林地土壤结构疏松时使用。土灭法的优点是就地取材，效果较好，在清理火场时用土埋法熄灭余火，对防止"死灰"复燃十分有效。

（3）水灭火法

水是消防上应用最普遍的一种灭火剂。当火场附近有水源如河流、湖泊、水库、贮水池等时，应该用水灭法。其不但可缩短灭火时间，而且能够有效地防止复燃。

（4）风力灭火法

这是利用风力灭火机产生的强风，把可燃物燃烧释放的热量吹走，切断可燃性气体而使火熄灭的一种灭火法。风力灭火机只能用于扑灭弱度和中度的明火，不能灭暗火，否则愈吹愈旺。

(5)爆炸灭火法

利用爆炸法不仅可以开辟生土带、防火沟，阻止火灾蔓延，同时还可以利用爆炸产生的冲击波和泥土直接扑灭猛烈的大火。一般在偏远林区发生大面积火灾，消防人员不足、林内杂乱物较多、新的采伐迹地和土壤坚实的原始森林可采用这种方法。爆炸灭火有穴状爆炸、索状炸药爆破、手投干粉灭火弹和灭火炮等方法。

(6)隔离带阻火法

在草地或枯枝落叶较多的林地内发生火灾并迅速蔓延时，单靠人工扑打有困难，可在火头蔓延的前方，在火头到来之前开设好生土隔离带。可用锹、镐、铲等掘土，也可用投弹爆破，把土掀开，以阻止地表火蔓延，还可使用拖拉机开设生土带，或伐开树木、灌木等，以阻止树冠火的蔓延。

(7)防火沟阻火法

这是阻止地下火蔓延的一种方法。在有腐殖质和泥炭层的地方发生地下火，可以用挖沟的办法进行阻火。沟口宽为1m，沟底宽为0.3m，沟深取决于泥炭层的厚度，一般应低于泥炭层0.5m才能起到阻火作用。

(8)以火灭火法

这是一种扑救树冠火和高强度地表火的有效方法，也是大火袭来时扑火员进行自我保护的一种方法。但是，这种方法有很大的危险性，要求有很高的技术水平。如果掌握得好，这是一种省工、省力、省钱、高效的应急灭火方法。如使用不当，不但起不到灭火作用，反而会助长火势，加速火的蔓延，甚至造成人身伤亡事故。

3.5.2.4　常用灭火机械

(1)油锯(图3-5a)

主要在开设永久和临时隔离带时使用。

(2)割灌机(图3-5b)

主要在清理林下可燃物和防火隔离带上的易燃、可燃物时使用。

(3)风力灭火机(图3-5c)

利用风机产生的强风，将可燃物燃烧产生的热量带走；切断已燃、正燃和未燃可燃物之间的联系，使火熄灭。这种灭火机械对消灭森林火灾、草原火灾有明显的效果，已被广大林区和草原的防火部门所采用。便携式风力灭火机体积小、重量轻、单人操作，同时具有风力强、易操作、能挎、能背、能提、耗油少、不受地形限制的优点适合专业防火队使用。工作时，由于风力对灭火机的反作用，使扑火员负重减轻，操作更加轻便。

(4)灭火水泵(图3-5d)

灭火水泵采用了二级高扬程、低流量微型离心泵。其喷水能对燃烧物进行有效冷却。水在受热蒸发时能产生大量的水蒸气并占据了燃烧空间，阻碍空气进入燃烧区，使燃烧区局部氧含量减少。同时，水经过水泵增压后，压力增加，能以较大的动能冲击燃烧物，从而冲散燃烧物减弱燃烧强度。喷水灭火是扑灭林火，特别是林冠火、地下火的最有效的方法。

(5)水陆两用森林消防车(图3-5e)

由63式履带装甲运输车改装而成，适合在森林、草塘以及各种恶劣山地条件下运

图 3-5　常用灭火机械
（a）油锯　（b）割灌机　（c）风力灭火机　（d）灭火水泵
（e）水陆两用森林消防车　（f）J-50 机载型森林消防车　（g）"531"消防车

动，行进速度快，适合林区灭火工作。

(6)J-50 机载型森林消防车(图 3-5f)

由车体、特制水箱和灭火水泵三部分组成，水箱可载水 2.5t。3 大部件可分可合，一车多用，制造简单，成本低，易操作，灭火效果好，易于推广使用。东北林区可利用 J-50 拖拉机进行组装，是一种有效的大型灭火器械。

(7)"531" 消防车(图 3-5g)

采用"531"装甲车作载体，用加拿大 MARK 型水泵作吸、喷水泵，水容器由车内和车外两部分组成。该车操作简单、使用方便、灭火性能好，灭火时可以以不同方式接近火线。该车能载水 2t，操作需要有驾驶员、水泵手和灭火手，其有效灭火距离为：低强度火线 1 000m 以上，中强度火线 500m 以上，高强度火线 300m 以上，一般次生林 400m 以上。

3.5.2.5 森林化学灭火

森林化学灭火是利用化学药剂防止和扑灭森林火灾，或者阻滞森林火灾的蔓延和发展。这种方法的特点：一是灭火快、效果好、复燃率小；二是改变了灭火作业的人海战术；三是大大减少了灭火的用水量。

森林化学灭火是一项先进的灭火技术，需要各种化学灭火药剂和施用设备。可用于直接扑灭地表火、树冠火和地下火等多种森林火灾，也可用于开设防火隔离带。尤其是在人烟稀少、交通不便的偏远林区，利用飞机喷洒化学药剂直接灭火或阻火特别有效。

化学灭火剂至少应具备以下性质之一：一是高度的吸湿性以降低可燃物的燃烧性；二是受热分解过程中放出抑燃气体(如水蒸气、氨气、二氧化碳、氮气等)；三是受热分解后形成薄膜，覆盖在可燃物的表面；四是分解时吸收大量热能，以降低燃烧区温度。

3.5.2.6 飞机灭火

在交通不便、人烟稀少的偏远林区采用各种类型的飞机，进行跳伞灭火、机降灭火及空中喷洒灭火，具有重大战略意义。由于飞机不受地形和地面交通的限制，具有速度快、灵活机动、战斗力强等特点，所以在森林防火灭火中可以实现"打早、打小、打了"的目的。

(1)空降灭火

空降灭火即跳伞灭火，能及时发现火情，及时扑救，最适于大面积偏远原始林区的灭火。

(2)机降灭火

机降灭火是利用直升机将地面扑火人员迅速送到火场，从而及时控制林火蔓延和将火消灭在初发阶段。

(3)索降灭火

在有的地区，特别是山高林密、交通不便的偏远林区，火场周围常缺乏机降灭火所必须的着陆场地。这时，采用直升机索降人员到达火场进行灭火，对雷击火区尤为有效。目前，美国和加拿大已经应用空降架（软梯）进行索降灭火。

（4）飞机化学灭火

利用飞机喷洒化学药剂进行阻火、灭火。其特点是速度快、不受地面交通的限制、灭火效果好。利用固定翼飞机或直升机装载化学药剂进行直接或间接灭火，一般对扑灭沟塘草甸火、灌丛火、次生林火、草地和草原火效果较好；而对扑救郁闭度较大的林内地表火效果较差。

（5）人工催化降雨灭火

在森林火灾的危险季节，天空中常出现降雨的条件，但没达到临界点，故不能降雨。如果采取人为催化措施，就能促进降雨，达到防火和灭火的目的。

3.6　森林病虫害防治工程

在林木生长发育的各个阶段，如种苗期、幼林期、成林期、老熟期，植株的各个部分，如根、干、枝、叶、芽、花、果实都可能遭到一些病虫的侵袭。我国森林病虫害的发生面积已从 20 世纪 50 年代的每年 $100 \times 10^4 hm^2$ 上升到目前 $800 \times 10^4 \sim 1~100 \times 10^4 hm^2$，占全国森林总面积的 3.8% ~ 5.3%，每年造成经济损失达 50 多亿元。全国发生的森林病虫害种类繁多，达 8 000 多种，其中经常造成严重危害的有 200 多种。

森林病虫害综合防治需要采取工程化措施来实现。常用的防治措施有营林防治、植物检疫、物理防治、生物防治及化学防治。

3.6.1　营林防治

营林防治是通过各项营林措施，达到抑制害虫、病害的发生或减轻危害的目的。主要包括营造抗病虫树种，造林技术，管理措施等。通过营林防治，促进林木健壮生长，增强抗虫、抗病能力，形成林内生物群落多样化和复杂化，形成不利于害虫、病害发生和成灾的生态环境，是"预防为主、综合防治"森林理念的基础。

（1）营造抗病虫树种

火炬松、南亚松对马尾松毛虫有很强的抗性，其次是湿地松、加勒比松、黑松。幼虫取食这些松树针叶后死亡率增高，雌性比例下降，产卵量减少。晚松、火炬松、湿地松、刚松、美国短叶松、光、展松和长叶松这 8 种松树能够抗日本松干蚧。攸县油茶对油茶炭疽病有较强的抗性。中国板栗尤其是明栗、油光栗比美洲板栗的抗栗疫病能力强。在病虫害发生严重的地区，可因地制宜，选择相应的树种造林。

（2）育苗、造林技术

苗圃地的选择对防治病虫害有重要意义。如土质不好或排水不良，不但对苗木生长影响很大，也成为许多侵染性病害的诱发条件。在长期栽培蔬菜等作物的土地上，由于积累病原物较多，不宜作苗圃地。通过深翻土地可以破坏土表病菌和土层深处害虫生活的环境，形成有利于苗木生活的条件。适地适树，营造混交林，可以改善森林生态环境，促进林木生长，增加害虫天敌种类和数量，有效地抑制病虫害的发生和发展。

（3）管理措施

管理措施包括封山育林、合理整枝、保护林下灌木和草类、栽植固氮植物等。各项管理措施密切配合，长期坚持，能丰富森林生物群落、昆虫和天敌种类，构成复杂的食物网链。

3.6.2　植物检疫

植物检疫是由国家或地方政府颁布法令，设立专门机构，防止危险性病、虫、杂草的人为传播。林业上进口植物检疫对象有松突圆蚧、美国白蛾、美国榆小蠹、欧洲榆小蠹、欧洲大榆小蠹、松材线虫、枥枯萎病、榆枯萎病、五针松疱锈病、杨细菌性溃疡病、杨真菌性溃疡病、落叶松枯梢病和油橄榄肿瘤病等。国内植物检疫的对象有白杨透翅蛾、杨干象、杨圆蚧、柳蛎盾蚧、日本松干蚧、松突圆蚧、美国白蛾、紫穗槐豆象、落叶松种子广肩小蜂、黄连木种子小蜂等虫害和落叶松枯梢病、泡桐丛枝病、板栗疫病、枣疯病、毛竹枯梢病、松疱锈病、杨树花叶病毒病、松枯萎病（松材线虫病）、国外松褐斑病等病害。

有些害虫、病害在原产地为害不重，但传入新区后由于生活环境改变，有可能造成重大危害。许多国家除规定检疫对象外，还规定活的繁殖体不许进口或指定进口口岸，送至检疫苗圃隔离种植，经证实确无危险性病虫害后，才能分发栽植。

3.6.3　物理防治

物理防治是利用物理或机械的方法，消除或减轻病、虫危害，如人工和机械防治、诱杀(灯光、毒饵、潜所诱杀)、温汤(热水)浸种、热力处理、套袋、涂胶、涂白、辐射不育及超声波等。目前林业较多采用灯光诱杀、潜所诱杀及温汤浸种等防治措施。

（1）灯光诱杀

利用害虫的趋光性，在成虫羽化期进行灯光诱杀，是防治鳞翅目害虫如松毛虫、刺蛾、鞘翅目中金龟子等的措施之一。据统计，黑光灯可诱到10个目60余科的害虫和益虫。黑光灯一般在无月亮黑夜、天气闷热、雷阵雨前诱杀效果最好，而在大风大雨、气温低的夜里诱杀效果最差。

（2）潜所诱杀

利用害虫的潜伏习性，人为设置潜伏条件，引诱害虫来潜伏过冬，然后予以消灭。如马尾松毛虫在浙江沿海一带有下树，在地被杂草下结茧的习性，可在树干基部设置稻草束，诱集结茧，对毛虫茧蛹进行处理后即可消灭害虫。利用许多蛀干害虫如天牛、小蠹、象鼻虫喜欢在新伐倒木上产卵的习性，在林中放置饵木诱其产卵，然后处理饵木。小地老虎幼虫常隐蔽在草堆下，可在地面铺泡桐叶诱杀。

（3）辐射不育

利用低剂量的γ射线处理马尾松毛虫的雄蛹，使其失去生育能力但仍保持与雌虫交尾的功能。把这种雄虫放到林间，使它与林间雌虫交尾。这样，雌虫产的卵不能孵化出幼虫，从而达到控制害虫的目的。

（4）温汤浸种

在造林播种前，用温开水浸烫种子，以杀死种子中的病原生物，起到防病作用。在河南，将泡桐丛枝病的种根，在 40~50°C 热水中浸 30min，能杀死种根中类菌质体。

3.6.4　化学防治

在现行的森林害虫、病害防治中，化学防治是最主要的措施，它有见效快、施用方便、比较经济的优点。化学农药有杀虫剂、杀菌剂。

使用农药防治，需要根据害虫、病害的特点，正确选择防治时间、地点，合理选择农药品种、施药方式及施药浓度，才能达到安全经济有效的目的。

主要的施药防治方式有喷粉、喷雾、喷（放）烟、树干打孔注药、树干安放毒环、毒绳、毒土、毒饵、树干熏蒸等。

3.6.5　生物防治

生物防治指以菌治虫、以虫治虫、以抗生素或各种生物制剂防治病虫害，可取代部分化学农药。生物防治经济、安全，对林木及环境无污染，不伤害天敌，害虫不易产生抗药性，近年来受到普遍重视。

（1）以虫治虫

利用螳螂、瓢虫、草蛉、蚂蚁捕食害虫，或利用寄生蜂、寄生蝇寄生于害虫的卵、幼虫、蛹中而防治害虫。以虫治虫包括释放、助迁、引进及填充寄主食物等内容。

（2）微生物治虫与防病

利用某些微生物对昆虫的致病作用或对病原菌的抑制作用防治病虫害，包括细菌、真菌、病毒、立克次体、原生动物和线虫等，其中应用最多的是细菌、真菌和病毒。

3.6.6　常用药械

3.6.6.1　常用药械分类

施用农药用药械主要按使用范围、配套动力分类。

按使用范围可分为：

①苗圃及林内喷药用药械　如喷粉机、喷雾弥雾机、超低量喷雾机和喷烟机等。

②仓库熏蒸用药械　如烟雾机、熏蒸器等。

③种子消毒用药械　如浸种器、拌种机等。

④田间诱杀用药械　如黑光诱虫灯和一般诱虫器具。

按配套动力可分为：

①手动药械　如手动喷粉器、手摇拌种机、手动喷雾器、手动超低量喷雾器等。

②机动药械　如机动喷粉机、机动喷雾机、机动弥雾机、电动超低量喷雾机、机动背负超低量喷雾机、机动烟雾机、拖拉机悬挂喷雾机、拖拉机悬挂喷粉机、飞机喷雾机、飞机喷粉机、飞机超低量喷雾机和机动拌种机等。

3.6.6.2 常用药械简介

(1)喷粉机具

用风扇气流将粉状药剂通过喷管和喷粉头吹送到防治目标上，常用的有手动背负式和胸挂式喷粉器、担架式动力喷粉机以及拖拉机悬挂式喷粉机等。一般结构如图 3-6 所示。

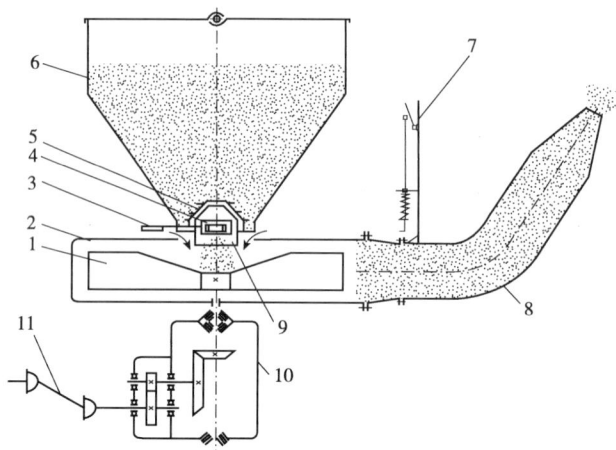

图 3-6 OPS-30B 型喷粉机结构

1. 风扇 2. 风机壳体 3. 出药量控制杆 4. 活门 5. 搅拌器 6. 药粉箱
7. 喷粉嘴固定装置 8. 喷粉嘴 9. 扩散器 10. 减速器 11. 万向节轴

图 3-7 喷烟机作业

(2)喷烟机

利用液体燃料燃烧时产生的高温气流或内燃机排出的废气，使油剂农药挥发、分散成直径小于 $50\mu m$ 的微粒，并随高温气流喷出形成烟雾，悬浮在空中并沉降到防治目标上。该药械适用于果园、仓库和温室内的病虫害防治。图 3-7 所示为喷烟机作业。

(3)喷雾机具

用于将液体或粉状药剂的水溶液以雾滴状喷洒到防治目标上，主要分喷雾器、弥雾机和超低量喷雾器 3 类。常用的有手动喷雾器、担架式机动喷雾机、背负式机动弥雾机、手持电动式超低量喷雾器和拖拉机配套的喷杆式喷雾机、果园用风送式弥雾机等。

喷雾器或喷雾机是用液泵或气泵对药液加压，通过喷杆、喷头或喷枪将药液雾化成直径为 $150\sim400\mu m$ 的雾滴后喷出。弥雾机则是利用风扇产生的高速气流，将经液泵加压后的药液进一步击碎成直径为 $50\sim150\mu m$ 的弥雾状雾滴，以获得更好的附着性能和喷洒均匀度。

超低量喷雾器使用不加水或只加少量水的高浓度药液，在高速旋转(8 000～10 000r/min)雾化盘的离心力作用下，将药液细碎成直径为 $70\sim90\mu m$ 的微细雾滴，随风飘移并均匀地沉降到防治目标上。采用该药械进行病虫害防治具有药剂用量少、防治效果好的特点。其结构如图 3-8 所示。

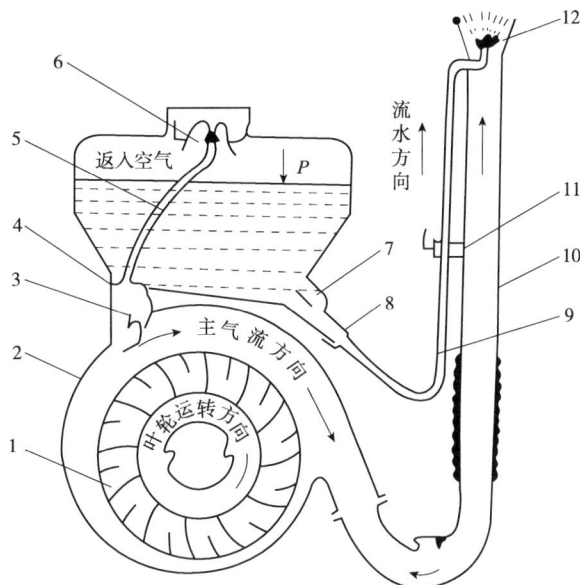

图 3-8　超低量喷雾机结构
1. 叶轮　2. 风机壳　3. 进气阀　4. 进气塞　5. 进气管　6. 滤网组合件
7. 出液阀门　8. 出液管　9. 输液管　10. 喷管　11. 开关　12. 喷嘴

3.7　荒漠化防治工程

3.7.1　荒漠化成因及现状

荒漠化是指在干旱、半干旱和某些半湿润和湿润地区,由于气候变化和人为活动等因素造成的土地退化,使土地生物减少经济生长潜力降低,甚至丧失。

土地荒漠化源于气候的影响,也因人类不合理的经济活动所致。导致荒漠化的主要原因在于过度农垦、放牧,以及破坏植被等不合理的人类活动。草原开垦为农田后,缺乏植被保护,土壤受到风蚀,原来平坦的地势出现大大小小的沙滩。遇到特殊干旱年份,风蚀加剧,原为固定、半固定的沙地变成流动沙地,继而出现沙漠。我国的毛乌素沙漠就是人为破坏植被、使草原变成沙漠的例子。

过度放牧往往也引起草原荒漠化。牧场牲畜数量超过载畜量时,优良的牧草被大量取食,留下饲料价值低劣的牧草,草种数量减少,草地质量下降。由于牲畜反复践踏,地表被破坏,出现斑点状裸地,继而扩大连片,形成荒漠化现象。

另外,在湿润和半湿润区森林遭到严重破坏后,水土流失加剧。尤其在砂页岩、紫色砂页岩和花岗片麻岩地区,一旦表土流失,下层的风化壳抗蚀力极弱,粘粒流失,而砂粒留在地表,致使大面积土地荒芜成为不毛之地。

荒漠化主要发生在干旱、半干旱和亚湿润干旱区。据第四次全国荒漠化和沙化监测结果，截至 2009 年年底，全国荒漠化土地面积 262.37×10⁴km²，沙化土地面积 173.11× 10⁴km²，分别占国土面积的 27.33% 和 18.03%。在 2005—2009 年的荒漠化治理间，全国荒漠化土地面积年均减少 2 491km²，沙化土地面积年均减少 1 717km²。监测表明，我国土地荒漠化和沙化整体得到初步遏制，荒漠化、沙化土地面积持续净减少，但局部地区仍在扩大。

3.7.2　荒漠化防治技术

（1）生物治沙技术

生物治沙又称为植物治沙，是通过封育、营造植物等手段，达到防治沙漠、稳定绿洲、提高沙区环境质量和生产潜力的一种技术措施。植物治沙的主要内容包括建立人工植被或恢复天然植被以固定流动沙丘；保护封育天然植被，防止固定或半固定沙丘和沙质草原向沙漠化方向发展；营造大型防沙阻沙林带，阻止绿洲、城镇、交通和其他经济设施遭受外侧流沙的侵袭；营造防护林网，保护农田绿洲和牧场的稳定，并防止土地退化。由于植物治沙在防沙治沙，改善生态环境、提高资源产出效益上有巨大的功能，因而成为最主要和最基本的防治途径。

应用生物措施防沙治沙，重点是保护绿洲、工矿、交通、城市。对应的生物固沙技术包括农田防护林营造技术，绿洲内部及紧邻绿洲区的流动沙丘固沙技术，绿洲外围沙源接壤带防风阻沙林带营造技术，荒漠沙源封沙育草带封育保护技术，以及飞播造林、引用耐盐植物、退耕还林还草、小流域营造水土保持林等技术。

（2）工程治沙技术

工程治沙又称机械固沙，是指采用各种机械工程手段，防治风沙危害。由于沙漠的流沙运动及其危害主要是由风力作用所致，其形成、发展与风力的大小、方向有直接关系，因而，工程治沙主要采取机械途径，通过对风沙的阻、输、导、固达到减轻风沙作用、防止风沙危害的目的。在阻止风沙、改变风沙的运动方面，有铺设沙障、建立立体栅栏、利用各种材料网膜的技术。在输导风沙方面，有引水拉沙、治沙造田技术。这些构成了工程治沙技术体系。

（3）化学治沙技术

化学治沙是指在风沙环境下，采用化学材料与工艺，对易发生沙害的沙丘或沙质地表建造一层能够防止风力吹扬、又具有保持水分和改良沙地性质的固结层，以达到控制和改善沙害环境、提高沙地生产力的技术措施。化学治沙技术包含沙地固结和保水增肥 2 方面。

复习思考题

1. 你参加过哪些植树造林活动？所造人工林属于什么林种？
2. 造林地的各项立地条件因子之间有何联系？
3. 你见过何种造林机械？其结构和功能如何？
4. 天然林保护工程有何意义？

5. 水土保持林与防护林有何关系?

6. 燃烧发生的 3 个必要条件是存在可燃物、存在氧气和温度达到燃点, 森林防火灭火的各项措施中是如何削减这 3 个条件的?

7. 你见过哪些森林病虫害? 可以采用哪种方法防治?

8. 我国荒漠化和世界上的荒漠化现状如何? 防治前景怎样?

推荐阅读文献

1. 张梅春. 森林营造技术. 沈阳: 沈阳出版社, 2011.

2. 张金池. 水土保持与防护林学(第 2 版). 北京: 中国林业出版社, 2011.

3. 张胜利, 吴祥云. 水土保持工程学. 北京: 科学出版社, 2012.

4. 郑怀兵, 张南群. 森林防火. 北京: 中国林业出版社, 2006.

5. 乔恒, 高峻崇. 林业有害生物灾害应急管理. 北京: 中国林业出版社, 2011.

6. 高国雄, 吴卿, 杨春霞. 荒漠化防治原理与技术. 郑州: 黄河水利出版社, 2010.

第 4 章

森林资源开发利用工程

【本章提要】本章介绍了森林资源开发利用的 3 个方面：生物利用、非生物利用和景观利用。主要介绍木材、竹类以及林下动植物资源的利用，介绍了森林景观的开发与旅游利用。

开发利用森林，实现森林的经济和社会效益，可分为生物利用、非生物利用和景观利用 3 类。本章仅介绍生物利用和景观利用 2 个方面，包括木材、林特产品、竹类资源、林下资源的开发利用和森林景观的建设、旅游开发和经营。

4.1 木材资源的开发利用

4.1.1 木材的特点

(1)质量轻而强度高

木材具有质量轻而强度高的特点，其比强度(单位体积质量的材料强度，即材料的强度与其表观密度之比)要远高于普通混凝土和低碳钢。与其他材料相比，木材能以较小的截面满足强度要求，同时大幅度减小结构体本身的自重，是一种优质的结构材料。

木材的力学性能存在着各向异性(图 4-1)，木材的顺纹抗拉、顺纹抗压强度及抗弯强度均较高，横纹抗剪强度也较大，但横纹抗拉和抗压强度较低。

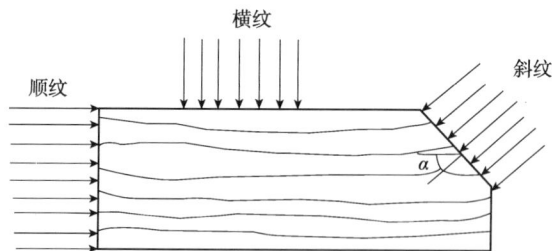

图 4-1　木材各向异性

(2)易加工且加工所需能耗低

木材可以任意锯、刨、削、切、钉，所以在建材、家具、装修方面更能灵活运用。如以木材加工的单位能耗为 1，则水泥为 5，塑料为 30，钢为 40，铝为 70，木材加工的能耗是最低的。

木制品的生产过程，无论纸浆蒸解、木质板类热压还是锯材的人工干燥等，都是在不超过 200℃ 的温度下完成的，而铁、陶瓷制品则需在 1 000℃ 以上高温条件下生产，塑料制品则在近 800℃ 高温下生产。

（3）良好的视觉特性

视觉特性是指材料对光的反射与吸收、颜色、纹理等及其对人的生理与心理舒适性的影响。

木材有天然的纹理、光泽和颜色，易于着色和上漆，装饰效果好。因此，木材有特殊的装饰效果，满足人类回归自然的要求，很适合于室内装修、家具制作等。家具表面粘贴具有不同纹理方向的薄木后可呈现不同的颜色。

（4）为可再生资源

木材是当今四大材料（钢材、水泥、木材和塑料）中唯一可再生、且可以循环使用的生物资源。一般林木生长 10~20 年后就可以采伐利用。

（5）可以循环利用，使用后处置方便、无污染

用过的家具或木质建筑材料可回用于生产刨花板和纤维板，刨花板和纤维板分解得到的木质部分可作为原料制造新的板材，达到节约环保的目的。

（6）有吸湿、解吸性能和良好的吸声效果

当温度变化时，用木材作为墙体或装饰材料围合空间的相对湿度变动小，木造房屋的年平均湿度变化范围可保持在 60%~80%。木材独特的调湿性源于其良好的吸湿及解吸性能，可直接缓和室内空间的湿度变化，适宜于人类生活。木材良好的吸声性能降低室内的混响声。这两个特性使木材成为良好的室内装修环保材料。

（7）导热系数小，为热的不良导体

木材和木质材料为热的不良导体，同等厚度木建材的隔热值比混凝土高 16 倍。木质材料墙体具有良好的隔热保温性能，可明显减轻室外气温的影响，减小室内温度的变化幅度，减少采暖制冷能耗。

（8）有利于缓解温室效应

每生产 1t 材料，树木生长可释放氧气 1 070kg，吸收二氧化碳 1 470kg；而炼钢生产会释放二氧化碳 5 000kg；水泥生产会释放二氧化碳 2 500kg。

木材的使用直接和间接地减轻了温室效应。其直接作用是吸收二氧化碳；间接作用是减少了水泥、钢材等的使用，且加工木材的能耗较低。

（9）木材作为生物质能源，可减少化石燃料消费

木材作为能源材料，可直接燃烧或提炼燃料，从而替代化石燃料，有利于节能降耗和减少大气污染。

基于木材上述的特点，国内外对木材及其制品的需求持续增长。世界人均木材年消耗量为 0.65m³，而我国为 0.31m³，北美地区人均消耗量通常是世界平均消耗量的 6~7 倍，欧洲为 2~3 倍。

近十年来，我国的木材消费量逐年攀升，全国木材产品总消费已从 2005 年的 3.257×10⁸m³ 增加到 2013 年的 5.62×10⁸m³。

4.1.2　木材的用途

（1）建筑、室内装修

木材是传统的建筑材料，在古代建筑和现代建筑中都得到了广泛应用。在结构上，

木材主要用于构架和屋顶的搭建,如梁、柱、橼、望板、斗拱等。

在国内外,木材历来被广泛用于建筑的室内装修与装饰,它给人以自然美的享受,还能使室内空间产生温暖与亲切感。近年来,我国木门、木地板的木材消耗量很大,园林建筑中也广泛使用木材。

(2)家具

木制家具是生活的必需品,需求量很大。近几年,随着城镇化的发展,居住条件的改善,我国年人均消费家具逐年攀升,已从 2006 年的 27.9 美元增加到 2010 年的 75 美元,已超过世界平均 50 美元的水平,但距世界发达国家还有很大差距,如德国、美国、英国等年人均消费都在 350~500 美元。

(3)生产纸浆和纸

木材是最主要的造纸纤维来源,它提供了世界造纸纤维需求量的 90% 以上。木材原料的纤维长、纤维形态好、纤维素含量高,可作为高档纸的原料。针叶树中的云杉、冷杉、马尾松、落叶松、云南松和阔叶树中的杨树、桦树、桉树、枫树、榉树都是造纸原料。近年来大量发展的人工林主要是为了满足造纸原料的需求,例如,广西、福建大面积培育的桉树人工林等。我国纸及纸板的生产量和消费量均居世界第一位,2011 年纸和纸板的产量为 $11\,174\times10^4\,t$,2013 年纸的产量为 $10\,250\times10^4\,t$。

(4)坑木、木枕

坑木是指矿井里用做支柱的木料。木材的顺纹抗压、抗弯的能力均较强,适合于作支柱。木枕具有弹性好、易于加工、使用方便等优点。

(5)薪材

木材作为燃料具有悠久的历史,现在在许多山区仍是主要的燃料,生物质发电也主要以木材为燃料。林业上培育的薪炭林就是为了满足燃料的需求。一些树种侧枝发达、生长快,适应贫瘠的土地,适合培育为薪炭林。

(6)包装

木材作为包装材料,被广泛应用于工程设备的货箱等,可增加运输工具的有效载量。

(7)文化娱乐用品和体育器材

木材质量轻、强度高、易加工、有较好的视觉感受,被广泛应用于文化娱乐用品和体育器材,如绘图板、算盘、钢琴、吉他、乒乓球拍、积木、各种木玩具等。

(8)作为一些工具、设备或其配件

木材还被制作成为一些工具、设备或其配件,如纺织梭子、各种工具、农具、农用大棚、树木支护等。

(9)林化产品

从树木中可以提炼出一些林产化工产品。木材化学物质主要包括 3 大主成分:纤维素、半纤维素、木质素,另外还有一些天然的树脂等。主要林产化工产品包括松香、松节油、松针油、栲胶、及其他木材干馏和水解产品等。

4.1.3 我国木材商品类别

木材商品指符合国家技术标准,可以在市场进行交换的木制品原料。这些原料木材可以根据需要加工成建筑装修的材料、家具、造纸原料等。木材商品可以分为以下几类：

4.1.3.1　圆材类商品

商品圆材包括原条和原木。

树木伐倒后，只经过打枝桠而不进行造材的产品，称为原条。东北、内蒙古林区生产的原条，只作为生产原木的原料，不是商品材。而在南方林区作为商品材供应的是杉原条、马尾松原条、阔叶树原条，主要用于建筑、家具、造船、采掘支架、支柱等。

树木伐倒后，经过打枝桠（南方材有时需剥树皮），并按照标准规定的尺寸进行造材，这种产品称为原木。原木分为直接用原木和加工用原木两类。直接用原木用于屋架、檩条、椽木、木桩、电杆、采掘支柱、支架（坑木）等。加工用原木用于锯制普通锯材、制作胶合板等。

另外，全国各地还生产有小径原木、次加工原木、脚手架杆、小径条木等商品材。

原木按树种分类，一般分为针叶树材和阔叶树材。例如，杉木、松木、云杉和冷杉等是针叶树材；蒙古栎、水曲柳、香樟、檫木、桦木、楠木和杨木等是阔叶树材。中国树种很多，各地区常用的木材树种亦各异，例如：东北地区主要有红松、落叶松（黄花松）、鱼鳞云杉、红皮云杉、水曲柳等；长江流域主要有杉木、马尾松；西南、西北地区主要有冷杉、云杉、铁杉。

针叶树，树叶细长，大部分为常绿树，其树干直而高大，纹理顺直，木质较软，易加工，故又称软木材。针叶树材表观密度小，强度较高，胀缩变形小，是建筑工程、家具、造船的主要用材。

阔叶树，树干通直部分较短，木材较硬，加工比较困难，如榆、水曲柳、栎木、榉木、椴木、樟木、柚木、柞木、香樟、檫木、桦木、楠木、紫檀、酸枝、乌木等，故又称硬（杂）木材。其表观密度较大，易胀缩、翘曲、开裂，但阔叶树材质地坚硬、纹理色泽美观，适于作装修用材、胶合板等。常用作室内装饰、次要承重构件、胶合板等。

原木按质量分类，可分为等内原木、等外原木。分类的依据是木材的缺陷（如节子、腐朽、变色、裂纹、虫害、形状缺陷等）。原木也可以按尺寸分类，如按径级或长级分类。

4.1.3.2　锯材类商品

锯材是原木经锯切加工成具有一定尺寸（厚度、宽度和长度）的产品，按用途分为通用锯材和专用锯材两个大类，包括针叶树锯材、阔叶树锯材、普通锯材、特殊锯材。广泛用于工农业生产、建筑施工以及枕木、车辆、包装等。凡宽度为厚度 3 倍以上的称为板材，宽度不足厚度 3 倍的称为方材。普通锯材的长度，一般针叶树为 1~8m，阔叶树为 1~6m。长度进级：东北地区 2m 以上按 0.5m 进级，不足 2m 的按 0.2m 进级；其他地区按 0.2m 进级。

4.1.3.3　人造板类商品

我国木质人造板主要分为胶合板、刨花板、纤维板和复合木板（热固性树脂装饰层压板)4大类。

（1）胶合板

胶合板生产具有悠久的历史，它是将原木旋切成的薄片，用胶黏合热压而成的人造板材，其中薄片的叠合必须按照奇数层数进行，而且保持各层纤维互相垂直，胶合板最高层数可达15层。胶合板木纹美观、尺寸稳定性好，胶合强度高、强重比大，耐久性、耐水性和耐气候性都很好，是用途广泛而热销的人造板，产销量一直居首。

（2）纤维板

纤维板在我国生产已有50年历史，湿法纤维板生产已遍及我国主要省市。近年来，中密度纤维板发展较快。纤维板是将木材加工剩余下来的板皮、刨花、树枝等边角废料，经破碎、浸泡、研磨成木浆，再加入一定的胶料，经热压成型、干燥处理而成的人造板材，分硬质纤维板、半硬质纤维板和软质纤维板3种。密度在$0.8g/cm^3$以上的称为硬制纤维板，密度在$0.5 \sim 0.8g/cm^3$的为半硬质纤维板（中密度纤维板），密度更低的为软质板。

（3）刨花板

刨花板是以刨花、木渣为原料，经干燥后拌入胶粘剂，再经热压成型而制成的人造板材，所用黏结剂为合成树脂。这类板材一般表观密度较小、强度较低，主要用作绝热和吸声材料。对热压树脂刨花板和木屑板，可在其表面黏贴塑料贴面或胶合板作为饰面层，这样既增加了板材的强度，又使板材具有装饰性，可用作吊顶、隔墙、家具等材料。

（4）复合木板

又称木工板，它是由三层板胶黏压合而成，其上、下面层为胶合板，中间芯板是由短小木条经胶黏拼接而成的板材。

4.1.3.4 木片

木片指利用森林采伐、造材、加工等剩余物和定向培育的木材制成的片状木材，作为制浆造纸原料和制作木基板材的原料，可直接作为木材商品进行贸易。

4.1.3.5 薪材

凡未列入国家、行业木材标准范围内的木材种类可作薪材利用。薪材的规格尺寸为长度不超过1m、检尺径级不大于5cm。

4.1.3.6 木浆

木浆分为机械木浆、化学木浆、半化学木浆3类。机械木浆亦称磨木浆，是利用机械方法磨解纤维原料制成的纸浆，其生产成本低、生产过程简单。

化学木浆是把木片浸泡在含有适当化学品的水溶液中，以高温高压进行蒸煮而制得。常用硫酸盐法或亚硫酸盐法制浆，所得木浆相应称为硫酸盐木浆、亚硫酸盐木浆。

半化学木浆是在化学蒸煮工序中纤维未完全分离，随后需要进行机械处理而制得的纸浆。

4.2　竹类资源的开发利用

竹子主要分布于北纬46°至南纬47°之间的热带、亚热带和暖温带地区，被称为"世界第二大森林"。以竹子资源开发利用的竹产业是世界公认的绿色低碳产业，广泛用于建筑、交通、家具、造纸、工艺品制造等诸多领域。全世界竹产业每年可为22亿人口提供经济收入、食物和住房，全球竹产品的年贸易额超过85亿美元。

在当今关注全球气候变化、木材短缺和低碳经济的背景下，竹子日益彰显其资源价值。中国的竹子资源开发利用领先于世界。

4.2.1　竹类资源的特点

竹类资源与人类生产、生活的关系极为密切，竹材加工比较容易。竹笋味道鲜美、含有多种氨基酸，是优良的食品，自古列为山珍之一。众多的竹副产品，也都具有较高的利用价值，应用越来越广泛。竹子具有以下特点：

（1）生长周期短

竹子造林后，5~10年就可以采伐利用。一株直径10cm、高20m的毛竹，从出笋到成竹仅需2个月，生长最快时24h可长高1.5m。毛竹4~6年的材质生长就可以利用，若作为造纸原料当年就可以利用。

（2）产量高

生长较好的竹林，每公顷年可生产竹材20~30t，大大超过一般速生树种的年生长量，超过杉木1倍，与速生杨树相当。

（3）竹材质量好

竹材强度高、刚性好、硬度大。据测定，毛竹的顺纹抗拉强度为杉木的1.5倍，收缩量小，弹性和韧性均较好。

4.2.2　中国竹类资源概况

据2005年开展的全球首次竹资源评价报告，全世界竹林面积约 $8\,879\times10^4\mathrm{hm}^2$，非洲、亚洲太平洋和拉丁美洲的竹林面积分别占30%、39%和31%。全球竹林面积占森林面积的3.9%，三大竹产区的竹林面积分别占各产区森林面积的4.1%、4.4%和3.2%。中国是世界竹子分布中心。

中国有竹类植物40属400多种，约占世界竹类种质资源的1/3。现有竹林面积约 $616\times10^4\mathrm{hm}^2$，占全国森林面积的3%。每年可砍伐毛竹4亿多枝、杂竹 $300\times10^4\mathrm{t}$，相当于 $1\,000\times10^4\mathrm{m}^3$ 木材的产量，占中国每年木材采伐量的1/5左右，竹林成为中国重要的森林资源。中国竹林资源集中分布于南方地区的浙江、江西、安徽、湖南、湖北、福建、广东和西部地区的广西、贵州、四川、重庆、云南等27个省（直辖市、自治区），其中以福建、浙江、江西、湖南4省最多，占全国竹林总面积的61%，我国13个省（自治区、直辖市）竹林面积在 $1\times10^4\mathrm{hm}^2$ 以上的县（市）有130多个。由于中国各地气候、土壤、地形的变化和竹种生物学特性的差异，竹子分布具有明显的地带性和区域性，大致为 5 大竹区：北方散生竹区、江南混合竹区、西南高山竹区、南方丛生竹区和琼滇攀缘竹区。中国竹类资源不仅丰富，而且栽培利用历史悠久。英国著名学者李约瑟在《中国科学技术史》中指出，东亚文明过去被称作"竹子文明"，中国则被称为"竹子文明的国度"。中华民族的文化浸透了竹子的印迹，包括物质文化和精神文化的许多领域。正如苏东坡所述："食者竹笋，庇者竹瓦，载者竹筏，炊者竹薪，衣者竹皮，书者竹纸，履者竹鞋，真可谓不可一日无此君也"。

图 4-2 和图 4-3 所示分别是散生竹和丛生竹。

图 4-2 散生竹

图 4-3 丛生竹

4.2.3 竹类资源的开发利用

竹产业是指以竹资源培育为基础、以竹为主要原材料的产品加工和相关服务产业，主要包括：

第一产业，指以竹林资源为劳动对象，以经营笋竹林、用材竹林为主要途径，从事竹材培育、采伐、集运和贮存作业，向社会提供竹材以满足生产和生活需要的营林产业；以笋竹食品采集为主要内容的竹林副产品生产。

第二产业，指以竹材为原料，生产各种竹材产品(板材及其他制品)的竹材加工和竹制品业、竹家具及工艺品制造业、竹浆造纸及纸制品业、竹化学产品制造业、笋竹食品加工业。

第三产业，指竹生态服务业、竹文化、旅游服务业和其他竹服务业。

竹产业作为林业产业的重要组成部分，贯穿林业产业的第一、二、三产业。竹产业与花卉业、森林旅游业、森林食品业一起，成为中国林业发展中的 4 大朝阳产业。中国竹产业产值 1981 年仅有 4 亿元，2000 年达到 200 亿元，2009 年则达到 700 亿元。竹林栽培、加工、利用在增加农民收入、促进区域经济发展中的作用十分明显。中国已经成为世界最大的竹产品加工、销售和出口基地，其中以原竹利用(竹编织品)、竹材加工、竹笋、竹炭、竹纤维等对竹子的开发利用闻名世界。

4.2.3.1 优质非木质资源，以竹代木

在植物分类学上，竹子有节中空，叶片长披针形，属于禾本科植物；在用途上，竹材的许多力学和理化性质优于木材，强度高、韧性好、硬度大、可塑性强，是工程

结构材料的理想原料，能广泛应用于建筑、工业、交通等领域，可以代替部分木材、钢材和塑料。竹子是世界上生长最快的植物，慢时每昼夜高生长 20~30cm，快时每昼夜高生长达 150~200cm。毛竹 30~40 天可长高 15~18m，巨龙竹 100~120 天可长高 30~35m。竹子生长适应性强、分布范围广、易栽种、易加工，投入小、产出大。竹子浑身是宝，从地下的竹鞭到地上的竹笋、竹竿、竹叶都可以开发利用。竹子一年栽种成活，2~3 年精心管护成林可割笋利用，4~5 年经营产笋产材，可连续受益 60 年以上。此外，竹笋的生长密度非常高，每年新生的竹子往往是老竹的好几倍。可以说竹子是一次造林成功，永续利用。竹林还有很好的生态效益，竹林较同等面积的一般树林可多释放 35%的氧气。竹子在许多方面可以代替木材，是优质的非木质资源。

竹子具有强度高、硬度大、弹性好、表面光滑、纹理细致、劈裂性好等优点。但与木材相比，存在径级小、壁薄中空、各向异性特强等缺陷。近年来竹材的改性加工有了较大的发展，已研究开发了多种竹质人造板，其机械物理性能比木材好，收缩量小而弹性和韧性高，如竹胶合板的顺纹抗拉强度和横纹抗压强度分别为杉木的 2.5 倍和 1.5 倍。竹质人造板主要有竹材胶合板、竹质刨花板、竹编胶合板。

竹材被广泛用于制造各种竹胶合板、纤维板、竹碎料板、竹材复合板、工艺品和竹家具等。日常消费常见的主要有竹筷、竹签和竹材人造板等。

4.2.3.2　竹浆造纸

竹子纤维素含量高，纤维细长结实，可塑性好，纤维长度介于阔叶木和针叶木之间，是除木材之外最好的造纸原料。竹林单位面积年产纤维量比一般针阔叶树林高 1~2 倍。在我国造纸原料中，木浆所占的比重仅为 20%左右。而在世界上造纸工业发达的国家，木浆在整个造纸原料结构中所占比例达 95%。根据我国的森林资源现状，造纸工业原料不可能像美国、芬兰、加拿大那样以木浆为主，但可以用竹浆代替木浆，生产机制纸。印度是世界上用竹浆最多的国家，在其各种造纸原料中，竹浆所占比例高达 60%以上。

我国利用竹材造纸的历史悠久，据史料记载始于西晋时期，至今已延续了 1 700 余年。中国古代的竹材造纸为手工作坊生产，有四川贡川纸、江西官堆纸、浙江毛边纸、湖南浏阳纸以及四川、江西、福建的连史纸等。竹浆用于机制纸则始于 20 世纪的 40 年代。可使用 100%竹浆生产的纸种有牛皮纸、袋纸、弹性多层纸、包装纸、优质书写纸、证券纸、复写纸、纸板、印刷纸、新闻纸等。

4.2.3.3　农业

很早以来，亚、非、拉产竹国家的人民，就用竹建造房屋，制作生产、生活用品及文化娱乐用具，食用竹笋，用竹林避风、遮阳，改善居住环境等。人民的衣、食、住、用、行等方面，都与竹子有密切的联系。农业生产用具和生活用具，很多都是竹子制造的。我国每年生产的竹材，约有 70%~80%用在农业生产上。

4.2.3.4　手工业

我国手工业生产竹制品，历史悠久，品种繁多，制作技艺高超，能用竹子制作出各种用品。用竹编制出各种人物、动物形象，用竹秆制作各种管弦乐器，用竹篾、叶编制凉帽、地毯，用竹蔸雕塑出各种山水、人物形象。日本的竹细工和花道、茶道中竹制品，制作很精细；公园、神社等大多用竹篱、竹门装饰。韩国的竹钓竿和东南亚国家的竹乐器、竹编等，畅销世界各地。菲律宾黎刹省拉斯松尼亚教堂陈列的一个竹管风琴，是 1818 年由一名叫塞拉的天主教神父，用 950 支竹竿制成的。

竹子的原竹利用主要以竹编织品为主，包括竹席、竹帘、竹毯、竹篮筐、竹凉席、竹伞、竹扇等竹制日用品与竹工艺品，产品非常丰富，已实现机械化生产。竹凉席是我国日用竹制品的大宗产品，在南方各省份均有生产。我国是世界竹席竹帘最大的生产国和出口国。

4. 2. 3. 5　建筑建材业

竹子是传统的建筑材料。竹秆质量轻、强度高、纹理美观，用做建筑脚手架，安全可靠，经济适用。在南方旅游风景区中，用竹材建造楼、台、亭、牌坊、长廊、围篱、餐馆等十分普遍。中国西双版纳和缅甸、越南农村的傣族竹楼，结构独特，美观适用。我国曾为瑞典建造了 3 层竹楼，为德国修建了"欧洲第一竹桥"。

竹子质轻坚韧、抗拉、耐腐，是理想的天然建筑材料。竹亭、竹楼、竹屋自古有之。竹材在建筑工程中用途很多，例如，建筑推架、脚手架、地板、竹瓦、竹板墙、篱笆墙、竹水管、竹筋混凝土等。南美洲、非洲等产竹区的竹制民居到处可见。竹建筑成本低廉、技术要求低，质量可靠、经久耐用、容易维护、节省空间。建造相同面积的建筑，竹子的能耗是混凝土能耗的 1/8，是木材能耗的 1/3，是钢铁能耗的 1/50。正是由于竹子有很强的硬度，竹房屋抗震性能好，2008 年四川大地震后，在都江堰的"幸福祥和小区"建起了竹房屋，实用又别致，成为当地一处亮丽的风景。2010 年的上海世界博览会上，9 个国家以及国际组织的场馆不约而同地选用"竹元素"来体现"低碳建筑"的诉求。这些设计独特的竹建筑，展现了竹产品广阔的应用前景。在世博园休闲区，有以竹命名的餐厅，有完全用竹子建造的花店，世博园黄浦江边长达 3.6km 的栈道，完全用竹子铺设，引领着"低碳潮流"。

4. 2. 3. 6　食品加工业

竹笋是一种全营养的天然食品，含有糖、蛋白质、纤维素和多种矿质营养元素及维生素等。竹笋食品享有"素食第一品"美誉，世界产竹国家的人民都有食笋的习惯。竹笋的生长环境无污染，被视为最佳的有机食品。将竹笋作为商品进行生产的主要有中国、日本、泰国、越南、菲律宾、韩国等国。我国有丰富的竹笋资源，竹笋加工主要是制作笋干、竹笋食品罐头、保鲜笋、竹汁饮料、水煮笋等。

竹叶中含有丰富的蛋白质和 18 种氨基酸，可做饲料或提取竹叶蛋白质供人类食用。还可利用竹汁和竹叶制作饮料。

4. 2. 3. 7　医药业

竹的秆、枝、叶、鞭等都可作为中药，治疗人体疾病。竹叶能清热除烦、生津利尿，竹茹能化痰止吐，竹沥能养血清痰，竹黄能滋养五脏，竹砂仁能治风湿性关节炎和胃病等。

4.2.3.8　观赏及生态保护

竹子挺拔秀丽，不畏寒霜，质朴无华，枝叶婆娑，深受人们喜爱和推崇，是中国园林的特色之一。竹林还有调节气候、保持水土的作用。在江、河、湖、库的沿岸和上游种植竹子有良好的固土护岸作用。利用竹林下的生态环境培养竹荪、香菇、木耳，种植药材、天麻、兰花等，经济效果良好。竹林是大熊猫、金丝猴等珍稀动物的栖息地。

4.2.3.9　竹炭

竹炭是以竹材为原料经过高温炭化获得的固体产物。按原料来源可分为原竹炭和竹屑棒炭；按形状可分为筒炭、片炭、碎炭和工艺炭等。竹醋液是竹材炭化时所得到的价值可观的液体产物，主要用于污水的化学净化。竹炭细密多孔，表面积是木炭的2.5~3 倍，吸附能力是木炭的 10 倍以上，矿物质含量是木炭的 5 倍，具有除臭、除湿、杀菌、漂白、阻隔电磁波辐射等功能，在制药、食品、化学、冶金、环保等领域也有广泛用途，并可开发出多种环保产品，如竹炭床垫、竹炭枕、除臭用炭、工艺炭等。竹炭具有逆转吸附能力，当竹炭吸附达到饱和状态后，可以通过加热、降压抽真空的办法为其脱附，这样可以多次重复利用，因此竹炭是一种低碳产品。中国是世界最大的竹炭生产国、消费国和出口国。

4.2.3.10　竹纤维

竹纤维是一种新型竹产品，通过化学及物理方法将竹纤维分离后经过纺织手段制成可裁剪布料，应用于服装加工等行业。竹纤维属于高科技绿色生态环保产品。目前生产的竹纤维有两种：一种为竹原纤维，也称天然竹纤维，由于技术原因，天然竹纤维在短时间内还难以实现产业化；另一种为竹浆纤维，也称再生竹纤维，是以竹子为原料，经一定工艺制成满足纤维生产要求的竹浆粕，再将竹浆粕加工成纤维。目前，制造竹浆纤维主要有溶剂纺丝法(竹 Lyocell 纤维) 和黏胶纺丝法(竹黏胶纤维)。

世界市场已经出现竹纤维纺织服装新产品。这种织物在纤维制作中添加了具有抗菌除臭作用的矮竹原料，具有抗菌、除臭、防紫外线以及呼吸功效。竹纤维具有独特的环保功能和保健功能，由其制作的纺织品顺应现代人追求健康、舒适的潮流，因此具有广阔的发展前景。目前，天然竹纤维及其制品具有的抗菌、除臭以及会呼吸等优良性能已显示出其潜在的开发价值，将成为竹纤维产业今后发展的主要方向。

4.3　林下经济产品的开发利用

4.3.1　林下经济的历史沿革

人类从原始农业的刀耕火种始，即开展农林复合经营。我国农林复合的起源最早可追溯到公元前 1 世纪的《氾胜之书》，其中就记载了有关"林粮间作"的内容，北魏的

《齐民要术》一书中记载了桑豆间作的经验，清代的《农桑经》一书中有"种竹必养鸡，竹得鸡矢而茂"的记载。

20 世纪 70 年代末，在海南岛和云南南部发展林—胶—茶间作模式，该模式在 80 年代有了更大的发展，在长江中下游丘陵区发展松—茶、乌桕—茶间作和泡桐—茶间作等。在安徽沿江和江苏里下河地区的湿地，发展了林—渔—农复合经营系统。在西南山地、丘陵地区发展的等高植物篱技术——在坡地沿等高线布置灌木或矮化乔木作为植物篱带，带间种农作物，能有效地防止水土流失和提高土壤肥力，取得良好的经济效益、生态效益和社会效益。其他地区如东北的林参间作、华北的果农间作、各地的林药间作、林草间作等也有很大的发展，改善了生态环境。

林粮间作是最普遍的农林复合经营类型。在林粮间作中采用的树种已有 150 种以上，其中以泡桐、枣树、杨树为突出的代表。

4.3.2 林下经济的概念

林下经济是指以林地资源为基础，充分利用林下特有的环境条件，选择适合林下种植和养殖的植物、动物和微生物物种，构建和谐稳定的复合林农业系统，进行科学合理的经营管理，以取得经济效益为主要目的，从而发展林业生产的一种新型经济模式。即在不影响林木的正常生长、不降低其生态功能的前提下，以林地、园地资源为依托，进行合理的种植、养殖。

农林复合生态经济系统具有以下特征：

(1)多样性

在组成上至少包括 2 个以上的组分，改变了常规农业经营对象较为单一的特点。系统结构向多组分、多层次、多时序、多种产品和效益方向发展，同时具备经济生产和生态保护的双重功能。

(2)系统性

农林复合生态经济系统是一种人工生态系统，有其整体的结构和功能，在其组成成分之间有物质与能量的交流和经济效益上的联系。

(3)稳定性

以生态学和生态经济学的基本原理为基础，注重各物种生物学和生态学特性的统一，结构复杂，功能完善，具备很强的生态稳定性，土地的循环周期也较稳定。

(4)集约性

在管理上比单一组分的人工生态系统要求更高的技术，要充分考虑系统内各要素之间在功能上和数量上的相互依存和相互制约的关系，既要有一定的经济产出，又要能够保持和加强系统内各要素的互利共生、协调发展的关系。

(5)高效性

农林复合生态经济系统的目的是通过调整系统的组成和时间结构以实现物质的多级利用和转化效率，提高系统的自组织和自我维持能力，使系统本身达到高效、和谐和稳定发展，实现经济效益、生态效益和社会效益三者的统一。

4.3.3　发展林下经济的意义

发展林下经济可以为林区和农村带来明显的社会效益和经济效益。

(1)充分利用林下资源,提高土地使用效率

林木覆盖之下的林荫土地资源具有其特殊性。林荫覆盖下的土地,与农田和裸地相比发生了巨大变化。例如,直射光强度减弱,散射光强度增加产生的光质变化;日夜温差减小,空气湿度加大等。这种变化为某些动植物的生长创造了适宜的环境空间。以科学技术为支撑,在掌握林下物种的生活习性的基础上,使各个物种各得其所,可发挥林荫优势,进行立体复合种养,为实现农、林、牧、渔资源的共享创造了有利条件。

我国 $1.3 \times 10^8 hm^2$ 耕地资源不仅难以扩大,而且有缩小之势。发展林下经济,实现科学合理的空间配置,做到农、林、牧、渔资源共享,乔、灌、草、菌优化配置,可充分利用林下的空间资源,同时挖掘土地资源潜力和生物资源潜力,能产生一加一大于二的土地利用效果,能在一定程度上缓解当前社会经济发展所面临的土地资源紧缺的突出问题。

(2)增加林农副产品种类和数量,调整农村产业结构

我国农村经济结构比较单一的现象相当普遍,给农村、林区经济的发展带来很大的局限性。林下经济复杂的生态环境条件可供多个物种生存,可生产多种多样的绿色农林产品,能提高其产量和质量,满足消费群体对农林产品的多方位需要。通过发展林下经济,发展种植、养殖多种产业,延长产业链,可进行产业结构的调整和升级,弥补林业生产周期长的缺陷,做到长短结合,以短养长,实现生态效益和经济效益双赢和农村经济的可持续发展。

(3)延长产业链,增加农村劳动力的就业机会

发展林下经济,实现种植业—养殖业—加工业等产业链的链接,经营类型、产品种类增加,集约程度提高,需要吸纳更多的劳动力,提供更多的就业机会,减轻农村人口的就业压力,使农村社会更加和谐稳定。

(4)提高单产,增加经济效益

通过构筑复杂的生态系统,充分发挥森林在改善环境方面的独特作用,充分发挥林木和其他物种的互利作用,把生态优势转化为经济优势,多层次、多目标、多方位地开发林、农、牧、渔业的主副产品,提高产品质量和单位面积产品的数量,提高产品加工的附加值,增加单位面积的经济产出和整体经济效益。

4.3.4　发展林下经济的理论基础

4.3.4.1　生态学理论

发展林下经济的相关生态学理论主要包括生态系统原理、生态位原理、生物多样性原理和食物链原理。

林下生态经济系统由多种植物组成或由植物与动物组成,各生物成分间相互联系形成一个不可分割的群体,即林下复合生态系统。根据生态系统多营养级原理组成的

林下复合系统，可多层次利用物质与能量，提高生物产量，提高生态效益和经济效益。

根据生态位理论，同一生境中的群落不存在两个生态位完全相同的物种；在同一生境中，能够生存的物种必然产生空间、时间、营养或年龄生态位的分离。单一物种形成的林分，特别是营造初期，会产生不饱和生态位。形成林下生态系统就是利用生态位原理，尽量选择在生态位上有差异的类型、合理配置不同的生物物种，减轻或缓和种间竞争压力，最大限度地发挥物种间的互补作用。例如，物种对于光照的需求虽然是共同的和普遍的，但是，各个物种都具有不同的光饱和点和光补偿点。我们可以利用这些特性，把光补偿点高的植物种植于第一林层，不少高大的乔木树种就具有这种特点，它们在全光照的环境中才能获得大的生物产量。大乔木下配置耐遮阴的中等乔木和更加低矮的灌木树种，再下面可配置非常耐阴的草本植物。这样，使光能得到最大程度的利用，把它们之间对光的竞争降到最低水平。

4.3.4.2　生态经济学理论

生态经济学以生态学原理为基础，以经济学理论为主导，研究人类经济活动的规律性和可持续发展。依据生态经济学原理，在一定负荷内最大限度提高系统产出，降低系统成本，同时系统的经济产出应当具有一定的安全性，需要考虑诸如产量稳定、产品多样化、生产风险性、抵抗外界干扰能力等因素，同时还应考虑到农产品市场价格的变动性。

农林复合生态经济系统是一种以生态—经济—社会复合系统的多样化结构为主要特征的农林业生产体系，具有生产经营的综合性、资源的多样性和配置多适性、系统内部循环与对外开放的统一性以及自然调控与人工调控相结合的特点。

4.3.5　林下经济的结构设计

空间排列结构是各种农林复合模式内的空间分布，即物种的互相搭配。水平结构和垂直结构是空间排列结构的两种基本形式。

水平结构是指农林复合经营模式的生物平面布局，其中物种密度和水平排列方式是构成水平结构多样性的主要因素。

各组成成分垂直排列的层次和垂直距离构成农林复合经营的垂直结构。一般来说，垂直高度越大，层次越多，空间容量就越大，资源利用率也就越高。

在农林复合经营系统中，时间顺序结构分为季节结构变化和不同发育阶段结构变化2种变化方式。该结构主要受气候以及生物生长发育节奏的影响。

4.3.5.1　空间结构设计

（1）垂直结构设计

垂直结构设计指农林复合系统模式的立体层次结构设计，一般为人工种、养的植物、微生物、动物的组合设计，包括地上、地下空间和水域水体。一般而言，垂直高度越大，层次越多，资源利用效率越高，但也受生物因子、环境因子和社会因子的制约。垂直结构设计应重点考虑两点：①主层次种群的选定。主层次在系统结构中起主导作用，选择主层次树种应考虑优先选择有固氮能力的豆科树种，速生、丰产，有较强萌蘖力的树种，适合矮林作业、具有稳定性、多用途、经济价值高的树种；②副层次种群的搭配，考虑将喜光与耐阴性种群相结合、深根性与浅根性种群相结合、高秆与矮秆作物相搭配、乔灌草相结合。安排不同辐射需要量的作物形成垂直结构，各自捕获需要的生理辐射，形成共生共栖的增益或无损群落。

（2）水平结构设计

水平结构设计指农林复合系统中各物种的平面布局，各主要组成的水平排列方式和比例，依据各物种在系统中的地位及主次关系确定系统组分间的配比关系。种植型系统由株行距来决定，养殖型系统则由放养动物或微生物的数量来决定。在种植型复合系统中，水平结构又可以分为周边种植型、巷式间作型、团状间作型、水陆交互型几种。设计时应注意：①林木的密度及排列方式要与经营模式的经营方针和产品结构相适应，要处理好林木和作物的比例关系，使其相互促进。②要掌握林木的生物学特性、生长发育规律，特别是掌握树冠的生长变化规律，以便预测复合模式的水平结构变化规律，为合理确定模式的时间序列提供依据。③要根据树冠及投影的变化规律和透光度，掌握林下光辐射时空分布规律，结合不同的植物对光的适应性差异，设计种群的水平排列。④在设计间作型时，如果下层植物是喜光植物，上层林木一般呈南北向成行排列为好；并适当扩大行距，缩小株距。如下层为耐阴植物，则上层林木应以均匀分布为好，使林下光辐射比较均匀。林带间距离一般应不小于 3 倍林带平均高。

4.3.5.2 时间结构设计

时间结构设计就是根据各种资源的时间节律，设计出能有效利用资源的合理格局或功能节律，使资源转化率提高。要充分利用资源因子（气候、光、热、水、土、肥等）日循环、季循环、年循环特点和农林时令节律与生物生长发育的周期性关系，使外部投入的物质和能量密切配合生物的生长发育，使农林复合生态系统的物质生产持续、稳定、高效地进行。设计时应最大限度地利用农作物与树木之间的生长期、成熟期与收获期的先后次序不同，形成在同一个年度的生长期内，同一块土地上经营多种作物此播种彼收获的现象。根据农林复合系统中物种所共处的时间长短可分为农林轮作型、短期间作型、长期间作型、替代间作型和套间复合型等 5 种形式。在农林复合系统中，时间结构的特点是"以短养长"，这是取得长期（林木）、中期（经济林）和短期（作物、禽畜等）经济效益的主要条件和保证。

4.3.5.3 营养结构设计

营养结构即食物链设计，就是根据物种间的捕食、寄生和相生相克等相互作用关系，人为地引入、增加物种，以建立生物间合理的食物链结构或关系。生态系统中的营养结构是物质循环和能量转化的基础。从生态观点看，食物链既是能量转换链，又是物质传递链；从经济观点看，食物链是创造物质财富和经济价值的增值链。营养结构设计的重点就是向系统中引入食物链和加环链网络结构，增加食草动物链（如奶牛等）、食虫性动物链（如各种食虫益鸟）、腐食性动物链（如蚯蚓等）、微生物链（如蘑菇等）。食物链的加环就是营养结构的调整与优化措施的具体体现。建立合理的营养结构，减少营养的损耗，强化系统内各环节上的同化率，提高物质和能量的转化率及循环再生利用，最终提高农林复合系统的生产力和经济效益。物质循环多级利用，是农林复合区别于传统农林业的重要标志。

4.3.5.4　产品结构设计

农林复合系统输出产品包括农、林、牧、渔、旅游、清洁能源等多种多样产品。根据经济价值及市场需求进行产品结构设计，确定产品的种类和用途，用多产业结构模式替代林业或农业的单一生产结构模式，使农林复合生态经济系统的主产品由原来的一个(木材或粮食)扩大成为多个(饲料、燃料、肥料、药材、食用菌、蔬菜、水果等)，使系统的功能和效益最大化。

农林复合系统结构的内容选择应注意空间搭配，根据所选间作树种的生物学特性，确定间作结构，采用适宜的组成和密度。喜光速生的树种可以搭配生长慢的树种或经济树种、中药材、牧草。在幼林郁闭前，行间或株间间作的农作物、牧草、药材等可增加短期经济收入，如刺槐幼林间作小麦、花生、大豆、地瓜，银杏幼林间作药用植物等。在刚郁闭林内可间作较耐阴的药材、牧草、蔬菜，在郁闭的林内培养蘑菇等。植物品种的选择一般以慢生与速生、深根与浅根、喜光与耐阴、有根瘤与无根瘤的树种和作物搭配为佳。

4.3.6　林下经济的主要模式

林下经济主要包括以下几种典型类型：林药模式、林菌模式、林草模式、林禽模式、林畜模式、林虫(蜂)模式、林花模式等。这些模式均是通过利用林下空间或时间交错来发展适宜的短周期种植或养殖业，长短结合，持续获得生态与经济效益。各种林下经济模式主要通过不同时段内林下水、热、光、气等空间资源的利用，来实现乔木主体与林下经济植物或动物的共存和发展。

(1)林菌模式

林菌模式即利用林荫下空气湿度大、氧气充足，光照强度低、昼夜温差小的特点，以林地废弃枝条为营养来源，在郁闭的林下种植食用菌，如平菇、木耳、香菇、草菇等。

(2)林药模式

在未郁闭的林内行间种植较耐阴的药用植物便形成为林药模式。一般根据当地技术条件和市场需求，在林间空地上间种各种药材。

药材种类繁多，有白芍、金银花、丹参、沙参、党参、柴胡、人参、刺五加、甘草、黄芩、黄精、七叶一枝花、桔梗、五味子、板蓝根、铁皮石斛、三七、田七、朱砂根等。不同药材喜好不同的气候、土壤和林下环境，有南北地域之别，因此有道地药材之说。

森林素有"药用宝库"之美称。我国药用植物达5 000余种，大多生长于森林之中。目前全国还有80%以上地区和人民应用中草药防治各种疾病，如青蒿素就是治疗疟疾的特效药。

(3)林禽模式

林禽模式是充分利用林下空间与林下透光性强、空气流通性好、湿度较低的环境，在林下饲养肉鸭、鹅、肉鸡、乌鸡、柴鸡等，放养、圈养和棚养相结合，能有效利用林下昆虫、小动物及杂草资源，林木光合作用产生的大量的氧气也能促进禽类的生长。在林下养殖鸡、鸭、鹅等高品质、无公害蛋禽产品，禽粪可以为树木提供肥料，禽类产生大量二氧化碳，可增强林木的光合作用，促进林木生长，从而实现林"养"禽，禽"育"林。

(4)林菜模式

根据林间光照强弱及各种蔬菜的不同光照特性科学地选择种植种类、品种，也可根据二者的生长季节差异选择品种，发展耐阴蔬菜。可在林下种植的蔬菜种类很多，如在冬春季以大蒜、洋葱等为主，夏秋季套种冬瓜和南瓜等。

(5)林畜模式

在生长 4 年以上、造林密度小、林下活动空间大的林地，可放养或圈养肉牛、奶牛、羊、肉兔或野兔等。林下青草对牛、羊等具有良好的营养价值，养殖牲畜所产生的粪便为树木提供大量的有机肥料，促进树木增长，形成循环生物产业链。

林下活动空间大，可为家畜提供自然、健康的活动场所，有利于提高抗病性；林下新鲜的天然饲料，也有利于动物生长发育，提高动物产品品质；养殖牲畜提高了林下 CO_2 浓度，有利于植物生长。

(6)林粮(油)模式

在未郁闭的林内行间种植豆类作物、油料作物，可以固氮，提高土壤肥力，覆盖地表，有效防止水土流失。选种作物一般以大豆、绿豆、豌豆等小杂粮为主，在幼林或密度较小的林分，也可套种小麦、棉花、红薯等低秆粮食和经济作物。

(7)林草模式

在郁闭度 0.8 以下的林地，间种一些优质牧草，如紫花苜蓿、白三叶、黑麦草等，年收 3~4 茬，可出售鲜饲草，也可放养畜禽。草增加了地表覆盖度，有效抑制幼龄林地的水土流失和扬沙起尘，改善了树木生长环境。

(8)林花模式

林花模式是在林下种植耐阴的花卉和观赏植物，充分利用林下空地及资源。常见的造林树种有樟、桂花、紫薇、广玉兰、悬铃木等，可在其林下种植石蒜类、百合属、水仙类等花卉。林下阴湿、温凉、厚腐殖质的自然环境是大多数兰花和阴生植物花卉最适宜生长的处所，如春兰、蕙兰、剑兰、兜兰、石槲、花叶芋、铁线蕨、马蹄莲、虎眼万年青等。

(9)林茶模式

林茶模式是在林下种植茶叶，以改善茶园光照条件，并有防风、降温和增湿的功效，对提高茶叶品质有益，同时还可提高土地利用率。可选择在板栗、香樟、桂花、湿地松、泡桐等林下种植茶叶。

(10)林渔模式

林渔模式是利用池塘空间，形成水、陆、空立体生产模式，实行生态养殖，提高渔业生产经济效益和环境效益。可以在湖滩地上开沟作垄，垄面栽树，沟内养鱼和种植水生作物；也可以在正规鱼池四周的堤岸上布置林带，以提高资源利用率。常见立体生态模式有池杉—鱼—鹅、杨树—鱼等模式，形成"滩地植树、树下种草、水中养鱼（禽粪喂鱼）、水面养鹅"的生态种植养殖链。

林渔农复合型是在河湖水网地带发展起来的一种经营方式，在湖滩地上开沟作埫，埫面栽树，林下间作农作物，沟内养鱼和种植水生作物，形成特殊的立体开发形式。

（11）林蜂（昆虫）模式

在刺槐、椴树、柑橘林下养蜂、养金蝉，女贞林下养白蜡虫，盐肤木林养五倍子，黄檀林下养殖紫胶虫，对森林植物本身没有不利影响，值得推广。养育以上昆虫，收获昆虫产品，只需根据各种昆虫特点选择不同的树种或森林，按照专业养殖方法操作即可，对森林不会构成损害。养蜂还能促进植物授粉，利于植物繁殖和天然更新。

（12）复合模式

以上若干个模式的综合，就形成了复合模式，如林草牧模式，利用林下种植的牧草，作为奶牛、羊、鹅等草食性动物饲料；如林菌草渔综合模式，利用修剪的林木枝条粉碎作为种植食用菌的袋料，利用食用菌生产的袋料废弃物作为林下牧草或林木生长营养，也可作为水产的饲料来源。图 4-4 所示为林—农—畜牧—渔的复合模式示意图。

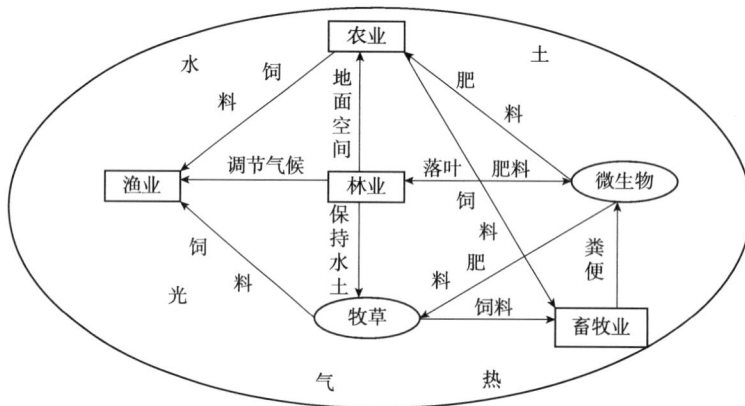

图 4-4　林—农—畜牧—渔复合模式

4.3.7　林下经济的经济社会效益

农林复合经营可一地多用、一年多收，能收获 2~3 种以上产品，在数量和品种上都较单一种植优越得多。在造林初期间种粮食、经济作物能充分利用林地空间、气候和土壤等资源，以短养长可取得近期经济效益。对林下作物进行中耕、除草、施肥等管理可改善幼树的生长环境，提高幼树的成活率，以耕代抚降低了抚育成本。

由于农林复合经营有多种产品输出，如粮食、油料、畜禽、果品、蔬菜、药材、木材等，这满足了社会多方面的需求。其次，农林复合经营具有集约性的特点，要求投入密集的劳动力，可增加就业机会。另外，农林复合经营不但能够增加短期收入，而且还可增加长期收入。

4.4　森林景观利用

4.4.1　森林景观

中国是一个多山的国家，森林主要分布在山区。在森林里，有各种珍奇的动植物资源，包括树木、动物等，如银杉、珙桐、大熊猫、金丝猴、扬子鳄等，许多动植物都是具有极高观赏价值和科学价值的物种资源。林区有各种奇山、怪石、奇花、异草和奇特洞穴，有溪、河、湖泊、瀑布、泉水、池塘、漂流河段、风景河段等水域景观资源，有变幻无穷的气象景观、舒适宜人的气候等。所有这些，都是重要的自然旅游资源。

景观(landscape)是指景物动静结合的画面，如大自然的山水、树木、光彩、云霞、雨雪以及点缀在自然环境中的建筑、人群、飞禽走兽、花草鱼虫等构成的一幅幅动静变化的空间画面，给人以视觉、听觉、嗅觉、味觉上美的享受。

4.4.2　森林旅游的概念

美国可以说是森林旅游的鼻祖，1872 年便建立了可开展森林旅游的黄石公园。第二次世界大战后，依托森林发展的旅游业逐渐兴起。到 1960 年，森林旅游的现实价值获得了各界人士的承认，并一跃成了森林资源开发的主要部分之一。这一年在美国举行的第五届世界林业大会，是森林旅游发展过程中一个重要里程碑，从那以后各国积极进行自然保护区及国家森林公园的规划，不仅为本国国民提供了健身益智的活动场所，同时也招徕了外国的观光游客，成为一项无烟工业。1982 年，张家界森林公园的建立标志着我国森林旅游业作为一项产业开始形成。

森林旅游(forest recreation)是指在林区内依托森林风景资源发生的以旅游为主要目的的多种形式的野游活动。狭义上的森林旅游是指人们在业余时间，以森林为背景所进行的野营、野餐、登山、赏雪等各种游憩活动；广义上的森林旅游是指在森林中进行的各种形式的野外游憩。

4.4.3　森林旅游产品的类型

森林旅游产品的分类是由旅游者的旅游动机决定的。旅游者由于年龄、性别、文化、职业、习惯等差异，必然会有各种各样的爱好和兴趣。有的为了健身，有的为了度假休憩，有的为了增长科学知识，有的为了领略民俗风情等。

森林旅游产品可从不同角度进行分类。

①按游客的组成形式分有团体旅游和散客旅游两种。

②按旅游的动机及方式分

a. 保健旅游：包括度假休憩、疗养、森林浴等；

b. 体育(健身)旅游：包括登山、滑雪、狩猎、水上运动、冰上运动等；

c. 科普旅游：包括科学考察、探险猎奇、专业实习(含采集标本)、夏令营等；

　　d. 民俗旅游：包括探亲访友、民俗风情(歌舞、建筑、饮食、服饰)等;

　　e. 风光旅游：包括游览自然风光、历史名胜、革命遗址等;

　　f. 特殊爱好、特殊方式旅游：包括狩猎、骑马、钓鱼、观赏动物及乘坐游船、游艇、热气球等。

　　③按森林旅游产品销售方式分有全包价旅游、部分包价旅游及单项包价旅游(如坐车、食宿等)服务。

　　④按森林旅游的档次分有高档(豪华型)旅游、中档(标准型)旅游及低档(经济型)旅游。

　　⑤按进入森林旅游目的地路途的远近及所花费时间分有远距离游(多日游)、中距离游(二三日游)、近距离游(一日游)。

　　⑥按森林旅游产品的形态分有森林旅游资源、森林旅游设施、旅游服务和旅游购物等。

　　如果把上述6种分类方法结合起来，可组合成多维结构的森林旅游产品。

4.4.4　我国森林旅游产品需求的特点

　　游客因教育程度、个人偏好等差异而对森林旅游产品的需求不同。但我国游客在森林旅游动机、产品需求、行为特征等方面也具备一些共性。

　　(1)旅游动机

　　进行森林旅游最常见的动机是欣赏自然景观、养生健身、游乐休闲等，通常体现为以亲朋小团队家庭为单位的集体出游。

　　(2)产品需求

　　森林旅游最具吸引力的资源是森林植被、山石地貌、人文景观，其次是野生动物、水体景观等；而最受旅游者喜欢的产品是徒步登山、野营烧烤、漂流攀岩、休闲度假等参与性强的项目。

　　(3)消费行为特征

　　游客消费行为从传统的自然观光转变到休闲度假，从一般娱乐项目转变到新奇旅游项目，受旅游景区的引导和管理的影响较大。

　　(4)人均消费

　　由于我国森林旅游业的产品结构大多还是以观光产品为主，旅游商品消费量不多，旅游购物消费占旅游总消费的比例还不到20%，在旅游业较为发达的一些省份，旅游购物消费所占比例也只达到30%；而旅游业发达国家的购物消费已占到旅游总消费的40%~60%。

　　另外，不同年龄的森林旅游者的消费特点不同，如青少年偏爱结合科普、学习、交流、探险、运动等项目，中老年人则主要是以康体养生、度假为主。

　　今后，我国森林旅游开发的策略包括以下几个方面：森林旅游文化开发、旅游地形象建设和产品开发、旅游景观的生态调控、生态旅游认证以及旅游专业人才的培养等。

复习思考题

1. 木材与水泥、钢材号称三大传统建材，木材的力学性能有何特点？

2. 木材作为板材或者纸浆利用有何区别？

3. 竹子与树木有何异同？

4. 你怎样理解生态位的概念？请举例说明。

5. 何谓食物链？请举出具体例子。

6. 请提供林下经济复合模式的具体案例。

7. 何谓森林景观？

8. 你认为，森林旅游文化开发应包括哪些方面的内容？

9. 森林工程与森林旅游有何关系？

推荐阅读文献

1. 许恒勤，李洋. 木材仓储保管与作业. 北京：中国物资出版社，2010.

2. 李坚. 木材科学(第 3 版). 北京：科学出版社，2014.

3. 周定国. 人造板工艺学(第 2 版). 北京：中国林业出版社，2011.

4. 萧江华. 中国竹林经营学. 北京：科学出版社，2010.

5. 国家林业局农村林业改革发展司. 全国林下经济实践百例. 北京：中国林业出版社，2013.

6. 苏孝同，苏祖荣. 森林文化研究. 北京：中国林业出版社，2012.

7. 苏祖荣，苏孝同. 福建森林文化丛书：森林与文化. 北京：中国林业出版社，2012.

8. 吴章文，吴楚材，文首文. 森林旅游学. 北京：中国旅游出版社，2008.

9. 赵尘. 林业工程概论(第 2 版). 北京：中国林业出版社，2016.

第 5 章

林区道路工程

【**本章提要**】本章介绍了林道及林道网的概念；概述了林区道路与桥梁工程的设计、施工和养护技术；介绍了林区道路工程常用施工机械的主要功能和常见机型。

林区道路建设是林区开发和发展的基础，合理的林道网和林道规划设计与施工能够降低林区运输生产成本，节省林区建设的总投资。由于林区的地理位置和资源分布等特性，决定了林区道路的建设和运营不同于普通公路，其施工组织也有其独特之处。

5.1 林道及林道网

所谓林道(forest road)泛指位于林区内部，为林业服务的各种道路，如林区公路(图 5-1)、森林铁路(图 5-2)、集材道路和流送河道(图 5-3)等。狭义上林道通常指林区内的汽车公路、森林铁路及流送河道。由于目前森林铁路和运送渠道两种方式已很少见，本章所介绍的林道仅为林区道路。

图 5-1　林区公路

图 5-2　森林铁路

图 5-3　流送河道

5.1.1　林道的作用

①林道是木材生产的基础设施和连接林区和城镇的纽带。林道中的干道不仅是使木材转化为商品的桥梁，也是保障林区人们生活物资需求的通道。

②林道是森林经营、森林保护，实现集约经营的需要。

③林道建设可以带动山区经济的发展。

④林道建设可以发掘森林的旅游资源，促进林区旅游业的发展。

5.1.2　林道的技术标准

由于林区道路的主要服务对象、所处位置和运输对象有其独特性，因此，无论林区公路还是森林铁路，其技术标准都有别于普通公路和标准铁路。

(1)林区道路的分级

公路(highway)是指连接城市、乡村，主要供汽车行驶的具备一定技术条件和设施的道路。在我国，根据公路的作用及使用性质，分为：国家干线公路(国道)、省级干线公路(省道)、县级干线公路(县道)、乡级公路(乡道)以及专用公路。根据所适应的交通量水平分为：高速、一级、二级、三级和四级公路 5 个等级。按照道路使用特点，可分为城市道路、公路、厂矿道路、林区道路和乡村道路。除对公路和城市道路有准确的等级划分标准外，目前对林区道路、厂矿道路和乡村道路一般不再划分等级。

林区公路是修筑在林区，除有特殊任务外，一般都是为林区生产和林区居民生活服务的综合性运输道路。根据木材运输需求量将林区公路划分为 4 个等级，按路段设计的年运材量、运输类型及地形条件选用等级，见表 5-1。

表 5-1　林区公路等级划分表

地　形	公路等级	年运输木材数量($\times 10^4 m^3$)		地　形	公路等级	年运输木材数量($\times 10^4 m^3$)	
		原条运输	原木运输			原条运输	原木运输
平原、微丘	一	≥10.0	≥6.0	山岭、重丘	一	≥6.0	≥4.0
	二	6.0~10	4.0~6.0		二	4.0~6.0	2.0~4.0
	三	4.0~6.0	3.0~4.0		三	3.0~4.0	1.5~2.0
	四	<4.0	<3.0		四	<3.0	<1.5

(2)林区公路主要技术指标

各等级林区公路的主要技术指标见表 5-2。

表 5-2　各级林区公路主要技术指标

公路等级	平原、微丘				山岭、重丘			
	一	二	三	四	一	二	三	四
计算行车速度(km/h)	60	40	30	20	30	25	20	15
路基宽度(m)	8.5	7.5	5.0	4.5	7.5	4.5~7.0	4.5	4.0

(续)

公路等级	平原、微丘				山岭、重丘			
	一	二	三	四	一	二	三	四
路面宽度(m)	7.0	6.0	3.5	3.0	6.0	3.5~6.0	3.5	3.0
极限最小平曲线半径(m)	125	60	40	40	40(30)	40(20)	40(15)	30(12)
极限最小竖曲线半径(凸形，m)	1 400	450	150	100	250	100	100	100
极限最小竖曲线半径(凹形，m)	1 000	450	150	100	250	100	100	100
停车视距(m)	160	70	60	30	60	45	30	30
会车视距(m)	240	110	—	—	90	70	—	—
最大坡度(%)	5	6	8	8	7	8	9(10)	12(14)

资料来源：中华人民共和国原林业部部颁标准《林区公路工程技术标准》，1998。

注：括号内是原条运输的技术指标。

5.1.3 林道网

林道网(forest road network)是指在林业经营区内，由服务于林业生产的干线、支线和岔线林道组成的林道网络(图 5-4)。单位林业经营面积上的林道长度称为林道网密度(m/hm^2)。合理的林道网密度能够提高林业生产的生产率，降低成本，是实现森工生产现代化和集约经营的必要条件。

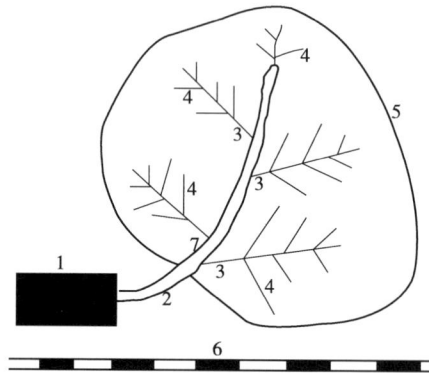

图 5-4 林道网

1. 贮木场　2. 干线　3. 支线　4. 岔线　5. 境界线　6. 林区铁路　7. 干线与第一条支线衔接点

5.2 林道建设

林区道路是建设和开发林区的基础，其中林区公路是连接林区内外的重要纽带。

5.2.1 林道规划设计

5.2.1.1 林道网规划

林道网规划要解决建设什么道路、何时建设、在什么地方建设及建设程度等问题。

由于公路运输相对于森林铁路运输具有建设成本低、投资回收期短和便于维护的优势，因此自从 20 世纪 70 年代起已不再规划建设森林铁路。这里只介绍林区公路的规划建设。

林区道路网规划是按林区需要和资源分布制订建设方案，分析方案优劣，从而指导道路建设计划的实施，使道路网满足林区生产和生活的需要。

(1)林道网规划的任务

通过对社会、经济、森林资源、环境、交通等调查和科学的定性定量分析，评价现有的林区道路状况，揭示其内在矛盾，抓住木材资源分布特点、木材产量和运输车辆的变化特征，确定规划期林区公路发展的总目标和整体布局。根据不同线路的性质和功能，提出修建单、双运材车道的选择方案，并进行方案评价。

(2)林道网规划的原则

一是遵循林区经济综合发展的战略思想；二是兼顾林区其他运输方式，相互协调；三是本着经济高效、满足行车要求和节约建设成本的理念；四是注重环境和资源保护。

(3)林道网规划的程序和主要内容

根据当地社会经济、森林资源、综合交通运输和交通量等调查，进行现状分析(定量、定性)，进而开展交通量预测和分析，最后得出规划方案和对方案的评价结果。

5.2.1.2　林道设计

根据林区公路技术标准和道路等级划分标准，遵循工程项目建设前期的工作程序，如工程可行性研究、设计任务书、勘察设计等阶段，确定设计车速、设计车辆和设计交通量。林区公路由路基、路面、桥梁、涵洞、隧道及线路交叉、防护工程、沿线设施组成。这里仅介绍道路的平面、纵断面、横断面设计和路基、路面以及桥涵的设计。

(1)平面设计(plan design)

道路是带状建筑物，其平面设计主要包括路线线形设计和用地设计。公路路线线形设计首先应满足汽车行驶要求，同时满足行车安全、迅速、经济和乘客舒适的要求。

为使沿线的线路转折处圆顺，通常将弯道处的道路中线按圆弧设计成圆曲线，其各部分名称如图 5-5 所示。交点 JD 即两直线的相交点；转角或偏角 α 是线路方向由这一直线转到另一直线的旋转角度；半径 R 表示圆曲线的半径；ZY、YZ、QZ 分别是圆曲线的起点、终点和曲线中点；T 为切线长；L 为曲线段长；E 是外距。圆曲线在林区公路中用得最多的平面设计方法。

两段相邻的圆曲线可形成不同的组合。同向曲线是将两条转向相同的曲线，在中间用一直线段连接而成的组合曲线(图 5-6)。反向曲线是将两条转向相反的曲线，在中间由直线段连接而成(图 5-7)。复曲线则将两同向曲线直接相连，在中间不设直线段(图 5-8)。另外圆曲线中还有缓和曲线和回头曲线，如图 5-9、图 5-10 所示。

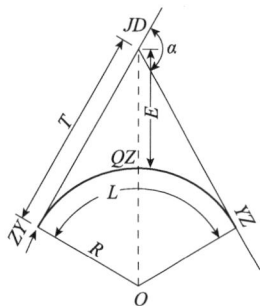

图 5-5　圆曲线各部分名称示意　　图 5-6　同向曲线　　图 5-7　反向曲线

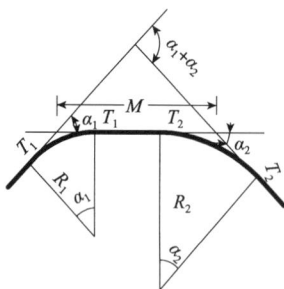

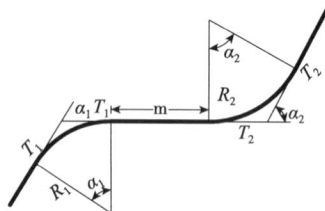

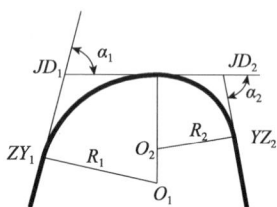

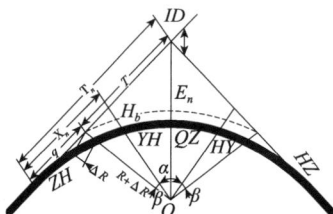

图 5-8　复曲线　　图 5-9　缓和曲线　　图 5-10　回头曲线

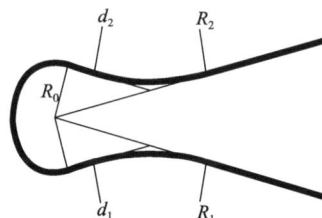

（2）纵断面设计（profile design）

将道路沿中心线纵向剖开，即呈现出道路的纵断面。由于沿线地面的起伏，经常要沿路线方向设置纵坡。道路路线的纵坡设计要保证汽车以一定车速行驶时的平顺性、施工中的填挖平衡、汽车的动力性和道路的纵向排水性能。为减少汽车通过纵断面上变坡点时的冲击，在变坡点应设置竖曲线。竖曲线按变坡点在曲线上方或下方分别称为凸形或凹形竖曲线，如图 5-11 所示。竖曲线一般设计成圆弧或抛物线，其弯曲半径应保证行车安全。

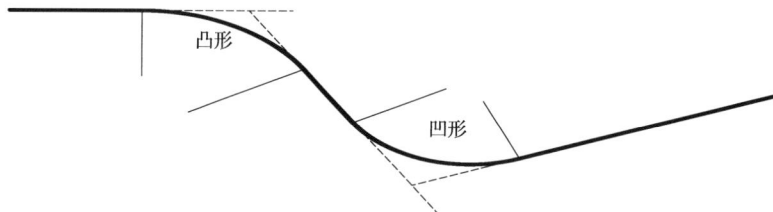

图 5-11　竖曲线示意

（3）横断面设计（cross-section design）

垂直于道路平面线路中心线所作的剖面称为横断面，主要反映路基的形状和结构。路基（sub-grade）是公路的主体，一般是土路基。路基是路面的基础和行车部分的基础，必须保证行车部分的稳定性，防止水分和自然因素的侵蚀和损害，要求具有足够的力学强度和整体稳定性，具有足够的水—温稳定性，同时又要兼顾经济性。路基通常包括路面、路肩、边沟、边坡等部分。路基顶面高于自然地表的称为路堤；反之，则称为路堑，另外还有填挖结合路基，如图 5-12 所示。

（4）路面设计

路面（road surface，pavement）是在路基上用各种筑路材料铺筑的供汽车行驶的结构

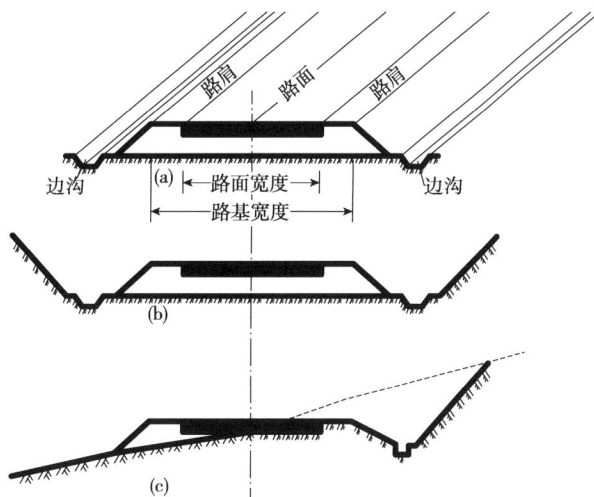

图 5-12　公路横断面示意

(a)路堤　(b)路堑　(c)半填半挖路基

层。设置路面的目的是加固行车部分，使之在行车和各种自然因素作用下保证一定的强度和稳定性，满足行车的安全、迅速、经济、舒适的要求。因此，在设计、施工路面时应保证路面具有以下特性：一定的刚度和强度、足够的水—温稳定性、足够的抗疲劳强度和抗老化及抗变形积累的耐久性、一定的平整度和抗滑性能、少尘性等。为达到以上特性，路面一般设计成不同材料的多层结构，如图 5-13 所示。

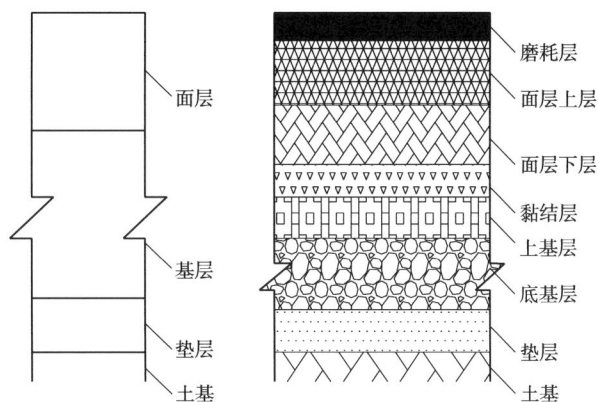

图 5-13　路面结构示意

面层是路面的上层，按面层材料的不同，可分为沥青路面、水泥混凝土路面、块料路面和粒料路面。面层直接承受行车垂直力和水平力的反复作用，并直接受自然因素的影响，因此要求表面坚实、平整、抗滑、耐磨、无尘，行车噪音低，同时具有良好的抗高温、低温损坏和密封不透水的性能。目前路面面层所用主要材料有：水泥混凝土、沥青混凝土、沥青碎(砾)石混合料、砂砾或碎石掺土或不掺土的混合料以及块料等。通常在砂石路面上加铺磨耗层或保护层，以增加面层的稳定性。

基层主要承受由面层传来的车辆垂直荷载，并将其向垫层和土基扩散，因此要求基层具有足够的强度、刚度、水稳定性以及与路床良好的黏结性。修筑基层的主要材料有：各种结合料(如石灰、水泥或沥青等)、稳定土或稳定碎(砾)石、贫水泥混凝土、天然砂砾、各种碎石和砾石、片石、块石或圆石、各种工业废渣(如煤渣、粉煤灰矿渣、石灰渣等)组成的混合料以及它们与土、砂石组成的混合料。

垫层主要起到改善土基的温度和湿度的作用，防止面层和基层发生冻胀翻浆现象，保证面层和基层的强度和刚度的稳定性。但不是所有的路面都设置垫层，而是根据其所处位置的地质条件来确定，通常在排水不良、有冰冻翻浆路段、冻深较大和地下水位较高的地区设置垫层。修筑垫层所用的材料强度要求不高，但水稳性和隔热性要求较高。常用的材料有两类，一类是松散粒料如砂、砾石、炉渣、片石和圆石组成的透水性垫层，另一类是由整体性材料如石灰土或炉渣石灰土等组成的稳定性垫层。

按照路面面层的使用品质、材料组成类型以及结构强度和稳定性的不同，将路面分为高级、次高级、中级和低级 4 个等级，分别适用于高速、一级、二级，二级、三级，三级、四级，四级道路。

林道设计具体内容包括选择道路设计依据、确定工程数量、道路平面线形设计、纵断面设计、横断面设计、道路勘测及选线定线以及平面交叉和立体交叉设计等。

(5)桥涵设计

桥梁(bridge)和涵洞(culvert)统称为桥涵，是公路跨越河流、山谷等障碍物所架设的结构物。通常将单孔跨径 $L_0 \geqslant 5$m 或多孔跨径总长 $L \geqslant 8$m 的称为桥梁，将单孔跨径 $L_0 < 5$m 或多孔跨径总长 $L < 8$m 的称为涵洞，如图 5-14 所示。

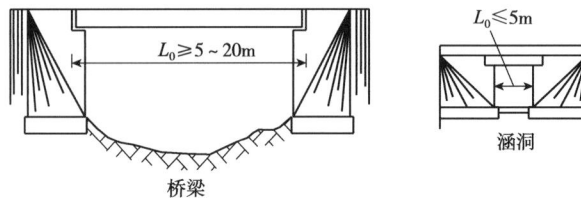

图 5-14 桥梁和涵洞示意

桥梁按其基本体系分为梁式桥、拱式桥、钢架桥、吊桥和组合体系桥。

5.2.2 道路施工

林区道路施工是将计划文件和设计图纸的规划变为现实的实施过程。

5.2.2.1 林区道路施工的特点

(1)工程线形分布，施工流动性大

林区道路是沿地面延伸的线形人工构造物，因而林区道路建设点多线长，工程数量分布不均，特别是由于林区多分布于山区，地形复杂，这一特点更为突出。

(2)工程形体庞大，施工周期长

由于林区道路工程为线形构造物，具有形体庞大、产品固定也不能分割、且系统性很强等特点。因此，在施工过程中，各阶段各环节必须有机结合，在时间上不间断，空间上不闲置，施工过程应稳定有序，确保工期和人、财、物得到最佳发挥。

(3)受外界干扰及自然因素影响大

由于野外露天作业,受自然条件、地理环境影响很大,因此必须仔细调查,合理安排施工时序。

5.2.2.2　道路施工组织设计

根据林区道路的施工特点,将人力、资金、材料、机械、施工方法等各种因素进行科学、合理的安排,在一定的时间和空间内实现有组织、有计划、有秩序的施工,达到工期短、质量好、成本低的目的。为此,必须进行施工组织设计。

道路施工在项目建议书、可行性研究、设计文件形成并列入年度基本建设计划之后进行,属工程基本建设程序中的一个主要环节,主要包括施工准备、组织施工、竣工验收和交付使用几个程序。基本建设程序如图 5-15 所示。

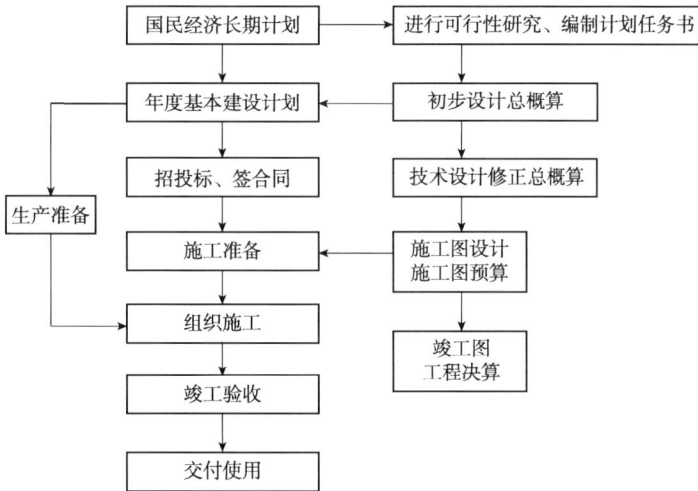

图 5-15　基本建设程序简图

(1)签订工程合同

施工企业参加工程项目投标,通过建筑市场中的公平竞争而获取施工项目。接受项目时,首先应查证核实工程项目是否列入国家、主管部门计划,必须有批准的可行性研究、初步设计(或施工图设计)及概(预)算文件后方可签订施工总合同(或总协议书),进行施工准备工作。施工企业作为乙方,凡接受工程项目,必须与作为甲方的建设单位签订工程合同,以明确各自的经济技术责任。合同一经签订,即具有法律效力,双方要严格履行。

施工合同内容主要包括:承包的依据、承包方式、工程范围、工程质量、施工工期、开工竣工日期(包括中间交工日期)、工程造价、技术物资供应、结算方式、奖惩条款和各自应做的准备工作及配合关系等。合同应简明扼要,责任明确,反映工程特点,满足工程施工的需要。

(2)施工准备

工程施工单位接受施工任务后,即可进行施工准备,包括施工前的技术组织准备和施工现场准备两部分。前者包括查证工程项目是否列入国家计划、是否为批准的设计文件，现场施工调查，图纸会审，编制施工组织设计及施工预算文件等。后者包括临时道路修建，人、材料、施工机械准备，路基放样等。

公路施工组织设计包括确定施工方案、施工组织计划及保证措施。施工方案包括施工方案说明，人工、主要材料及机具、设备安排计划，工程概略进度图，临时工程一览表及临时用地表。施工组织计划包括计划说明，工程进度图，主要材料计划表，主要施工机具、设备计划表，临时工程数量表，公路临时用地表。路基路面施工前应分别进行施工组织设计以指导施工，并在实际操作中根据出现的问题及时调整计划。

（3）工程施工

组织施工前应具备以下基本文件：设计图纸、资料，施工规范和技术操作规程，各种定额，施工预算图，实施性施工组织设计，工程质量检验评定标准和施工验收规范，施工安全操作规程。在开工报告批准后即可正式施工，在施工过程中要严格按图施工，如需要变更必须经监理工程师或建设单位批准。

在林区公路的路基工程中，其土方工程量一般占总工程量的60%以上，需要集中大量的人力和设备，进行较长时间的施工作业，还有大量的防护工程和排水工程等路基土石方工程相互配合和交错。对路基土石方工程，施工顺序比较单纯，主要是开挖、运输、填筑(包括摊平和压实)与整修。路基施工方法一般分为人工(包括简易机械)、爆破(用于开挖岩石)、机械化和水力机械化施工，根据具体情况可以单独采用或合并采用。施工应根据不同的土质、不同的机械分层填筑和碾压。

路面施工应根据设计材料按规范要求进行。

（4）竣工验收

公路基本建设项目的竣工验收是对公路建设成果(设计、施工)的全面考核，是总结建设经验的过程，最终应形成技术档案，以备日后查用。

5.2.2.3　路基施工

路基土石方工程量大，分布不均匀，不仅与自身的其他工程与设施(如路基排水、防护与加固等)相互制约，而且同公路的其他工程项目(如桥涵、隧道、路面及附属设施)相互制约。因此，路基施工在质量标准、技术操作、施工管理方面具有特殊性，是整个公路工程施工组织管理的关键。

（1）路基施工的基本方法

路基施工的基本操作是挖、运、填、压，工序比较简单，但条件比较复杂，因而施工方法多样化。路基施工的基本方法按其技术特点大致可分为：人工及简易机械化、综合机械化、水力机械化和爆破方法等。

人力施工是传统方法，使用手工工具，劳动强度大，工效低，进度慢，工程质量亦难以保证，但林区环境复杂，常常无法完全实现机械化施工，人力辅助施工还有必要。

机械化施工和综合机械化施工是今后的发展方向。单机作业的效率比人力施工高很多，但需要大量人力与之配合。由于机械和人力的效率相差悬殊，难以协调配合，单机效率受到限制，势必造成停机待料，因而机械的生产率很低。如果对主机配以辅机，相互协调，共同形成主要工序的综合机械化作业，功效就能大大提高。因此，实现综合机械化施工，科学地严密组织施工，是路基施工现代化的重要途径。

水力机械化施工是运用水泵、水枪等水力机械喷射强力水流，冲散土层，并将残土流送至指定地点沉积。水力机械适用于电源和水源充足、比较松散的土质及地下钻孔等。对于砂砾填筑路堤或基坑回填等工序，还可用来起到密实作用(称为水夯法)。

爆破法是石质路基开挖的基本方法，如使用凿岩机钻孔与机械清理，是岩石路基机械化施工的前提。

(2)路基施工的基本要点

土质路基的填挖，首先必须搞好施工排水，包括开挖地面水的临时排水沟槽及设法降低地下水位，以便始终保持施工场地的干燥，控制土的湿度，确保路基填筑质量。为有效控制土的含水量，土质路基的施工作业面不宜太大，以利于组织快速施工，随挖随运，及时填筑成型，减少施工过程中的日晒雨淋，尽量保持土的天然湿度，避免过干或者过湿。对过湿填土碾压后会形成弹簧现象。

对路基填挖范围内的地表障碍物，应预先拆除，包括拆迁原有房屋，清除树木和丛林茎根，以及清除表层腐殖土、过湿土与其他杂物等。

路基取土与填筑必须有条不紊地按步骤进行操作。不同性质的路基用土，除按规定予以废弃和适当处置外，一般不允许任意混填。

路堑开挖应在全横断面进行，自上而下一次成型，按设计要求准确放样，不断检查校正，边坡表面削齐拍平。若路堑底面如果土质坚实，应尽量不扰动，整平夯实即可；如果土质较差、水文条件不良，应根据路面强度设计要求，采取加深边沟、设置地下盲沟以及挖松表层一定深度原土层的措施，重新分层填筑与夯实，必要时予以换土和加固，以确保路堑底层土基的强度和稳定性达到规定标准。

对土质路堤，应视路基高度及设计要求，先着手清理或加固地基。潮湿地基应尽量疏干预压，如果由于地下水位较高、工期紧或其他原因无法疏干，第一层填土应适当加厚或填以沙性土后再予以压实。一般情况下，路堤填土应在全宽范围内分层填平、充分压实，每日施工结束时，表层填土应振压完毕，防止间隔期中雨淋或暴晒。分层厚度视压实工具而定，一般压实厚度为 20~25cm。

(3)路基压实

路基施工破坏土体的天然状态，致使结构松散、颗粒重新组合。为使路基具有足够的强度与稳定性，必须予以压实，以提高其密实程度。路基的压实工作是路基施工过程中一道重要工序，是提高路基强度与稳定性的根本技术措施之一。

土是三相体，土粒为骨架，颗粒之间的孔隙为水分与气体所占据。压实的目的在于使土粒重新组合，彼此挤紧，孔隙缩小，密度提高，形成凝实整体，使得强度增加、稳定性提高。

5.2.2.4　路面施工

目前，我国林区道路除少数干线采用沥青贯入式碎石、砾石或拌沥青碎石、砾石的次高级路面外，绝大多数仍采用泥结碎石、砾石或级配碎石、砾石的中级路面，而支线、岔线则采用粒料加固土或其他材料加固或改善土的低级路面。路面面层类型不同，其施工方法也不相同。根据我国林区道路路面的现状，这里简要介绍泥结碎石的施工方法。

泥结碎石路面是用黏土作为填缝结合料的一种路面。其施工方法有灌浆法、拌和法、层铺法和拌浆法4种。

（1）灌浆法

灌浆法是将黏土调成泥浆灌入初步碾压的碎石层内，然后摊铺嵌缝料，最终碾压成型的施工方法。此方法符合泥结碎石路面结构特点，碎石的嵌挤和扣锁作用好，黏土收缩膨胀影响较小，因而路面结构层的强度高、稳定性好。该法的施工设备简单。

（2）拌和法

拌和法是将黏土和石料洒水拌和，然后再摊铺碾压成型的施工方法。其主要优点是：黏土与石料结合均匀，路面初期成型较快，不必封闭交通，适宜组织快速流水作业和机械化施工，并可用较软石料。其缺点是：拌和时劳动强度大，施工设备多，碎石嵌锁作用不如灌浆法。

（3）层铺法

层铺法是分层铺石料撒黏土，然后用齿耙把黏土耙入碎石隙中。其施工方法简单，进度较快，但土石结合不均匀，石料的嵌挤和扣锁作用不好，路面强度较低。因此，此方法只适用于交通量小的公路。

（4）拌浆法

拌浆法是针对南方山岭地区水源不足、黏土料场不易寻找等筑路条件而采用的一种施工方法。采用的碎石一般为人工改锤未经筛选，具有一定级配，材料结构强度属于嵌锁—密实型。用此法施工的路面强度和稳定性好，施工工序简单，用水量少，省工时，适合于机械化施工和冬季施工，但用人工拌浆时劳动强度较大。

5.2.3　桥涵施工

桥涵施工前也应编制完备的施工组织设计文件，以指导施工，达到施工高效高质量的目的。施工过程中按桥梁基础、下部结构、上部结构、桥面系统和附属系统分别进行控制。

钢筋混凝土和预应力混凝土桥的施工可分为现浇和预制安装两类。现浇法施工无需预制场地，并且不需要大型调运设备，梁体的主筋是连续的。采用预制安装的施工方法时，可对上、下部平行施工，易于保证施工质量，但需具备预制场地和大型吊装设备。目前随着吊装设备能力的提高和预应力工艺的完善，预制安装的施工方法在国内外得到普遍推广。以砼简支梁为例，现浇法施工过程包括模板安装制作（现浇时需在梁下搭设脚手架来支撑模板）、钢筋加工及绑扎、混凝土浇筑、养护及模板拆除；预制简支梁则要进行混凝土梁的预制、运输和吊装。

5.3　林道养护

由于车辆荷载的反复作用和自然因素的损害，使得道路的使用功能日益退化。特别是林区道路，其路面多为就地取材较经济的材料，如碎石柔性路面，经行车及自然因素的影响，路面和路基会出现不同程度的变形和损坏，增加行驶阻力，降低使用的经济性。因此，为保持良好的使用功能，必须对林道进行经常性和长期性养护。

林道养护提倡以预防为主、防治结合的养护方针和科学养护、全面养护、常年养护的原则。

5.3.1 林道养护工程分类

林区配备有专职的道路养护队伍，包括养路段、养路道班等，当道路途径村镇时可采取联合养护的方法。按照养护工程的性质、规模、技术性的繁简，可分为小修保养、中修、大修和改善工程 4 类。

小修保养是经常性的工作，通常由养路道班在每年小修定额经费内，按月(旬)安排计划，每月进行预防养护和修补轻微损害部分。

中修是对工程设施的一般性磨损和局部损坏进行定期修理加固，以恢复原状的小型工程项目，通常由养路段按年(季)计划组织实施。

大修工程是对公路设施的较大损坏部分进行周期性的综合修理，以全面恢复到原设计标准，或在原技术等级范围内进行局部改善和个别增建以逐步提高公路通行能力的工程项目。通常由养路段或在林业局的帮助下，根据批准的年度计划和工程预算组织实施。

改善工程是对道路及其工程设施因不适应交通量和载重需要而分期逐段提高技术等级，或通过改善能显著提高通行能力的较大工程项目。通常由养路机构或上级养路机构根据批准的年度计划和设计预算来组织实施或招标来完成。

对于因自然灾害而造成的抢修和修复工程，可另列为专项处理。

5.3.2 林道养护管理的任务和内容

林道养护管理的任务主要是：经常保持公路的完好状态，及时修补损坏部分，保持行车安全、畅通，提高运输经济效益；提高道的工作质量，延长其使用年限，节省资金；逐步提高公路的使用质量和服务水平。

林道养护管理的主要内容是：道路小修保养的组织与管理，养路大、中修工程的组织与管理，道路工程技术改造的组织与管理，路政管理。

5.3.3 林区公路损坏现象及防治方法

(1)保护层磨损

由于行车速度变化使得路面保护层受力强度和方向发生变化而造成的损坏，通常出现挤向路边的砂粒，应及时扫回原处，添加备用材料或临时从路旁取材压实、压平整。该项为经常性养护工作。

(2)路面波浪起伏(搓板道)

路面不平或有突出物，造成行车震动，路面压力也随之周期变化，时间久之便形成路面波浪起伏，影响行车速度。该现象普遍存在，应及时清理维护。对于轻微的搓板的处置方法是将其刮平，添加较粗的粒料；对于严重的或者波谷深度大于 5cm 的搓板，要先清除松散料，刮平波浪，洒水润湿后填补整平，然后再恢复磨耗层和保护层。

（3）扬尘

由于路面的磨损而产生尘土，在风和行车作用下扬起飞尘，影响行车速度、易引发交通事故和造成环境污染等，因此，应经常洒水养护。持久的办法是定期喷洒氯化钙溶液进行防治。

（4）车辙

路面不坚实或雨后松软，行车后易留下较深的车辙槽，影响行车。因此，为防治车辙的形成，通常采取雨后限制通行、改善路面材料等措施。出现车辙应及时铲平压实。

（5）凹坑

在下坡道、弯道和村镇，由于汽车经常制动，造成道路早期磨损。在没有结合材料的碎石路面上由于车轮作用力的变化和轮后的真空吸力等原因，使得碎石松动、破损、剥落形成凹坑，影响行车安全、速度以及舒适性。对于凹坑应及时修复，轻则扫去杂物，洒水湿润，填补同样材料后夯实；重则应进行挖槽处理。

（6）冻隆和翻浆

在寒冷地区常会出现路面冬季冻隆和春融时翻浆，这与地下水位偏高有关。预防的要点是注意排水，提高路基或设置隔离层，减轻地下水与毛细水对路基的侵蚀；设置隔温层，减少冰冻深度，防止水的冻结及土壤的冻胀；必要时换土，用好土更换翻浆土。

（7）冰湖

在北方和西南高山林区，当冬季路面冻结层加厚，使地下水的过水面缩小，在地表薄弱处由于水体受压而涌出，形成层状积冰，称为冰湖。严重的冰湖现象会使车辆无法通行。防治冰湖一般按冰湖出现的位置不同设积水沟、积水坑，开挖冻结沟，设置挡冰墙、挡冰堤等。

（8）路基塌方

最常见的是滑坡性塌方。防止塌方的主要方法是调治地面水和地下水，使容易塌方处经常处于干燥状态，以减少土体的重力和渗透压力，增加滑落阻力。调治地面水或设置截水沟，使坡上流下的水绕过塌方危险部位，引到无害处。或用各种沟槽使水通过塌方处的下部排出。调治地下水的办法是设置暗沟，降低地下水位。此外，还可以采用挡土墙、打桩等设施维持土体的平衡。

5.4 林道施工机械

林区道路工程与一般道路工程的施工机械大同小异，不同的是林区道路以低等级道路居多，因此，一般林区道路工程较少使用大型复杂机械。本节介绍常用道路施工机械的基本用途和主要功能。

5.4.1 土方施工机械

土方施工机械主要用于林区道路路基的修筑以及低等级道路的日常维修保养，常见的土方机械有挖掘机、装载机、推土机、平地机、铲运机、压路机等。

（1）挖掘机

挖掘机（excavator）是用铲斗挖掘高于或低于承机面的物料，并装入运输车辆或卸至堆料场的土方机械。挖掘机有单斗和多斗之分。常见的为单斗挖掘机，即利用单个铲斗挖掘土壤或矿石的自行式挖掘机械。作业时，铲斗挖掘满斗后转向卸土点卸土，空斗返转挖掘点进行周期作业。单斗挖掘机可用于开挖建筑物或厂房基础，挖掘土料、剥离采矿场覆盖层，采石场、隧道内、地下厂房和堆料场等中的装载作业，开挖沟渠、运河和疏通水道，还可以更换工作装置而进行浇筑、起重、安装、打桩、夯实等其他作业。

单斗挖掘机按照其工作装置的动力原理不同可分为机械式和液压式，道路工程常用的为液压式单斗挖掘机，如图 5-16 所示。

（2）装载机

装载机（loader）是一种用途十分广泛的工程机械，它可以用来铲装、搬运、卸载、平整散状物料，也可以对岩石、硬土等进行轻度的铲掘工作，如果换装相应的工作装置，还可以进行推土、起重、装卸木料及钢材等。因此，它被广泛应用于建筑、公路、铁路、国防等工程中，如图 5-17 所示。

图 5-16　液压式单斗挖掘机　　　　图 5-17　装载机

（3）推土机

推土机（bulldozer）是一种多用途的自行式施工机械。推土机在作业时，将铲刀切入土中，依靠机械的牵引力，完成土壤的切削和推运工作。推土机可完成铲土、运土、填土、平地、松土、压实以及清除杂物等作业，还可以给铲运机和平地机助铲、预松土以及牵引各种拖式施工机械进行作业。主要分为履带式和轮胎式，如图 5-18、图 5-19 所示。

图 5-18　履带式推土机　　　　图 5-19　轮胎式推土机

（4）压路机

压路机（road roller）以机械本身的重力作用，使被碾压层产生永久变形而密实，可以碾压砂性、半黏性及黏性土壤、路基稳定土以及沥青混凝土路面层。压路机种类较多，包括单钢轮压路机、双钢轮压路机、羊足碾式压路机、轮胎压路机以及沟槽压实机等，部分类型带有振动功能，压实效果更佳。压路机主要类型如图5-20所示。

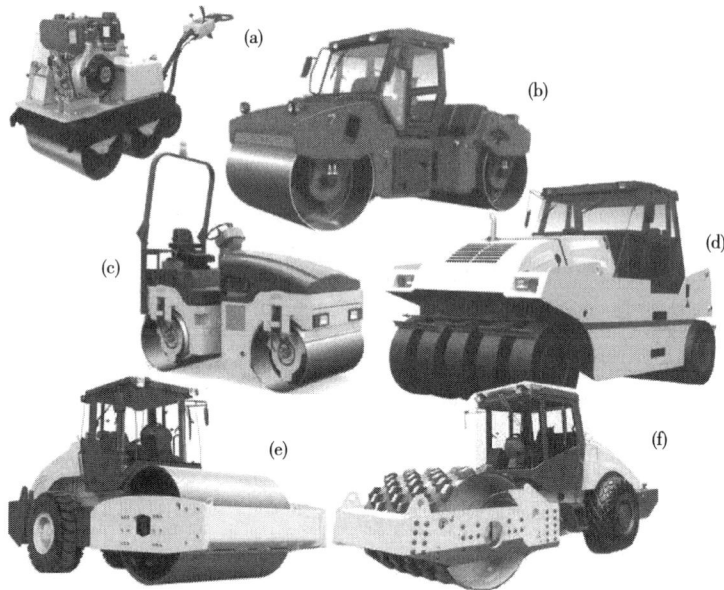

图 5-20　各种压路机

（a）沟槽压实机　（b-c）双钢轮压路机　（d）轮胎压路机　（e）单钢轮压路机　（f）羊足碾式压路机

5.4.2　道路施工机械

道路施工机械主要包括筑路工程物料拌和设备、路面摊铺机械及其他配套设备等，还包括路面铣刨机及沥青路面热再生机组等路面维修机械。

（1）物料拌和设备

现代道路铺筑工程中，一些筑路材料需要拌合在一起，以形成拌合土或混凝土。拌合机械设备分为施工现场的路拌机械和集中拌合的中心站两种形式。

①稳定土拌和机　又称路拌机（stabilization soil mixing machine），是一种在施工现场低速行驶过程中，就地破碎土壤，并与稳定剂（石灰或水泥等）均匀拌和的机械，如图5-21所示。

图 5-21　路拌机

②稳定土厂拌设备　采用中心站集中拌和法制备路基稳定土时使用稳定土厂拌设备作业，其特点是拌和加工配比精度高，拌和均匀，拌和质量要优于路拌机的作业质量，如图 5-22 所示。

③水泥混凝土厂拌设备（concrete mixer）是由搅拌主机、物料称量系统、物料输送系统、物料贮存系统、控制系统和其他附属设施组成的建筑材料制造设备，其工作的主要原理是以水泥为胶结材料，将砂石、石灰、

图 5-22　稳定土厂拌设备

煤渣等原料进行混合搅拌，最后制成混凝土，供施工现场使用。

④沥青混合料厂拌设备（mixing machine for asphalt mixture）是一种将不同粒径的骨料和填料按规定的比例掺在一起，用沥青作结合料，在规定的温度下拌和成均匀混合料的专用机械设备。常用的沥青混合料有沥青混凝土、沥青碎石、沥青砂等。在拌和过程中，必须对拌和材料进行烘干或加热，称为热拌和。相比之下，稳定土的拌和、水泥混凝土的拌合则称为冷拌和。

（2）路面摊铺设备

路面摊铺设备包括沥青混合料摊铺机、水泥混凝土摊铺机以及其他配套设备。

图 5-23　沥青混合料摊铺机

①沥青混合料摊铺机（asphalt paver）该机如图 5-23 所示。施工时，装有混合料的自卸车将混合料卸入摊铺机前部料斗内，摊铺机料斗内装置的刮板输送器将沥青混合料陆续刮送至尾部摊铺室内，再由螺旋分料器将物料横向摊开，随着摊铺机推着自卸车同步向前缓慢行驶，摊开的混合料被装在摊铺机尾部的振捣器初步捣实，接着被熨平器按摊铺宽度及厚度要求加以整平成型。摊铺好的路面经压路机碾压后就基本完成了路面铺筑。

②混凝土摊铺机（concrete paver）是把搅拌好的混凝土均匀地分布摊铺在路基上，经过捣实、整平和抹光等作业程序，完成混凝土铺筑成型的施工机械。

③其他常见配套设备　路面施工除了使用上述两种摊铺机外，还需要其他配套设备联合作业。例如，路面切割机，主要用于水泥路面伸缩缝的切割，以及水泥路面和沥青混合料路面的维修等，如图 5-24 所示；夯实机，主要用于狭小空间的土基夯实以及沥青混合料路面夯实等，如图 5-25 所示；混凝土搅拌运输车，带有搅拌功能，在运输混凝土过程中不断对混凝土搅拌，防止混凝土凝固，与水泥混凝土摊铺机配套使用，如图 5-26 所示。

图 5-24　路面切割机　　　图 5-25　夯实机　　　图 5-26　混凝土搅拌运输车

5.4.3　桥梁工程机械

林区桥梁工程多数为道路工程下的单位工程，且林区道路多数为低等级路，因此，林区桥梁以小桥、涵洞为主，施工所用机械与其他大中桥有所区别。本节简单介绍几种常规建桥机械设备，不限于小桥和涵洞。

5.4.3.1　桩工机械

桩工机械是用于各种桩基础、地基改良加固、地下挡土连续墙、地下防渗连续墙施工及其他特殊地基基础等工程施工的机械设备，其作用是将各式桩埋入土中，以提高基础的承载能力。

现代建桥用的基础桩有预制桩和灌注桩两种基本类型。前者用各种打桩机将预先制好的桩沉入土中，后者用钻孔机钻出深孔以灌注混凝土。

（1）预制桩施工机械

①打桩机　由桩锤和桩架组成，靠桩锤冲击桩头，使桩在冲击力的作用下贯入土中，故又称冲击式打桩机。根据桩锤驱动方式不同，可分为蒸汽、柴油和液压 3 种打桩机。

②振动沉拔桩机　由振动桩锤和桩架组成。振动桩锤利用机械振动法使桩沉入或拔出。

③静力压拔桩机　采用机械或液压方式产生静压力，使桩在持续静压力作用下被压入或拔出。

④桩架　桩架是打桩机的配套设备，桩架应能承受自重、桩锤重、桩及辅助设备等重量。桩架有简易桩架和多能桩架（或称万能桩架）两种。简易桩架具有桩锤或钻具提升设备，一般只能打直桩；多能桩架具有多种功能，即可提升桩、桩锤或钻具，使立柱倾斜一定角度，平台回转 360°，自动行走等，按行走机构不同，其桩架可分为滚管式、轨道式、轮胎式、汽车式、履带式和步履式等。图 5-27 为履带式打桩机正在施工。

（2）灌注桩施工机械

灌注桩的施工关键在于成孔，其施工方法和配套的施工机械有以下几种：①全套管施工法，即贝诺特法（Benoto），使用设备有全套管钻机；②旋转钻施工法，采用的设备是旋转钻机；③回转斗钻孔法，使用回转斗钻机；④冲击钻孔法，使用冲击钻机；⑤螺旋钻孔法，常使用长螺旋钻机和短螺旋钻机。图 5-28 所示为旋转钻机正在钻孔。

图 5-27　履带式打桩机

图 5-28　旋转钻机

5.4.3.2　水泥混凝土机械

　　水泥混凝土机械分为拌合机械、运输机械和密实成型机械。混凝土输送泵是常用的混凝土运输机械，用于垂直和水平方向输送混凝土。混凝土泵车（pump truck）是其中一种，如图 5-29 所示。它由汽车底盘、混凝土泵和布料装置组合。混凝土泵利用汽车发动机的动力，将混凝土泵送到一定的高度与距离，适合于大型基础工程和零星分散工程的混凝土输送。

5.4.3.3　起重机械与架桥设备

　　（1）起重机械

　　起重机械是一种作循环、间歇运动的机械。一个工作循环包括：取物装置从取物地把物品提起，然后水平移动到指定地点降下物品，接着进行反向运动，使取物装置返回原位，以便进行下一次循环。

　　通常，起重机械由起升机构（使物品上下运动）、运行机构（使起重机械移动）、变幅机构和回转机构（使物品做水平移动），再加上动力装置、操纵控制装置及其他必要的辅助装置组合而成。

　　建桥工程中所用的起重机械一般分为轻小型起重设备、桥架类型起重机械和臂架类型起重机械 3 大类。轻小型起重设备如千斤顶、起重葫芦、卷扬机等。桥架类型起重机械如梁式起重机、龙门起重机等。臂架类型起重机械如固定式回转起重机、塔式起重机、汽车起重机、轮胎或履带式起重机等。图 5-30 为汽车起重机（truck crane）。

图 5-29　混凝土泵车

5-30　汽车起重机

（2）架桥设备

架桥设备是一种将预制钢筋混凝土(或预应力混凝土)梁片(或梁段)，吊装在桥梁支座上的专用施工机械。目前我国的公路架桥设备可以分为导梁式架桥设备、缆索式架桥设备和专用架桥机 3 大类。

①导梁式架桥设备　这类架桥设备是利用贝雷架(或万能杆件、战备军用桁梁)拼装成的导梁作为承载移动支架，再配置部分起重装置与移动机具来实现架梁。

②缆索式架桥设备　这类架桥设备是利用万能杆件，或者圆木拼成索塔架式"人"字形扒杆，用架设的钢丝绳组成吊装设备和行走装置，将梁架设在墩台上，直接就位或横移就位。

③专用架桥机　专用架桥机(bridge girder erection machine)是在导梁式架桥设备的基础上，通过对其结构和起吊、行走设备进行改善而发展起来的专用施工机械，按导梁形式可分为双导梁型和单导梁型两种。

双导梁型架桥机目前在公路架桥机中应用最广泛，其导梁的承载能力强，整机横向稳定性能较好。单导梁型架桥机具有结构紧凑，对曲线及斜交桥梁适应能力强，容易实现架设外边梁等特点，其横移一般靠导梁整机横移来实现移梁、落梁工序。图 5-31 所示为单导梁型架桥机，图 5-32 所示为双导梁型架桥机。

图 5-31　单导梁型架桥机

图 5-32　双导梁型架桥机

复习思考题

1. 林区公路与普通公路有何区别？林道网与公路网有何区别？
2. 道路是一种带状建筑物，如何描述其三维形状？
3. 道路路基和路面在几何结构上、受力上有什么关系？
4. 你见过道路或桥梁施工现场吗？有何体会？
5. 道路的设计、施工、运营、养护之间是什么关系？
6. 你观察过道路的哪种损坏现象？如何进行修补？
7. 以你所见，在道路工程中，土方施工机械是否主要用于路基施工，而道路施工机械主要用于路面施工？为什么？
8. 各种行走式施工机械一般采用哪种动力装置？采用哪些行走方式？工作装置有何不同？

推荐阅读文献

1. 许恒勤，张泱．林区道路工程．哈尔滨：东北林业大学出版社，2003．

2. 王首绪，杨玉胜，周学林，等．公路施工组织及概预算．北京：人民交通出版社，2008．

3. 杨春风，欧阳建湘，韩宝睿．道路勘测设计．北京：人民交通出版社，2014．

4. 张海鹰．公路工程．北京：中国铁道出版社，2013．

5. 黄晓明，许崇法．道路与桥梁工程概论．北京：人民交通出版社，2014．

6. 任征．公路机械化施工与管理．北京：人民交通出版社，2011．

7. 李亚东．桥梁工程概论．成都：西南交通大学出版社，2014．

8. 马立杰，王宇亮．路基路面工程．北京：清华大学出版社，2014．

第 6 章

林区运输工程

【本章提要】本章介绍道路运输、水路运输和物流系统。重点介绍了道路运输的特点、发展概况、运材汽车、木材公路运输的组织与管理、公路运输工作过程。简要介绍了木材水路运输的特点、木材流送、木材排运和船运及其工艺过程。介绍了物流系统、物流工程的概念和内容、以及森工物流系统的组成和作用。

林区运输工程是林区社会经济发展的重要基础设施，它对林区的开发建设和生产具有重要的意义和影响。由于林区地理位置和林业生产的特殊性，决定了林区运输工程不同于一般的交通运输工程，其建设管理和应用有着独特之处。林区运输工程主要包括道路运输、水路运输和森工物流系统 3 个方面。

6.1 道路运输

6.1.1 道路运输的特点与类型

道路运输是在道路上进行客货运输活动，它是综合交通运输体系的重要组成部分。综合运输体系包括铁路运输、道路运输、水路运输、航空运输和管道运输等。

6.1.1.1 道路运输的特点

与其他运输方式相比，道路运输具有以下显著特点。

(1)机动灵活，适应性强

一是空间上的灵活性。由于道路运输网一般比铁路、水路网的密度要大十几倍，且分布面广，因此道路运输车辆可以做到"无处不到、无时不有"。二是时间上的灵活性。汽车货物运输作业环节简短，可随时调度、装运，运输时间可灵活安排，可实现即时运输。三是运输批量上的灵活性。汽车可接受的启运批量小，对客、货运输量的大小具有很强的适应性和灵活性。四是运行条件的灵活性。道路运输服务的范围不仅仅局限在等级公路上，还可延伸到等外公路(如林区便道)，甚至许多乡村便道也在辐射范围内。五是服务上的灵活性。汽车运输能够根据货主或旅客的具体要求提供个性化的服务，最大限度地满足不同性质的货物运送与不同层次旅客的需求。

(2)可实现"门到门"直达运输

由于汽车体积较小，既可沿路网运行，又可离开路网深入到工厂企业、农村田间、城市居民住宅等地，即可以把旅客和货物从始发地门口直接运送到目的地门口，实现"门到门"直达运输。

（3）中短途运送速度较快

在中、短途运输中，道路运输一般中途不需要倒运、转乘就可以直接将客货运达目的地，故其客、货在途时间较短，运送速度较快。

（4）原始投资较少

道路运输与铁路、水路、航空运输方式相比，所需固定设施简单，车辆购置费用较低。因此，投资兴办容易，投资回收期较短，一般道路运输的投资每年可周转 1~3次，而铁路运输则需要 3~4 年才能周转一次。

（5）驾驶技术较易

相对于火车或飞机的驾驶培训要求来说，汽车驾驶技术比较容易掌握，对驾驶员各方面素质的要求相对比较低。

（6）运量较小，单位运输成本较高

与火车、轮船少则几百吨，多则几千吨或数万吨的大运量相比，汽车的运量要小得多。普通汽车的运量仅有几吨或数十吨。由于林区道路等级较低，大多为三、四级线，一般只能通行中小型汽车，其运量多在 20t 以下。由于汽车载重量小，行驶阻力比铁路大 9~14 倍，所消耗的燃料多为价格较高的汽油或柴油。因此，除了航空运输外，汽车运输成本是最高的。

（7）运行持续性较差

在各种现代运输方式中，道路的平均运距是最短的，运行持续性较差。如我国2015 年公路平均货运运距为 183.99km，铁路平均货运运距为 780km。

（8）安全性较低，污染环境较大

由于道路运输条件较复杂，汽车行驶受自然气候、地形地貌及交通状况的干扰影响较大，道路运输的安全性通常比火车、轮船和飞机低，其事故率最高。大部分汽车使用的燃料都是汽油或柴油，汽车所排放出的大量有害尾气和产生的噪声已成为城市及林区环境的主要污染源之一。目前城市空气中出现的 PM2.5 污染物与汽车所排放出的大量有害尾气密切相关，其对人类的健康造成严重的威胁。

6.1.1.2　道路运输类型

道路运输包括道路旅客运输和道路货物运输两种。道路客运是指用客车运送旅客，包括班车客运、包车客运和旅游客运；道路货物运输是指以载货汽车为主要运输工具，通过道路使货物产生空间位移的生产活动，包括零担货物运输、整车（批）货物运输、集装箱货物运输、特殊货物运输等。林区道路运输以货运为主，其中尤以木材及其他林副产品（制品）和生产资料的运输为主，只有少量旅客运输。

6.1.2　道路运输的发展

1950—1952 年，中华人民共和国成立后新建公路 3 846km，改建公路 18 931km，加上恢复通车的公路，全国公路通车总里程近 13×10^4km。到 20 世纪 60 年代末，全国公路通车里程达到 89×10^4km，其中干线公路 23.7×10^4km、县乡公路 58.6×10^4km、企事业单位专用公路 6.6×10⁴km。公路等级普遍很低，发展缓慢。

改革开放后，我国公路建设加快。1985 年，中国公路总里程突破百万千米；到 1990 年底达到 102.83×10⁴km，其中高速公路 522km、一级公路 2 617km、二级公路 42 177km。随后，高速公路的建设迅猛发展。1995 年，我国高速公路达到 2 141km；1998 年末达到 8 733km，居世界第 6 位；1999 年 10 月，突破了 10 000km，跃居世界第 4 位；2000 年末，达到 16 000km，跃居世界第 3 位。到 2001 年底，全国公路通车总里程已达 169.8×10⁴km，居世界第 4 位；高速公路总里程达 19 437km，跃居世界第 2 位。2004 年 8 月底高速公路突破了 30 000km。至 2009 年 6 月底，已经建成高速公路 48 896km。到 2013 年，全国公路总里程达到 435.62×10⁴km，其中高速公路 10.44×10⁴km。

在 1978—2007 年的 30 年间，中国公路客运年周转量从 521.3×10⁸ 人·km 增加到 11 506.8×10⁸ 人·km，增长了 21.1 倍，远高于整个客运业的平均发展速度。

在公路客运增长的同时，公路的货运周转量也在快速增加，从 1978 年的 274.1×10⁸t·km，增加到 2007 年的 11 354.7×10⁸t·km，增长了 40.4 倍。2007 年，公路货运周转量占到整个交通运输行业货运周转总量的 11%。

到 2013 年，中国公路旅客周转量达到 19 706×10⁸ 人·km，公路货运周转量达到 55 738×10⁸t·km。预计到 2020 年，公路客运的年周转量将达到 36 872.55×10⁸ 人·km，公路货运周转量将达到 61 649.69×10⁸t·km。

1978 年，公路的客运平均运距为 35km，2007 年增加到 56km，2013 年达 61km；相应年份的货运平均运距则分别为 32km、69km 和 181km。

6.1.3 汽车车辆

（1）汽车组成

汽车是由自带动力装置驱动，具有 4 个或 4 个以上车轮，不依靠轨道和架线在陆地上行驶的运载工具。由于我国最早出现的这种车辆多采用汽油发动机，所以称之为汽车。

汽车通常由车身、动力装置、底盘和电器仪表等部分组成。客车车身是整体车身，货车车身一般包括驾驶室和各种形式的车厢；动力装置包括发动机及其燃料供给系统和冷却系统；底盘包括传动系（离合器、变速器、万向传动装置、驱动桥）、行驶系（车架、轮胎及车轮、悬架、从动桥）、转向系（带转向盘的转向器及转向传动机构）和制动系（制动器和制动传动机构）；电器仪表包括电源、发动机的启动系和点火系，以及汽车照明、信号、仪表等电气设备。

（2）汽车分类

我国国家标准《机动车辆及挂车分类》（GB/T 15089—2001）将机动车辆和挂车的类型分为 L、M、N、O 和 G 5 类。L 类为两轮或三轮机动车辆，M 类为至少有 4 个车轮并且用于载客的机动车辆，N 类为至少有 4 个车轮并且用于载货的机动车辆，O 类是挂车（包括半挂车），G 类指越野车。其中 M 类和 N 类汽车的分类情况见表 6-1。

表 6-1　汽车分类（GB/T 15089—2001）

M 类（客车）				N 类（货车）		
类别	名称	座位数（个）	厂定最大总质量（t）	类别	名称	厂定最大总质量（t）
M1	小型客车	≤9	≤3.5	N1	轻型货车	≤3.5
M2	中型客车	>9	≤5	N2	中型货车	3.5~12
M3	大型客车	>9	>5	N3	重型货车	>12

　　厢式汽车、罐式汽车、仓栅式汽车、运材汽车等专用汽车以及由多节车辆组成的汽车列队（汽车加挂挂车称为汽车列队或列车）都属于载货车辆的范畴。载客车辆中包括轿车、微型客车、轻型客车、中型客车、大型客车以及特大型客车（如铰接客车、双层客车等）。

　　（3）汽车型号表示方法

　　我国汽车产品型号表示方法如图 6-1 所示。

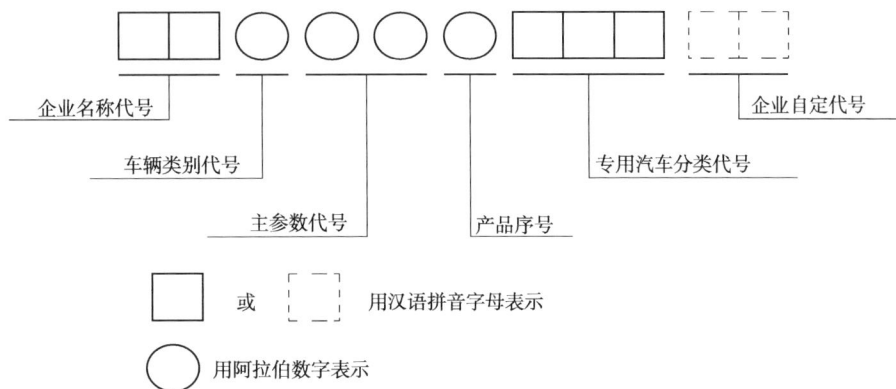

图 6-1　汽车产品型号表示方法

　　企业名称代号一般由企业名称头两个汉字的第一个拼音字母表示。

　　车辆类别代号：1—货车；2—越野汽车；3—自卸汽车；4—牵引汽车；5—专用汽车；6—客车；7—轿车；8—（暂空）；9—半挂车及专用半挂车。

　　主参数代号：货车、越野汽车、自卸汽车、牵引汽车及半挂车均用车辆总质量（t）表示；客车为车辆长度（m），小于 10m 时，应精确到小数点后一位，并以其值的 10 倍数表示；轿车为发动机排量（L），精确到小数点后一位，并以其值的 10 倍数表示。

　　专用汽车分类代号：X—厢式汽车；G—罐式汽车；T—特种结构汽车等。第二、三格为表示其用途的两个汉字的第一个拼音字母。

　　例如，CA1091 表示中国第一汽车集团公司所产 9.31t 货车（第二代）；JS6820 表示江苏亚星集团公司所产长度 8.2m 中型客车；TJ7100 表示天津微型汽车厂生产的排量 0.993L 的轿车。

（4）汽车性能指标

汽车的主要性能指标有以下 5 项：

①容载率　客车包括座位数和站立乘客数；货车以最大的装载质量表示。

②比功率　发动机所标定的最大功率（kW）/厂定最大总质量（t）。

③最高车速　在规定装载质量下，行驶在水平良好的路面上，变速器在最高挡位，节气门全部打开时，车辆稳定行驶的最大车速。

④燃料消耗量　在规定的装载质量下，单位行驶距离所消耗的燃料（L/100km）。

⑤制动距离　在规定的装载质量下，以一定的车速行驶时，实施紧急制动，自踩制动踏板开始到车辆完全停止车辆所走过的距离（m）。

6.1.4　运材汽车

运材汽车是指用于运输木材的各种车辆，它属于特种车辆范畴。

6.1.4.1　运材汽车分类

运材汽车的类型主要有 4 种，即普通运材汽车、专用运材汽车、牵引车和运材挂车。

（1）普通运材汽车

它是由普通公路货车改装而成，即通过拆掉货车的货箱，增加驾驶室护栏、装车平台、木材转向承载装置、载运挂车回空装置等方式改装而成，如由 CA-141、CA-10C、EQ-140 及进口的 T-148、LT-110 等车辆改装而成的运材车。

（2）专用运材汽车

专用运材汽车的结构特征是：轴距较短、全桥驱动的双轴汽车；自带木材转向承载装置和载运挂车回空的稳固装置、提高功率的增压装置；有的还装有自装卸设备，重型汽车具有液力变扭器，传动系统中有副变速器，车架后悬较短。如德国制造的奔驰 2624，前苏联制造的 MA3—509、KpA3—255 均为专用运材车辆。

目前，我国还没有自己制造的木材专用运输汽车，中型运材汽车几乎都是由国产的 CA141 和 EQ140 型载重汽车改装而成，少数由国外进口的载重汽车改装而成。

（3）牵引车

牵引车没有货台，但装有支撑连接装置，用来与半挂车连接销连接，组成鞍式运材汽车列车。它不能独立从事运输生产，须与半挂车共同完成运输任务。

（4）运材挂车

木材的特性决定了运材挂车的性能要求与普通汽车挂车有明显的区别。首先，它应满足木材规格要求，具有良好的牵引力和制动力传递性能，与道路平、纵曲线的适应性；其次，还要具备良好的耐磨性和高强度车身结构及维修方便性。

运材挂车按结构形式主要分为全挂车、半挂车、长货挂车和载重挂车，如图 6-2 所示。针对不同的木材类型，可组成相应的运材汽车列车，汽车列车组合方式如图 6-3 所示。

除此之外，有些地方（如福建省）还使用农用车、手扶拖拉机及由拖拉机改装而成的"驴车"等车辆作为运材车辆，主要用于伐区短途运输木材。

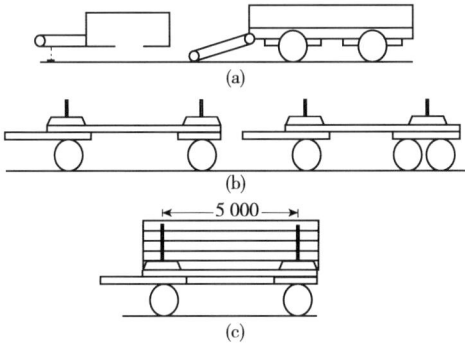

图 6-2　运材挂车示意

(a)普通货运全挂车　(b)长货全挂车　(c)运材全挂车

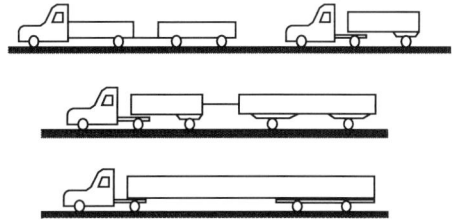

图 6-3　汽车列车组合示意

6.1.4.2　运材汽车工艺设备

运材汽车工艺设备是指为方便运输木材而在汽车上安装的各种设备，如木材承载装置、驾驶室护栏、装车平台、稳定载运挂车回空的稳固设施、自装自卸设备等。

（1）木材承载装置

是为了运输长材而在改装后的汽车或挂车上安装的设备，由承载梁、车立柱、车立柱开闭器、转盘和斜拉索构成，如图 6-4 所示。

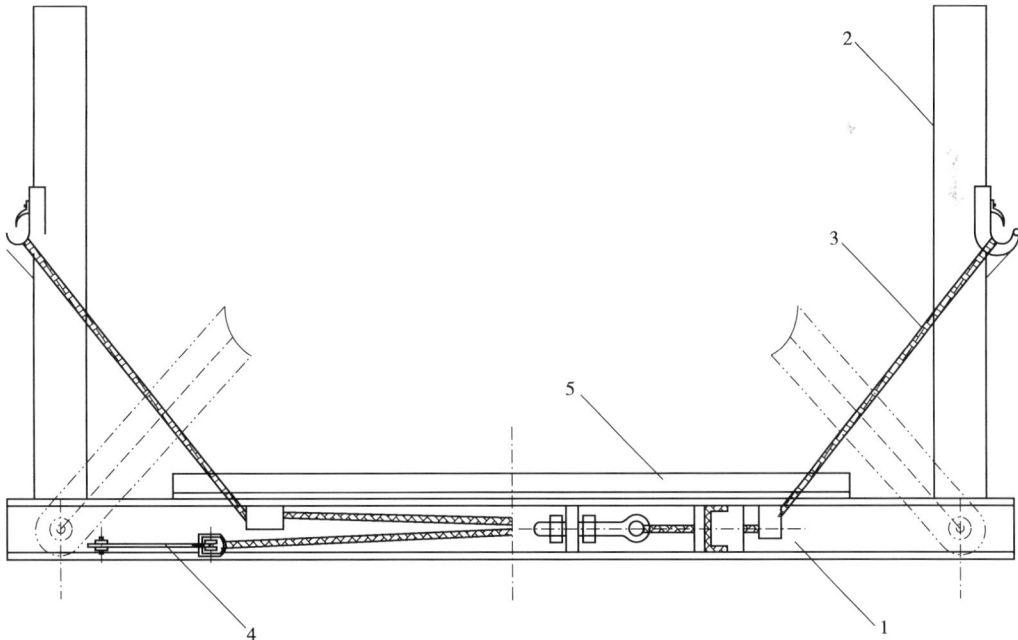

图 6-4　木材承载装置

1. 承载梁　2. 车立柱　3. 斜拉索　4. 开闭器　5. 卡木齿

（2）驾驶室护栏

护栏安装在驾驶室后壁板后一定距离的车架上。主要功用是防止木材冲击驾驶室，防止装卸木材时撞击驾驶室。

6.1.5 木材公路运输组织与管理

科学合理的公路运输组织和现代化的管理方式，是保证运输最大经营效益的主要手段。

6.1.5.1 木材公路运输组织方法

木材运输组织方法主要有 3 种，即直达行驶法、分段行驶法和甩挂运输组织法。

(1)直达行驶法

直达行驶法是指每辆汽车装运木材由起点(如采育场、林场)经过全线直达终点(如木材加工厂、贮木场、木材交易市场等)，卸货后再空车或装货返回，货物(木材)中间不换车。其特点是整个运输过程中木材无需中转换装，可减少货物(木材)装卸作业劳动量及木材装卸造成的损伤，运输效率高，节省时间。直达行驶法适用于货流稳定、但运量不大的木材货运任务，在南方林区，如福建省的木材运输基本上都采用直达行驶法。

(2)分段行驶法

分段行驶法是指将货物(木材)全线运输路线适当分成若干段(也称为区段)，每一区段均由固定的车辆工作，在区段的衔接点(如贮木场、中间楞场)，货物由前一个区段的车辆转交给下一个区段的车辆接运，每个区段的车辆不超出本区段工作。分段行驶法的工作特点是：当采用牵引车和半挂车运输货物时，货物在路段衔接处只需换牵引车即可，避免了货物多次倒装，减少货损货差现象。分段行驶法适用于运输距离较长、运量大的木材货运任务。

(3)甩挂运输组织法

甩挂运输也称作甩挂装卸，是指汽车列车在运输过程中，根据不同的装卸和运行条件，由载货汽车或牵引车按计划更换拖带挂车继续行驶的一种运行方式。甩挂运输适用于运输量大、运输条件较好的木材运输任务。

6.1.5.2 汽车行驶路线类型及其选择

在满足木材货运任务要求的前提下，如何选择经济、合理的行驶路线，是组织车辆运行的一项十分重要的工作。

(1)汽车行驶路线的种类

货运车辆行驶路线可分为往复式、环形式、汇集式和辐射式 4 种类型。其中前两种主要用于大宗货物和特殊货物(如原木)的运输，而后两种主要用于零担货物的运输。

①往复式行驶路线　该路线指在运输过程中，车辆在某线路两端的货运点之间往复行驶的线路类型。又可分为单程有载往复式、回程部分有载往复式和往返双程有载往复式 3 种。林区内部运输基本属于该类型。

②环形式行驶路线　该路线指车辆在由若干个装卸作业地点所组成的封闭回路上，作连续单向行驶的线路。由于货运任务、装卸点位置的不同，从而构成不同的环形式路线，因此，它又可细分为简单式环形行驶线路、交叉或三角环形行驶线路和复合式环形行驶线路等 3 种形式。

③汇集式行驶路线　是指按单程进行货运生产组织的车辆行驶的线路。车辆由起

点出发，在货运任务规定的各货运点依次进行装(卸)货，并且每运次装(卸)货量都小于一整车。汇集式运输时，车辆可能沿一条环形线路运行，也可能在一条往复式线路上往返运行。汇集式运输可细分为分送式、收集式和分送收集式3种行驶线路形式。

④辐射式行驶路线 是指货物由某一地点运往不同方向的收货点，或由不同方向发货点运往同一收货点而形成的车辆行驶路线，实际上它是由若干往复式行驶线路组合而成的线路。在城市货运工作中，车站、码头的货物集散，以及煤炭、粮食仓库的煤、粮分运工作，一般都采用辐射式运行线路。

(2)汽车行驶路线的选择

由于影响运输路线选择的因素较多，考虑问题的侧重点(或目标)不同，运输路线选择也不一样，目前运输路线问题没有普遍适用的解决方案。在实际工作中，需根据实际情况选择合适的模型和算法进行解决。运输路线问题的求解方法有图上作业法、表上作业法、Dijkstra算法、蚁群算法、遗传算法等多种方法，可参阅运筹学文献中有关运输问题、最短路径问题、旅游者问题等方面的论述。

6.1.5.3 运输车辆的选择

运输车辆的选择，主要是指根据货物(木材)的种类、特点及批量来合理地选择车辆类型及载量大小。车辆选择的主要原则是保证运输费用最小。影响运输费用的因素较多，主要包括货物的类型、特性与批量，装卸方法，道路与气候条件，货物运送速度，运输工作的劳动、动力及材料消耗量等。

(1)车辆类型的选择

车辆类型的选择主要是根据运输货物的特点、要求和运输条件来选择通用车辆还是专用车辆。通常采用比较其生产率或成本的方法，即计算等值运距的方法。

等值运距，即专用车辆与通用车辆的生产率或成本相等时的运距。对于相同的货运任务及车辆而言，生产率等值运距和成本等值运距的计算方法相同，但以生产率等值运距确定较为简单。

生产率等值运距可利用图解法确定，如图6-5所示。当货运任务的运距大于等值运距 L_w 时，可选择通用车辆运输，以提高生产率；而当货运任务运距小于等值运距 L_w 时，则应选用专用车辆。

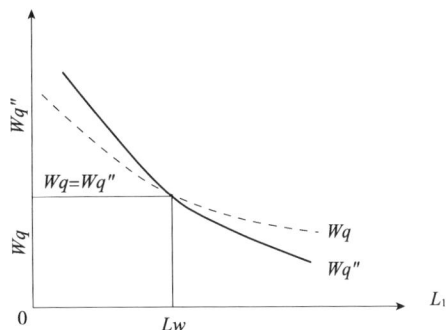

图6-5 图解法确定等值运距示意

(2)车辆载重量的选择

确定车辆最佳载重量的首要因素是货物批量。对于大批量货物运输，在道路法规允许的范围内应采用载重量大的车辆，而当货物批量小时则相反。

(3)运材汽车选型

运材汽车选型应根据木材生产类型、道路状况、汽车结构和性能等条件进行选择，并以运营费用最低为原则。选型方法通常有经验法和经济效果评价法两种。

经验选型方法是以各种汽车的使用经验为依据，综合评价各种车型的使用性能。

主要是根据木材运输类型，综合分析汽车的驱动形式、发动机类型、发动机功率、轴距、最高车速、额定载量和轮胎型号等各项指标，来选择适合的车型。

经济效果评价方法是以工程经济学中的财务分析为基础，从固定成本和可变成本分析中，寻求汽车投资回收期短、财务内部收益率较高、财务净现值较大、效益费用比大于1的汽车选型方法。该方法适合于专门从事木材运输的企业进行汽车车辆选型。

6.1.6 汽车运输工作过程及术语

6.1.6.1 汽车运输工作过程

木材运输工作过程是指木材(货物)被移动的过程。通过运输，木材(货物)在一定时间内实现空间上的位移，即完成运输工作。一个运输过程，一般包含以下4个主要工作环节：

①准备工作　向起运地点提供与运输对象相适应的运输车辆。

②装载工作　在起运地点(或场站)装载货物(木材)。

③运送工作　自起运地点，按照一定的线路向目的地运送运输对象(木材)。

④卸载工作　在运送目的地卸载货物(木材)。

6.1.6.2 公路汽车运输基本术语

(1)运次

通常将包括准备、装载、运送和卸载等4个工作环节在内的一个循环运输过程称为运次。

(2)车次(单程)

如果在完成运输工作的过程中，车辆自始点行驶到终点，途中存在车辆停歇并存在货物(木材)装卸，则这一运输过程称为车次或单程。在一个车次中每经历一次中途停歇(伴有货物装卸)，便经历了一个运次，因而一个车次是由两个或两个以上的运次所组成。

(3)周转

若车辆在完成运输工作过程中，又周期性地返回到第一个运次的起点，那么这个运输过程称为周转。一个周转可能由一个运次或几个运次组成。周转的行车路线，通常称为循环回路。

(4)运量

汽车运输在每一运输过程(运次或车次)中，所运送的货物重量称为货运量(通常按t计，木材运输按 m^3 计)，所运送的旅客人数称为客运量(通常按人次计)。货运量和客运量统称为运量。

(5)周转量

运量与相应货物或旅客被移动的距离的乘积，通常称为周转量。其计量单位是 t·km(木材运输有时按 m^3·km)或人·km。汽车运输中 1t·km 相当于 10 人·km，以 m^3·km 计算的木材运输周转量可按木材密度进行 t·km 单位的转换。

(6)运输量

一般将汽车运输完成的运量及周转量统称为运输量，亦作为产量。故运输量或产量分别包括运量和周转量两种指标，而不是指运量和周转量之和。

（7）车日

车日指营运车辆在企业内的保有日数。营运车辆系指企业专门用于从事营业性运输的车辆，不包括企业拥有的非营运车辆（如公务车、教练车、急救车等）。在统计期内，企业所有营运车辆的车日总数，称为总车日。

根据企业营运车辆的技术状况，总车日 U 可以分为完好车日（U_a）和非完好车日（U_n），其中完好车日又包括工作车日（U_d）和待运车日（U_w），非完好车日则包括保修车日（U_{mr}）和待废车日（U_b）。由于待运车日、保修车日和待废车日中，车辆均处于非运输作业或停驶状态，因而这 3 种车日又统称为停驶车日（U_p）。因此，总车日又可由停驶车日和工作车日组成。上述各种车日的构成可以用图 6-6 表示。

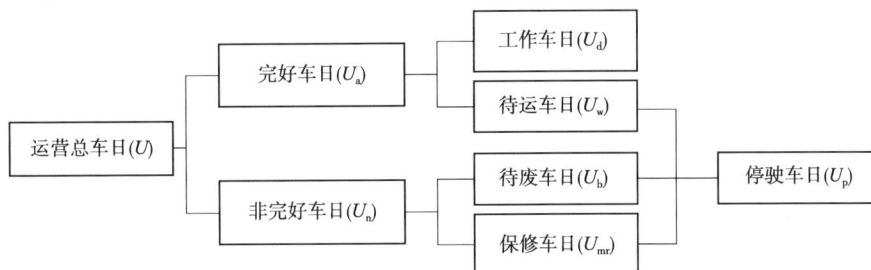

图 6-6　运营车日构成示意

（8）车时

即"车辆小时"，指营运车辆在企业内保有的小时数。企业所有营运车辆的车时总数，等于营运车辆与其在企业保有日历小时数的乘积，也称作营运车时。同车日一样，营运车时的构成也可以按车辆所处的状态进行划分，如图 6-7 所示。

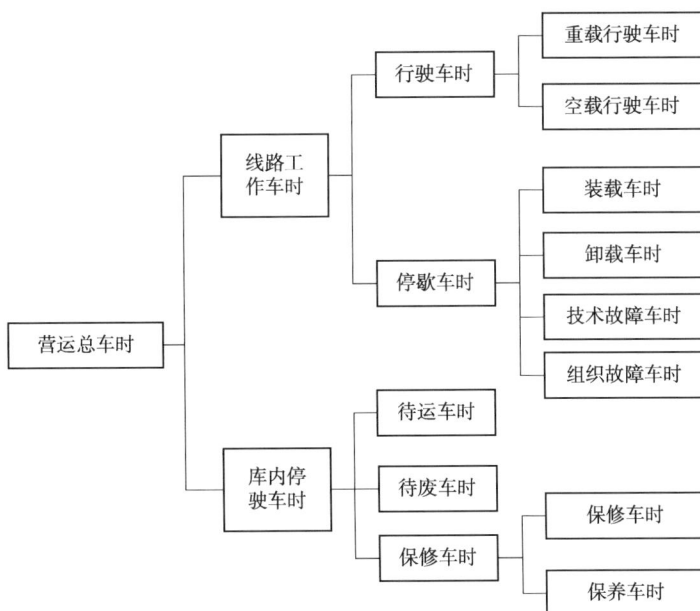

图 6-7　运营总车时构成

6.2　水路运输

木材水路运输是指利用河流、水库、湖泊及海洋等水路条件，依靠水流产生的动力或船舶完成木材运输的一种运输方式。木材水运方式主要有单漂流送、排运和船运3种。由于木材水路运输具有其他运输方式无法比拟的诸多优点，所以它在我国木材运输中占有一定的位置。

6.2.1　木材水路运输特点

(1)基本建设投资小收益大

木材水运是利用天然河道，只用少量基建投资，将河道的限制段稍加整治和修建一些必要的工程设施，河道的通过能力就可倍增，效果显著。在运材量几乎相同的情况下，水运的基建投资一般仅为陆运投资的10%左右，且投资回收期短，收益大。

(2)运量大

与其他任何运输方式相比，木材水运具有运量大的优点。例如，原四川省大渡河木材水运局曾在5个月内采用单漂流送的方式流送木材 $100 \times 10^4 m^3$；轮拖木排的体积一般为 $2\,000 m^3$，一些较大河川及沿海的木排运输，一次可拖运 $10\,000 m^3$ 以上。

(3)运输成本低

水路运输成本比铁路和公路的运输成本低。据统计，一般木材水运的成本为铁路运输的 $1/2 \sim 1/10$，为公路运输的 $1/8 \sim 1/20$。

(4)燃料能源消耗少

在木材单漂流送和人工排运中，基本上不需要消耗燃料能源。轮拖排运中，其耗油量仅为汽车运输的 $1/15 \sim 1/30$。据统计，水运、铁路、汽车运输耗油量的比例为1：4：17。

(5)单位功率的效果大，运输工具占用少

拖船的单位功率拖运木材量约为 $75 m^3/kW$；在单漂流送和人工排运中，无需运载工具，只需辅助作业用的船舶和机械。轮拖木排，一艘拖轮可拖运 $2\,000 m^3$，相当于400辆5t汽车或40节50t火车厢的运量。

(6)污染小，占用农田少

木材单漂流送和人工排运一般不消耗燃料，基本上不产生污染。轮拖排运和船运耗油比陆运少得多，其污染也较小。同时，大部分水运工程设施建在河流和水域中，占用农田少。

木材水运的主要缺点是：①水运周期较长；②在单漂流送中，木材易沉没，损失较大；③大密度木材浮力小，流送困难；④水运不如陆运准时，并且容易发生意外事故；⑤运输线路由河川流向决定，多数为单向运输；⑥水运工作条件差，受气候、季节性影响大。

6.2.2　运输河道

6.2.2.1　运输河道的分类

木材运输(流送)河道,根据其特点,可按以下几种方法进行分类。

①按流域面积的大小、年平均最大流量分为小河、中河和大河 3 类。

②按地理、地形、水文特征和水面比降分为平原、丘陵和山岳 3 类。

③按年内径流分配特征分为春汛类、春汛和夏洪类、夏洪类 3 种。

④按河面宽度由大到小和水深由深到浅分为 Ⅰ ~ Ⅴ 等,共 5 等河流。

⑤按河道是否经过人工治理分为 3 级河流。

应该指出,天然河川的型、类、等是根据自然条件划分的,而河川的级别则是根据河道整治情况来评定的。同一河川,其各个河段的等级不一定相同。河道经过治理,其等级可以上升;反之,年久失修或遭破坏,其等级会降低。

6.2.2.2　木材流送线路参数

流送线路的基本特征包括河道的宽度、水深、弯曲半径、桥下净空高度等,它决定单漂流送与木排流送物体的吃水深度、宽度和最大长度等参数。

(1)流送物体吃水深度

漂浮的木材沉入水中的深度,即吃水深度。木材底部与河床间的距离为流送后备水深,单漂流送时应大于 0.15m,排运时应大于 0.20m。

(2)流送物体宽度

河道宽度限制流送木材和木排的允许宽度。单漂流送、放排和拖运时的允许宽度各不相同。

在单漂流送过程中,流送线路宽度应大于原木最大长度加上后备宽度。对放排,其流送线路的宽度应大于流送木排的最大对角线长度,如图 6-8 所示。在通航河川上拖运木排或驳船时,流送线路宽度应大于木排宽度与船队的宽度之和加上后备宽度。

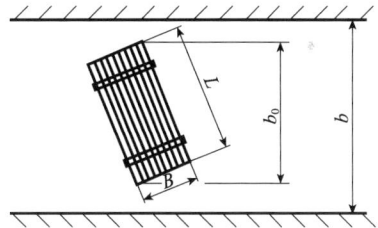

图 6-8　木排流送线路宽度

(3)流送物体的最大长度

取决于流送线路的最小曲率半径。船舶或木排的允许最大长度一般为线路曲率半径的 1/5 ~ 1/6,单漂流送的木材长度应在河道线路曲率半径的 1/3 以内。

(4)桥下净空高度

在流送线路上如遇到桥梁,应考虑到木材或通航船舶在最高水位时,仍具有一定的空间尺寸,以保证船舶及木排的顺利通过。

6.2.3　木材流送

林区一般距木材使用地较远,大多陆运条件差,充分利用一些中、小河川通过单漂或排运(放运小木排、排节或筏)的方式将木材运出,既经济又合理,有时也是唯一的木材运输方式。

6.2.3.1 单漂流送

单漂流送是将单根木材推入流送河道之中，利用木材的浮力和水流的动力将木材流送到终点。密集的木材顺流而下，好像放牧的羊群，所以也称为"赶羊流送"。

（1）单漂流送的特点

单漂流送的主要特点是运量大、速度快、成本低、无需运载工具、对流送河道的治理要求简单等。但是，单漂流送也存在着障碍通航、损失率大、木材容易变质等缺点。所以，单漂流送只能在不通航或短期通航的河道上进行。

（2）单漂流送的工艺过程

单漂流送的工艺过程主要有：到材、归楞、推河、流送、收漂。

①到材　在流送之前，将需要流送的木材集运到河边的推河场地称为到材。可采用森林铁路、汽车、索道、拖拉机、平板车和人工等方法将木材运到河边推河场地。

②归楞　将河边推河场地所到的木材，按照贮存和推河作业的要求，堆放成一定形式的楞堆（如马莲垛楞、格式楞、层式楞、密实楞等），以满足迅速推河的要求。

③推河　推河作业就是将楞堆木材通过人工或机械的方式推入流送河道中。人工推河采用捅钩、撬棍、爬杆等，利用木材的重力使木材滑入河中。机械推河采用拖拉机、绞盘机、推土机、起重机等机械作业。

④流送　就是将推入河中的木材，使其沿着流送河道顺利地流送到目的地。流送方式主要有分段负责制流送、分批逐段流送、大赶漂式流送、闸水定点流送4种。

⑤收漂　就是对单漂流送到达终点的木材进行阻拦，使其进入收漂工程（如拦木架、河缆和羊圈等）。目的是进行木材转运或防洪保安。

6.2.3.2 小排流送

在不适宜采用单漂流送的河道上，可采用小木排流送。一般小排由人工操纵行驶方向，既可以直接流送到下游，也可以在河道较宽的地方将若干小排合成大排以便继续流放或者利用船舶拖运。

（1）小排的结构要求

小排结构要求前面硬后面轻，即"头硬尾轻"，尾部可以上下运动，使其穿越乱石浅滩的能力较大。

（2）小排的类型

我国常用的小排结构有小招排、蓑衣排和连子排。小招排上设有"招"（舵）以控制方向，它由数个排节用硬结构或软结构连接而成；蓑衣排将原木的小头用索具连接在一起，大头则不连接，任其松散，如同蓑衣；连子排是一种山区小溪人工放运的较好排型，它由数个排节组成，其长度、宽度、厚度（或层数）则由河道的条件决定。

6.2.4　木材排运

在通航河川上由于不能进行单漂流送，同时河道中流速可能很小甚至为零，有时还需要逆水运输，这时就需要采用木排运输或船舶运输。

（1）木排运输的特点

木排运输是利用索具将木材按一定的方式编扎在一起，以水流或机械为动力，使其沿水路漂运到达目的地。木材排运方式有放排和拖排两种。以水流为动力，工作人员在排上只是控制方向，这种方式称为放排。以机械（通常为船舶）为动力使木排运行并控制其方向的称为拖排。

（2）木排的类型

木排按结构分平型排、木捆排和袋形排 3 种。

①平型排　是用索具将原木编扎成一个平整的结构，利用船舶拖运。平型排分单层和多层。平型排结构适用于既不满足单漂流送又不满足木捆排运输的河道。它与木捆排相比主要缺点为：编扎困难，生产效率低，工人劳动强度大，编扎需要的辅助用材多，索具一般不重复使用，运行过程中阻力大，工序复杂，编扎质量不易保证。

②木捆排　是由多个木捆联结起来的木排，木捆是将长度基本相同的树材种用索具捆扎在一起，其端面呈椭圆形。其特点是：编扎和拆散方便，容易实现机械化作业，生产效率高。另外，针阔叶材混合编扎，可解决大密度木材的运输困难问题；索具可以重复使用，降低了编扎索具费用。它易于合排和拆排的特点更能适应市场多客户小批量的需要，在运输沿途可以解散几个木捆向客户供应木材，而不影响整个运输过程。木捆的出河工艺也比较简单，利用起重机可以直接将木捆起吊出河或吊至运材汽车上运出。木捆的编扎一般采用机械进行，主要有立柱式和绳索式两种。

③袋形排　是将散聚的木材围在一种漂浮的柔性排框之中，用船舶进行拖运。由于其排框形似口袋一样将木材装在其中，故称为袋形排。它是介于单漂流送和排运之间的一种木材水运方式。袋形排的编扎工艺比较简单。袋形排拖运速度不能太大，一般相对速度（相对水流速度）不大于 1m/s。袋形排的规格主要依据流送线路的特征而定。在通航水域中，袋形排的宽度不得超过航线宽的 1/3。在非通航条件下，宽度不得超过流送线路的 2/3。袋形排的长度一般为宽度的 1.2~4 倍。

6.2.5　木材船运

木材船运就是利用船舶的载货能力来运送木材。在木材水运方式中，虽然木材船运的运输成本最高，但其木材损失率小，安全可靠性高，既可顺流运输，又可逆流运输，优势明显。对于大密度木材、珍贵木材和木材的半成品，采用船舶运输较其他方式运输更为合适。我国进口木材主要依靠远洋船运。

木材船舶运输根据其运输线路不同一般分为内河（包括湖泊与水库）船运、江海直达船运、沿海船运和远洋船运 4 种。在我国内河及江海直达木材船运中，长江、珠江、闽江、黑龙江和松花江等水系覆盖了我国主要的木材生产地区和使用地区。沿海木材船运线路主要集中在大连—上海、上海—青岛（烟台），以及广西、广东、福建到浙江、上海等航线。

木材货物包括原木、锯材、木片、纸卷和纸浆等。在运输过程中，木材船运与其他货物船运基本相同，但在木材装卸上与其他货物有一定的区别。木材的装卸是船运中的一个重要环节，同时又是一项十分繁重的工作，一般采用起重机械或升运传送机械完成。

（1）木材运输船舶类型

木材船运船舶有拖轮、驳船、散货船和专用运木船等。拖轮用于牵引木排或其他船舶。驳船分为有自航能力的载货驳船和不能自航的机驳船。

江河木材专用船舶和运木驳船通常在甲板上载运，亦有仓装运输。湖海木材专用船舶通常为仓装运输，亦有甲板堆放，可散装、捆装和排装。对于木片运输船舶，因木片密度小，船舶结构力求取得最大的货舱容积。纸和纸浆运输专用船应具备宽敞的货舱和较大的仓口以及平整的垂直舷墙，以提高载货空间和载重利用系数，并防止装卸、堆放和运输过程中出现货物损坏。

（2）装船作业

指利用各种装卸设备从水上或岸上将木材装到运木船的船舱或甲板上的作业过程。装船方式一般有两种形式：一是采用升运机或水上起重机由水上向船舱或甲板上装载木材；二是利用船上起重机或者港口起重机由岸上向船上装载木材。

原木和锯材在船上的堆放有散装和捆装两种形式。散装是在船舱内顺着船舶将木材堆成木剁；对于驳船，木材可以从头至尾顺序堆放。捆装时，如为短木捆，可以纵向或横向堆放，上、下层同方向堆放；当长、短木捆同时装载时，应先装短木捆，然后再装长木捆，长木捆一般装在甲板上。一般船舶不允许散材和捆材同时装载。在特殊情况下，应先装散材，然后装捆材。

（3）卸船作业

原木的卸船分为直接卸到岸上和先卸入水中再出河两种情况。利用港口的起重设备可直接将木材卸到岸边贮木场地或者卸到运载车辆上将木材立即运走。在一些大的木材码头，由于船运木材的数量较大，需要进行分类，然后进行调拨或销售。这时一般先用水上起重机将木材卸入水中，然后进行分类等作业，最后用出河机或者其他起重设备将木材出河，进行归楞存放或装车运走。

6.3 森工物流系统

6.3.1 物流的概念

物流一词起源于第二次世界大战期间美国的军事应用——物资分配（physical distribution），其含义是销售之中的物质资料和服务在从生产地向消费地点流动过程中伴随的种种活动。后来日本人将其改称为"物流"。20 世纪 80 年代以后，logistics（军事后勤学）一词逐渐替代了 physical distribution。我国自 1979 年开始使用"物流"一词，1989 年第八届国际物流会议在北京召开后，"物流"一词的使用日益普遍。

目前国际上对物流还没有统一的定义。我国国家对物流的标准定义是："按用户要求，将货物从供应地向需要地转移的过程。它是运输、储存、包装、装卸、流通加工、信息处理等相关活动的结合。"物流的各种定义中均反映出物流与生产之间的关系：

①没有生产就没有物流，因此生产是物流的前提与基础；

②没有物流，产品的使用价值就难以实现；

③从本质上，物流不创造价值，只增加成本，因此，存在一个"最小物流费用问题"。

6.3.2　物流系统

物流系统(logistic system)是指在一定的时间和空间里，由所需位移的物资、包装设备、装卸搬运机械、运输工具、仓储设施、人员和通信联系等若干相互制约的动态要素构成的具有特定功能的有机整体。

6.3.2.1　物流系统的特点

物流系统中包含有众多的、具有广泛的横向和纵向联系的子系统。它具有一般系统所共有的特点，即整体性、相关性、目的性、环境适应性，同时还具有规模庞大、结构复杂、目标众多等大系统所具有的特征。物流系统的主要特点如下：

(1)物流系统是一个大跨度系统

物流系统的跨度表现在较大的时空跨度上，即地域跨度大和时间跨度大。物流系统的大跨度性使得系统管理困难，对信息的依赖性增加。

(2)物流系统是一个复杂的系统

物流系统结构组成复杂，包含物流系统的运行对象"物"、物流系统的"人"和"资金"等，如何对这些资源进行合理的组织和利用，以及如何对伴随它们的庞大的"信息流"进行有效的收集、处理和控制，都是一个非常复杂的问题。

(3)物流系统是一个动态系统

物流系统受需求、供应、价格、渠道变动的影响而随时变化着，其稳定性较差，动态性很强，从而增加系统管理和调度的难度。

(4)物流系统是一个多目标的函数系统

物流系统的总体目标是实现物质的空间转移，并使这种转移过程中的成本最小。在实现这个目标时会出现一些矛盾，即所谓的"效益背反"现象。也就是说，在系统中，如果通过调整获得了某一方面的效益，在系统的其他方面的效益可能就会有所下降。如在物流系统中，为了获得时间效益，通过空运进行运输，时间是得到了节约，但运输成本却提高了。

(5)物流系统是由多个子系统组成的系统

物流系统规模大，由若干个相互联系、相互影响的子系统所组成。如何协调各子系统的运行，使其共同作用达到物流系统的总体目标最优，是物流系统优化研究的重点内容。

(6)物流系统是一个处于中间层次的系统

物流系统在整个社会生产中主要处于流通环节，包括国民经济大范畴"流通"中的物流和企业经济小范围"流程"中的物流。因此，它必然受更大的系统如流通系统、生产系统和社会经济系统的制约。

6.3.2.2　物流系统的组成和功能要素

(1)组成

物流系统通常由"物流作业系统"和"物流信息系统"2个分系统组成。

①物流作业系统　该系统在运输、保管、搬运、包装、流通加工等作业中使用各种先进技能和技术，并使生产据点、输配送路线、运输手段等网络化，以提高物流活动的效率。

②物流信息系统　该系统在保证订货、进货、库存、出货、配送等信息畅通的基础上，使通信据点、通信线路、通信手段网络化，提高作业系统的效率。

（2）物流系统的功能要素

物流系统是由多种要素组成的有机整体，主要包括：一般要素、功能要素、软件要素和硬件要素4种，如图6-9所示。

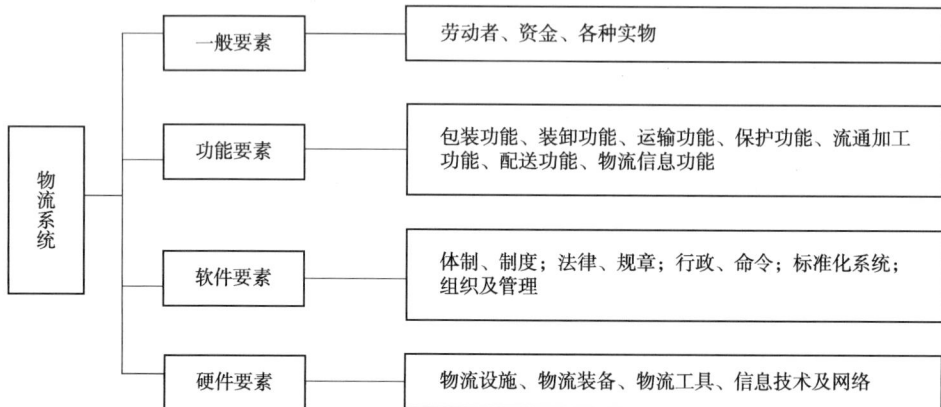

图6-9　物流系统的功能要素

6.3.2.3　物流系统的分类

（1）按规模大小划分

①大物流系统　即社会系统，如物资流通系统、港口货运贮存系统、建材物资调配系统等。

②小物流系统　即企业物流系统，指从供应物流、生产物流、销售物流直至回收物流、废弃物流整个过程的物料流动。如原材料进入、贮存、搬运、停放、加工服务、包装、成品贮存、在制品控制等。

（2）按结构形式划分

①单一物流系统　如把一个企业的设备、仓库、商店等看作一个物流点，即构成一个单一物流系统。

②串联型物流系统　如流水生产线中的物流系统。

③并联型物流系统　如并联型服务台系统、协作件配送系统等。

④混联型物流系统　物资调配、生产联营等系统即为混联型物流系统。

⑤物流网络系统　复杂运输风险、物资调配网络、生产企业中多品种生产网络等都属于这种物流网络系统。

6.3.2.4　物流系统的子系统构成

（1）运输子系统

子系统运输的作用是将商品使用价值进行空间移动，物流系统依靠运输作业克服商品生产地和需要地点的空间距离，创造了商品的空间效益。运输系统的主要内容包括运输方式的选择、运输单据的处理以及运输保险等多个方面。

（2）仓储子系统

仓储子系统指商品储存、保管使商品在其流通过程中处于一种或长或短的相对停滞状态，这种停滞是必要的。仓储系统需要具备专门储存、堆放货物的安全设施，建立健全的仓库管理制度和详细的仓库账册，配备专门的管理人员。

（3）商品包装子系统

杜邦定律（美国杜邦化学公司提出）认为：63%的消费者是根据商品的包装装潢进行购买的，市场和消费者是通过商品来认识企业的，而商品的商标和包装就是企业的面孔，它反映了一个国家的综合科技文化水平。

（4）装卸搬运子系统

装卸、搬运是将物流各环节连接成一体的接口，是运输、保管、包装等物流作业得以顺利实现的保证。装卸搬运环节出了问题，物流其他环节就会停顿。

（5）流通加工子系统

所谓流通加工就是从生产到消费中间的一种加工或初加工活动（如改变物品的形状、大小、数量等）。通过流通加工，可以节约材料、提高成品效率，保证供货质量和更好地为用户服务。

（6）物流信息子系统

该子系统主要功能是采集、处理和传递物流和商流的信息情报。物流信息是连接运输、保管、装卸、包装各环节的纽带，没有各物流环节信息的畅通和及时供给，就没有物流活动的时间效率和管理效率，也就失去了物流的整体效率。商流信息包括销售状况、合同签约、批发与零售等信息。

6.3.3 物流工程

物流工程（logistics engineering）是以物流系统为研究对象，研究物流系统的规划设计与资源优化配置、物流运作过程的计划与控制以及经营管理的工程领域。

6.3.3.1 物流工程的作用和意义

（1）减少生产中的工作数量，减轻工人的劳动强度

一般工厂从事搬运储存的工作人员占全部工人的15%~20%。因此，合理布置、设计物流系统，可减少物料的搬运次数和工作量，从而减轻工人的劳动强度。

（2）缩短生产周期，加速资金周转

在工厂的生产活动中，从原材料进厂到成品出厂，物料在工厂中有90%~95%的时间都处于停滞和搬运状态。所以，减少物流时间可缩短生产周期和交货期，提高资金周转能力，增强企业竞争能力。

（3）降低物流费用，节约生产成本

在制造业中，总经营费用中20%~50%是搬运费用，优良的物流系统设计可使这一费用减少到10%~30%。人们把降低物流费用比作工厂获取利润的"第三源泉"。

（4）提高产品质量

通过改善搬运手段，可减少产品在搬运、储存过程中的磕、碰、伤等影响，从而提高产品质量。

（5）促进企业技术改造

新工艺、新设备的采用，往往可以缩短物流过程；反之，物流过程的改造更要求采用新工艺、新设备。

（6）实现文明生产和安全操作

物流系统合理化有利于改善环境和生产组织管理，提高安全生产水平。

6.3.3.2　物流工程的研究内容

（1）物流系统规划与设计

物流系统规划与设计是指研究在一定区域范围内物资流通设施的布点网络问题。物流系统规划重点是区域物流系统规划、物流网络规划和物流运输系统规划。对于生产系统，规划设计的核心是工厂、车间和仓库内部的设计与平面布置、设备的布局，以求路线系统的合理化。

（2）物流设施规划与设计

物流设施规划设计指根据系统（如工厂、学校、医院、办公楼、商店等）提供产品或服务应完成的功能，对系统各项设施（如设备、土地、建筑物、公用工程）、人员、投资等进行系统的规划和设计。

（3）物料搬运系统设计

该设计指在已经设计和建立的物流系统基础下，使系统中的物料按照生产工艺及服务的要求运动，合理安排物料搬运的设备、路线、运量、搬运方法及储存场地等。

（4）内部物流运输与储存的控制和管理

当内部物流网络布局形成后，须采用物流管理手段，优化和控制物流流程，主要包括运输、搬运和储存，使企业内部物流实现低成本、快速度、准确无误的作业过程。

（5）运输与搬运设备、容器与包装的设计和管理

该设计与管理是指通过改进搬运设备、改进流动器具来提高物流效益、产品质量等。主要设计内容包括仓库及仓库搬运设备、各种搬运车辆和设备、流动和搬运器具等。

6.3.3.3　物流工程的设施与设备

（1）物流包装设备

物流包装设备指用于完成全部或部分包装作业过程，使产品包装实现机械化、半自动化、自动化的机器设备。该类设备主要包括填充设备、罐装设备、封口设备、裹包设备、贴标设备、清洗设备、干燥设备、杀菌设备等。

（2）物流仓储设备

物流仓储设备指在仓储过程中用于完成物料的堆垛、存取和分拣等作业，用以组成自动化、半自动化和机械化商业仓库的设备。该类设备主要包括站台、货架、堆垛机、室内搬运车、出入境输送设备、装卸搬运系统、分拣设备、自动导航车、提升机、

自动化控制系统以及计算机管理和监控系统等。

（3）装卸搬运设备

装卸搬运设备指在货物（如木材）仓储和运输中用来搬移、升降、装卸和短距离输送物料的设备。该类设备主要包括起重设备、连续运输设备、装卸搬运车辆、专用装卸搬运设备等。

（4）流通加工设备

物流加工设备指流通加工式物品从生产地到使用地的过程中，根据需要施以包装、分割、计量、分拣、贴标签、组装等简单加工作业时所使用的设备。按照加工的方式不同，流通加工设备可分为包装机械、切割机械、印贴标记条形码设备、拆箱设备、称重设备等。

（5）运输设备

运输设备指物流工程中的各种载运工具。根据运输方式不同，运输设备可分为道路运输方式的载货汽车、铁路运输方式的铁道货车、水路运输方式的货船、航空运输方式的飞机和管道运输方式的管道设备等。

6.3.4　森工物流系统

森工物流系统是指在一定的时间和空间里，由所需位移的物资（木材及其制品）、包装设备、装卸搬运机械、运输工具、仓储设施、人员和通信联系等要素所构成的具有特定功能的有机整体。森工物流系统属于企业物流系统，为森工企业生产服务，属于具体的、微观的物流活动领域。

森工企业主要分为木材生产企业和木材加工企业两大类。木材生产企业主要有林业采育场和林场，他们主要承担木材的生产任务，包括林木采伐、打枝、造材、集材、运材、仓储、木材销售等；木材加工企业包括各种木材加工厂（如各种板材、方材加工厂及实木家具厂等）、各种人造板厂（如纤维板厂、刨花板厂、胶合板厂等）等。

森工物流系统除了所需位移的物质（木材及其制品）与其他企业物流系统不同外，其他方面大致相同或相似。森工物流系统的主要构成要素通常也包括有运输系统、仓储系统、商品包装系统、装卸搬运系统、流通加工系统、物流信息系统6种子系统。

（1）木材运输系统

木材运输的作用是将木材及其制品使用价值进行空间移动，依靠运输作业克服木材及其制品生产地（伐区）和需要地点（木材加工厂、木材交易批发市场、用户等）的空间距离，创造木材及其制品的空间效益。

木材运输方式随运输区域的不同而有所区别，从伐区（山场）到伐区楞场（或中间楞场）间的运输方式主要有滑道、手板车、手扶拖拉机、农用车、畜力车、架空索道、汽车，个别地方还采用森林铁路等。从伐区楞场到木材需要地点（木材加工厂、木材交易批发市场、用户等）的运输方式主要有公路汽车运输、铁路运输和水路运输（船运或排运）。

木材加工企业内部的运输方式与一般生产加工企业的运输方式类似，主要有各种链式运输机、板式运输机、各种传送带（带式运输机）、滚筒运输机、叉车、电瓶车等。

（2）木材仓储系统

由于木材及其制品的生产与销售之间存在不均衡性、不确定性，同时木材流通是一个由分散到集中、再由集中到分散的源源不断的流通过程，因此，仓储系统需要具备专门储存、堆放木材及其制品的安全场所（如贮木场、仓库）。

（3）商品（木制品）包装系统

木材生产企业生产的木材（原木或原条）一般不需要包装，而木材加工企业生产的各种木制品一般需要进行必要的包装，以防止在运输及装卸搬运过程中碰伤或损坏木制品，造成其经济价值和使用价值的下降。

（4）木材装卸搬运系统

木材及其制品的装卸、搬运是物流各环节连接成一体的接口，是运输、保管、包装等物流作业得以顺利实现的保证。

（5）木材流通加工系统

木材流通加工指从木材生产到消费之间的一种加工活动。例如，在伐区将林木采伐后，通过打枝、造材，使其变成不同规格的原木；木材加工厂又将原木加工成不同规格的板材或方材。通过合理的流通加工，可以节约木材、提高木材运输效率和成品效率，保证供货质量和更好地为用户服务。

（6）木材物流信息系统

该系统的主要功能是采集、处理和传递木材物流和商流的信息情报。木材物流信息是连接运输、保管、装卸、包装各环节的纽带。木材物流信息的主要内容包括各种木材单证（如木材码单、采伐证）、支付方式信息、客户资料信息、市场行情信息和供求信息等。

复习思考题

1. 林区运输与一般交通运输相比有何特点？
2. 道路运输与水路运输有何区别？
3. 相对于铁路运输，道路运输有何优点？
4. 道路客运与道路货运有何区别？各有何特点？
5. 道路交通系统中包括了人、车、路、环境几方面，它们之间有何关系？
6. 机动车的动力有哪些类型？
7. 汽车的结构组成与非机动车有何异同？
8. 汽车的最高车速与道路的限速有何关系？
9. 选择货运车辆类型时，当货运任务运距小于等值运距时应选用专用车辆，为什么？
10. 在公路汽车运输中，运次和车次有何区别？
11. 船运和车运的装卸作业有何区别？
12. 船舶的结构与汽车有何异同？
13. 物流工程与物流系统是何关系？
14. 企业物流与社会物流有何区别？
15. 社会物流成本有哪些？

推荐阅读文献

1. 陈大伟，李旭宏. 运输工程. 北京：人民交通出版社，2014.

2. 孟祥茹. 运输组织学. 北京：北京大学出版社，2014.

3. 赵淑芝. 运输工程经济学. 北京：机械工业出版社，2014.

4. 隽志才. 运输技术经济学. 北京：人民交通出版社，2013.

5. 胡济尧. 木材运输学. 北京：中国林业出版社，1996.

6. 于英主. 交通运输工程学. 北京：北京大学出版社，2011.

7. 王润琪. 交通运输工程概论. 北京：中国林业出版社，2012.

8. 祁济棠，吴高明，丁夫先. 木材水路运输. 北京：中国林业出版社，1995.

9. 祁济棠. 木材水运学. 北京：中国林业出版社，1994.

10. 冯耕中，刘伟华. 物流与供应链管理. 北京：中国人民大学出版社，2014.

11. 吴健. 现代物流学. 北京：北京大学出版社，2010.

12. 林丽华，刘占峰. 物流工程. 北京：北京大学出版社，2009.

第 7 章

森林作业技术与管理

【**本章提要**】本章阐述了森林作业的特点和原则，介绍了主要的森林作业技术，涵盖了伐木、打枝、造材、剥皮、集材、归楞、装车、伐后作业、伐后更新等作业；简述了原木检尺与分级、采伐规划设计；介绍了各种森林作业机械，包括采伐机械、集材机械、装卸机械；最后介绍了森林作业对环境的影响。

7.1 森林作业的特点

　　森林作业是森林工程的主要内容，处于特定的自然环境和社会环境中。森林作业的技术、机械设备、管理、工效、以及与自然环境的关系，均具有鲜明的特点。森林作业(forest operation)主要指为生产木材和恢复森林资源进行的相关作业，包括森林采伐、集材、造材、剥皮、林地清理、造林、抚育等作业。森林作业具有以下特点：

　　(1)具有获取林产品和保护生态环境的双重任务

　　森林当中具有国民经济和人民生活必不可少的木材和各种林产品，开发林产品是森林作业的目的之一。然而，森林也是陆地生态系统的主体，是由乔木、灌木、草本植物、苔藓，以及各种微生物和动物组成的有机统一体。森林不仅提供各种林产品，还具有涵养水源、防止水土流失、调节气候、减少噪音、净化大气、保健、旅游等多种生态和社会效益。森林生产的木材在有些方面虽可以用其他材料代替，如钢材、水泥、塑料等，而森林的多种生态效益却不能由其他任何物质所代替。森林的生态效益只有在森林生态系统保持平衡而且具有很高的生产力的条件下才能获得。因此，森林作业必须考虑对生态环境的影响，把对生态环境的影响控制在最低的限度。

　　(2)作业场地分散、偏远且经常转移

　　森林资源分散在广阔的林地上，单位面积的生长量较少。以木材为例，如把 $1hm^2$ 上生长着的 $300m^3$ 木材均匀地散铺在林地地面上，其厚度仅有 3cm。而像煤炭、矿石和石油等工业资源的单位面积上蕴藏量则比木材大几十倍至几百倍。正是由于这一特点，使得木材生产作业地点年年更换，经常移动，而且分散于茫茫林海中。木材生产不能像矿山和石油工业那样建立厂房，实行相对稳定的固定作业。因此，森林作业对作业设备、作业组织都有着更高的要求。

　　(3)受自然条件的约束、影响大

　　全部森林作业均在露天条件下进行，受风、雨、温度和山形地势等自然条件的影响较大。我国北方林区冬季寒冷，最低温度可达零下 50℃，积雪深厚。南方林区酷热，尤其是沿海林区，还常受台风侵扰。这些都给森林作业造成不利影响。在作业点，局部复杂且险要的地形也增加了作业的难度。因此，森林作业具有很强的季节性、随机性。应本着"适天时、适地利、适基础"的原则，充分利用有利季节，适当安排各季节的作业比重。此外，森林作业机械不但应易于转移，而且应有对自然条件的高度适应性，如应具备在高温、低温条件下正常工作的性能等。

(4) 应保证森林资源的更新和可持续利用

森林资源是一种可更新的资源，只要经营得当完全可以做到持续利用。森林更新和可持续利用的关键是在森林作业中要保护林地土壤条件、森林小气候条件等，不破坏生物资源的更新、生长条件。木材生产要根据不同的林相条件，确定合理采伐量、采伐方式、集材方式、迹地清理方式等。此外，还应充分利用木材生产的各种剩余物以及森林的多种资源，通过提高利用率达到节约资源的目的。

(5) 劳动条件恶劣，劳动防护和安全保护十分重要

对于任何一种作业来说，劳动力都是关键因素。劳动力状况影响作业的效率、成本、安全和质量。由于森林作业的劳动条件恶劣，劳动防护和安全保护就显得更为重要。研究表明，劳动者的生理负荷和心理负荷与作业设备和作业环境有着密切的关系。作业环境如温度、湿度、地势等直接影响森林作业人员的劳动负荷。作业设备的影响主要体现在振动、噪音以及有害气体对作业人员的影响上。

7.2　森林作业的基本原则

(1) 生态优先

森林作业应以保护生态环境为前提，协调好环境保护与森林开发之间的关系，尽量减少森林作业对生物多样性、野生动植物生境、生态脆弱区、自然景观、森林流域水量与水质、林地土壤等生态环境的影响，保证森林生态系统多种效益的可持续性。

(2) 注重效率

森林作业设计与组织应尽量优化生产工序，加强监督管理和检查验收，以利于提高劳动生产率，降低生产作业成本，获取最佳经济收益。

(3) 以人为本

森林采伐是最具有危险性和劳动强度最大的作业之一。关键技术岗位应持证上岗，采伐作业过程中应尽量降低劳动强度，加强安全生产，防止或减少人身伤害事故，降低职业病发病率。

(4) 分类经营

采伐作业按商品林和生态公益林确定不同的采伐措施，严格控制在重点生态公益林中的各种森林采伐活动，限制对一般生态公益林的采伐。

7.3　森林采伐作业

7.3.1　森林采伐方式

生产木材首先要确定对森林的采伐方式，采伐方式就是采伐中的时间和空间安排。

森林采伐有抚育采伐和主伐之分。森林抚育采伐是对部分林木进行的采伐作业，又称"中间利用采伐"，简称间伐(intermediate cutting)。以收获木材为目的，在成、过熟林内所进行的采伐作业，称为森林主伐(final cutting)。

7.3.1.1　抚育采伐

抚育采伐(tending cutting)既是培育森林的措施，又是获得木材的手段，具有双重意义，但其培育森林的一面是主要的。

(1)抚育采伐的目的

①在混交林中，通过抚育采伐将非目的树种逐步淘汰，保持林分适宜的密度，为目的树种的快速生长创造良好条件。

②随着林木的生长，林木对营养空间的要求不断增大。通过抚育采伐及时调整林分密度，保证林木有较合理的营养空间。

③缩短林木培育期限，增加单位面积上的林木总生长量。

④改善林分品质，提高木材质量，增加单位面积上的木材利用量。

⑤改善林分卫生状况，增加林木对各种自然灾害的抵抗能力。

⑥提高森林防护及其他有益的效能。

(2)抚育采伐的分类

抚育采伐分为用材林抚育采伐和防护林抚育采伐。用材林抚育采伐主要包括透光伐和生长伐。

①透光伐　在用材林林分的幼龄阶段、开始郁闭时进行的抚育采伐。对混交林，主要是调整林分组成，同时伐去目的树种中生长不良的林木；对纯林，主要是间密留匀、留优去劣。

②生长伐　在中龄林阶段进行的抚育采伐。主要是为了加速林木生长和促进林木结实，伐除生长过密和生长不良的林木，提高林分的经济和防护效益。

(3)抚育采伐作业的技术要求

①透光伐在幼林出现营养空间竞争、林木开始分化时进行；生长伐在林木分化加剧、胸径连年生长量明显下降时进行，一般到近熟龄前作业1~2次。

②抚育采伐强度应根据经营目的、立地条件、林分状况等综合因素考虑。抚育采伐强度的确定应掌握陡坡小于缓坡、山地小于平地、北方阳坡小于阴坡、南方阴坡小于阳坡的原则。

③抚育采伐后，人工林郁闭度不低于0.6，天然林郁闭度不低于0.5，不能造成天窗。

④被伐木应选择林分内生长不良、感染病虫害或过密的林木，包括枯立木、被压木、弯曲木、病腐木、多头木、生长过密林木、抑制主要树种生长的其他植物(灌木、藤本、高大草本等)和有害林木。

⑤伐后林分平均胸径不低于伐前林分平均胸径。

⑥抚育采伐的蓄积强度低于20%。

(4)抚育采伐的适用范围

下列情况的幼龄林进行透光伐：

①郁闭度在 0.9 或分布不均郁闭度 0.8 以上的人工幼龄林;

②郁闭度在 0.8 或分布不均郁闭度 0.7 以上的天然幼龄林。

下列情况的中龄林进行生长伐:

①郁闭度 0.8 以上;

②郁闭度 0.7 以上,下层目的树种幼树较多、分布均匀;

③遭受轻度自然灾害、林内卫生状况较差。

7.3.1.2　森林主伐

以收获木材为目的,在成、过熟林内所进行的采伐作业,称为森林主伐。主伐方式分为皆伐、择伐、渐伐 3 种。

(1)皆伐

皆伐(clear cutting)是将伐区内的林木一次伐尽或几乎全部伐除的采伐方式。在皆伐迹地上的更新方式多采用人工更新,形成的新林分一般为同龄林。

①皆伐的适用范围

a. 人工成、过熟同龄林或单层林或天然针叶林;

b. 中小径林木株数占总株数的比例小于 30% 的人工成、过熟异龄林。

②皆伐的技术要求

a. 皆伐一般采用块状皆伐或带状皆伐,皆伐面积的最大限度见表 7-1;

表 7-1　皆伐面积限度

坡度(°)	≤5	6~15	16~25	26~35	>35
皆伐面积上限(hm²)	≤30	≤20	≤10	≤5(南方)北方不采伐	不采伐

b. 需要天然更新或人工促进天然更新的伐区,采伐时保留一定数量的母树、伐前更新的幼苗、幼树以及目的树种的中小径林木;

c. 伐区周围应保留相当于采伐面积的保留林地(带),应保留伐区内的国家和地方保护树种的幼树幼苗;

d. 伐后实施人工更新,或人工更新与天然更新相结合,但要达到更新要求。

(2)渐伐

渐伐(shelterwood cutting)是在一定的期限内(通常不超过一个龄级,如 5 年、10 年或 20 年),将林分中的全部成熟林木分几次采伐完的一种主伐方式。其基本特征是:逐渐稀疏成熟林木,避免林地骤然裸露,始终保持一定的森林环境。在采伐的同时,新林得到恢复,形成相对同龄林。

①渐伐的适用范围

a. 天然更新能力强的成、过熟单层林或接近单层林的林分;

b. 皆伐后易发生自然灾害(如水土流失)的成、过熟同龄林或单层林。

②渐伐的技术要求

a. 渐伐一般采用二次或三次渐伐法;

b. 上层林木郁闭度小、伐前天然更新等级中等以上的林分，可进行二次渐伐；

c. 上层林木郁闭度较大，伐前天然更新等级中等以下的林分，可进行三次渐伐；

d. 对采伐木的选择应有利于林内卫生状况，维护良好的森林环境；有利于树木结实、下种和天然更新；有利于种子落地发芽、幼苗和幼树的生长。

（3）择伐

择伐（selection cutting）是每隔一定的时期，把林分中的成熟林木和应当采伐的林木进行单株分散采伐或者呈群团状采伐，而将不成熟和不适合采伐的林木保留下来继续生长，始终保持伐后的林分中有各龄级林木的一种主伐方式。择伐后，林地上永远有林木的庇护，土壤和小气候条件变化甚小，可维持森林对地表径流的吸收作用和对水源的涵养作用。同时，择伐林中的天然更新能不间断地进行，幼苗、幼树也能得到林冠的保护。由于择伐是渐次连续进行的，林内的天然更新亦随之连续发生，因此，经过择伐的林分必定为复层异龄林。

①择伐的适用范围

a. 异龄林；

b. 复层林；

c. 为形成复层异龄结构或为培育超大径级木材的成、过熟同龄林或单层林；

d. 竹林；

e. 其他不适于皆伐和渐伐的森林。

②择伐的技术要求

a. 择伐可采用径级作业法，单株择伐或群状择伐。凡胸径达到培育目的林木蓄积占全林蓄积超过 70% 的异龄林，或林分平均年龄达到成熟龄的成、过熟同龄林或单层林，可以采伐达到起伐胸径指标的林木；

b. 择伐后林中空地直径不应大于林分平均高，蓄积量择伐强度不超过 40%，伐后林分郁闭度应当保留在 0.5 以上；

c. 回归年或择伐周期不应少于 1 个龄级期，下一次的采伐量不应超过这期间的生长量；

d. 下一次采伐时林分单位蓄积量应高于本次采伐时的林分单位蓄积量；

e. 首先确定保留木，将能达到下次采伐的优良林木保留下来，再确定采伐木；

f. 竹林采伐后应保留合理密度的健壮大径母竹。

7.3.1.3　低产用材林改造采伐

（1）低产用材林改造采伐的适用范围

低产用材林改造采伐对象为立地条件好、有生产潜力并且符合下列情况之一的用材林：

①郁闭度 0.3 以下；

②经多次破坏性采伐、林相残破、无培育前途的残次林；

③多代萌生无培育前途的萌生林；

④有培育前途的目的树种株数不足林分适宜保留株数 40% 的中龄林；

⑤遭受严重的火烧、病虫害、鼠害、雪压、风折、雷击等自然灾害且没有复壮希望的中幼龄林。

(2)低产用材林改造采伐的采伐方式

①皆伐改造　适于生产力低、自然灾害严重的低产林,进行带状或块状皆伐;

②择伐改造　适于目的树种数量不足的低产林。伐除非目的树种、无培育前途的老龄木、病腐木、濒死木等。

(3)低产用材林改造采伐的技术要求

①坡度不大于 5°时一次皆伐改造面积不大于 $10hm^2$,坡度 6°~15°时不大于 $5hm^2$,坡度 16°~25°时不大于 $3hm^2$。超过 25°的山地进行带状皆伐改造,顺山带适用于水土流失较小的缓坡地带,横山带或斜山带适用于有水土流失可能的地带。对于遭受易传染的病虫灾害的林分,应采用块状皆伐改造。

②择伐改造应保留有培育前途的中小径木,林下或林中空地补植耐阴的树种。

③改造后及时更新,更新期不超过 1 年。

7.3.2　伐木作业技术

7.3.2.1　伐木前准备

(1)申请林木采伐许可证

采伐林木应按照相关法律法规办理林木采伐许可证。

①林木采伐许可证的内容包括采伐地点、方式、林种、树种、面积、蓄积(株数)、出材量、期限和完成更新造林的时间等。

②修建林区道路、集材道、楞场和生活点等生产准备作业活动需要采伐林木的,应单独设计,单独办理林木采伐许可证。

(2)楞场

采伐前应根据批准的伐区作业设计修建楞场。楞场修建时应尽量减少动用土石方,尽量避开幼树群,保持良好的排水功能,留出安全距离。

(3)集材道

依据林业主管部门批准的伐区作业设计,在采伐作业开始前修建集材主道,在采伐时修建集材支道。东北地区冬季作业在严冬来临之前进行,南方在雨季后进行。不应随意改设集材道和破坏林区径流;集材道宽度不应超过 5m;及时清除主道上的伐根,支道上伐根应与地面平齐。

(4)缓冲区设置和管理

①如伐区内分布有小溪流、湿地、湖沼,或伐区邻近自然保护区、人文保留地、自然风景区、野生动物栖息地、科研实验地等,应留出一定宽度的缓冲带;

②小型湿地、水库、湖泊周围的缓冲带宽度应大于 50m;

③自然保护区、人文保留地、自然风景区、野生动物栖息地、科研试验地等周围缓冲带宽度应大于 30m;

④不同溪流的最小缓冲带宽度见表 7-2;

表 7-2　不同溪流等级的缓冲区设置要求

溪流河床宽度(河两岸植被区之间的距离)(m)	单侧缓冲带最小宽度(m)
>50	30
20~50	20
10~20	15
<10	8

⑤未经特许,不应采伐缓冲区内任何林木;

⑥除修建过水管道和桥涵等工程作业外,施工机器不应进入缓冲区内;

⑦不应向缓冲区倾倒采伐剩余物、其他杂物和垃圾。

(5)其他准备

包括作业人员生活点、物资配送、作业工(机)具和辅助工具的准备等。

(6)伐前公示

采伐森林、林木的单位(个人)应在伐区及其附近的交通要道设立公示牌,对林业主管部门核发的林木采伐许可证进行公示。

(7)边界与采伐木标志

找到设计的标桩和伐开线,确认伐区边界;核对采伐木、保留木标志(挂号)情况。

(8)伐木顺序和伐区树倒方向

①查看运材道、集材主道、集材支道是否符合规程规定,并根据集材要求,确定并标记伐木顺序和作业小班总的树倒方向。严格控制树倒方向,一般应倒向集材道,最好与集材方向成斜角(30°~45°),如图 7-1 所示。

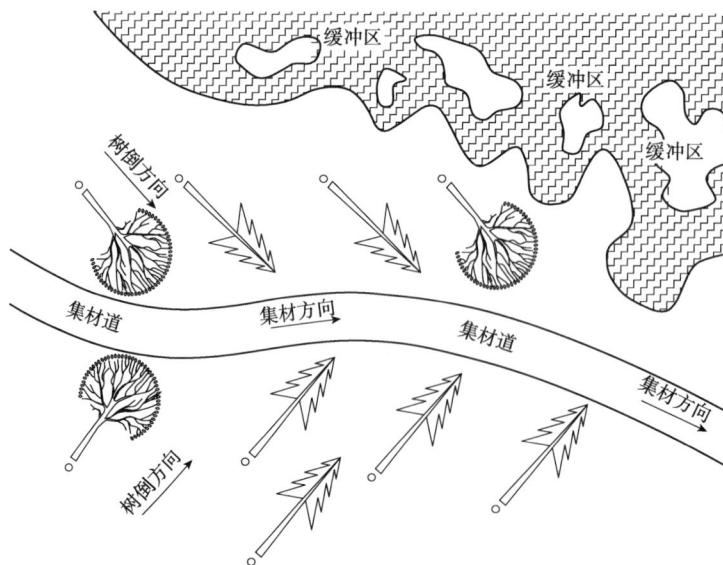

图 7-1　采伐带的树林倒向

②选定树木伐倒方向。伐木者应认真观察被伐木树冠形状，树干是否腐朽、倾斜、弯曲，风向和风力，判断树木的自然倒向；根据上述诸因素和周围其他树木的位置，有无挂枝、枯枝和其他危险因素，正确选定树木伐倒方向。

③伐除"迎门树"。清除被伐木周围 1～2m 以内的灌木和攀缘植物等障碍物，冬季作业还应清除或踩实积雪。

④开安全通道。在树倒方向的反向左右两侧（或一侧），按一定角度（30°～45°）开出长不小于 3m、宽不小于 1m 的安全道（图 7-2），并清除安全通道上障碍物，铲除或踩实积雪。

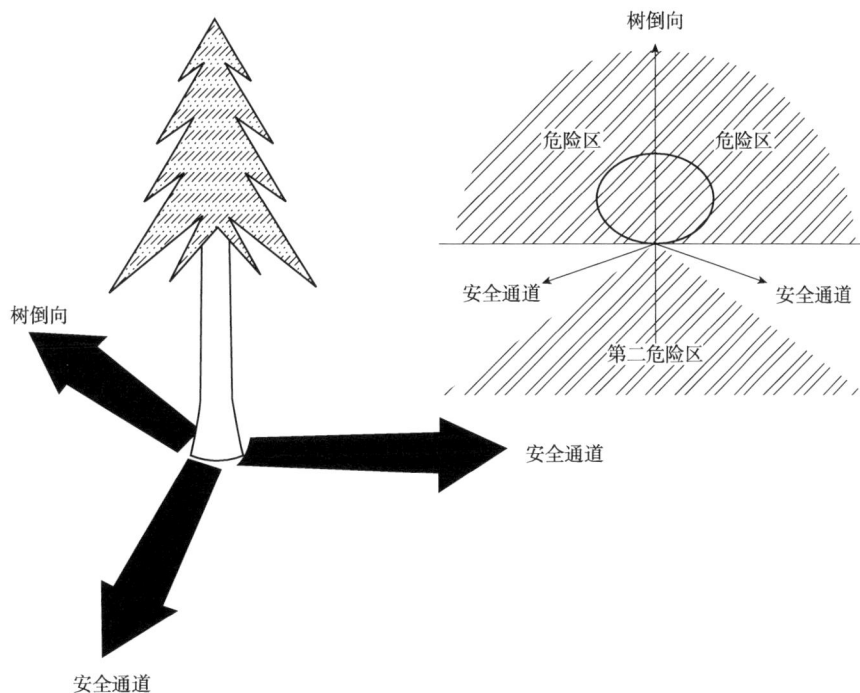

图 7-2　安全通道示意

7.3.2.2　伐木技术要求

①伐木应按工艺流程顺序进行，为更新造林和木材生产创造条件。

②控制树倒方向。采用留弦借向、锯下口以及锯楔和支杆方法，控制采伐树木倒向伐区规定的方向。

③减少木材损失。应避免使树倒向伐根、立木、倒木、岩石、陡坎或凸凹不平的地段。

④降低伐根。

⑤伐木时应先锯下口，后锯上口。下口应抽片，上口应留弦挂耳，如图 7-3 所示。

⑥下口的深度应为树木根部直径的 1/4～1/3。倾斜树、枯立木、病腐树和根径超过 22cm 的树木，下口的深度应为树木根径的 1/3。下口开口高度为其深度的 1/2。抽片或砍口应达到下口尽头处。伐根径 30cm 以下的树，宜开三角形下口，其角度为30°～45°，深度为根径的 1/4。

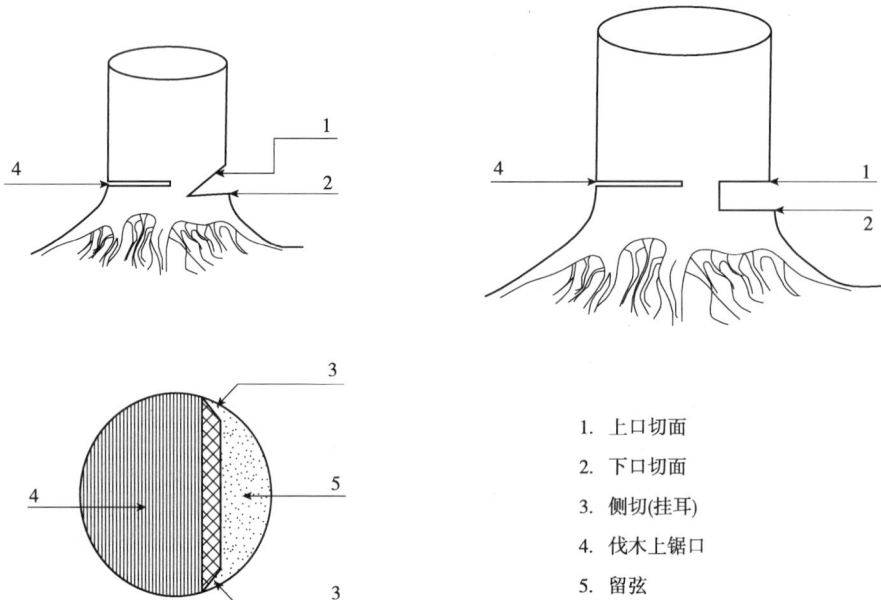

1. 上口切面
2. 下口切面
3. 侧切(挂耳)
4. 伐木上锯口
5. 留弦

图 7-3　伐木锯口示意

⑦上口与下口的上锯口应在同一水平面上，留弦厚度随树木径级大小而增减，以树木能够倒地为限，但留弦厚度不应小于直径的 10%。

⑧伐木时应具备有伐木楔或支杆等必要的辅助工具，并掌握其正确的使用方法。采伐胸径 20cm 以上的倾斜树或选定倒向与自然倒向不同时，应使用辅助工具控制树倒方向，不应使用铁制伐木楔。

⑨不应采取树推树或连倒砸树的方法伐木。

7.4　打枝作业

打枝作业的技术要求如下：

①将伐倒木的全部枝桠从根部开始向梢头依次打枝至树干直径 6cm 处。

②打枝应紧贴树干表面砍(锯)掉枝桠，不应留楂和深陷、劈裂。

③原条集材时，在去掉梢头，并在以下 30~40cm 处留 1~2cm 高、1~2 个枝桠楂，便于捆木。

④打枝时，应将腿、脚闪开，站到伐倒木的一侧打另一侧的枝桠。

⑤不应两人或多人同时在一棵伐倒木上进行打枝作业。对局部悬空的或者成堆的伐倒木，应采取措施，使其落地后再进行打枝作业。

⑥处理被树干压弯的枝桠时，应站在弓弦的侧面锯砍弓弦。

⑦对支撑于地面的较大枝桠，应在造材后打掉。对横山伐倒木打枝或进行清理时，应站在山上一侧。

⑧打枝人员、清林人员作业时，相互距离应保持 5m 以上。

7.5 造材作业

造材(bucking)是将原条锯割成符合木材标准的原木。目前,我国在贮木场和伐区多数采用油锯和电锯等手提式机具进行造材。

7.5.1 造材标准

凡是对需要协调统一的技术或重复性事物和概念所作的统一规定,称为标准。按照标准适用的范围,分为 6 级:①国际标准;②区域标准;③国家标准;④专业标准;⑤地方标准;⑥企业标准。有关造材方面的国家标准包括 3 类,即基础标准、原木标准和原条标准。

基础标准有 6 项:①针叶树木材缺陷分类;②针叶树缺陷名称、定义及对材质的影响;③针叶树木材缺陷基本检量方法;④阔叶树木材缺陷分类;⑤阔叶树缺陷名称、定义及对材质的影响;⑥阔叶树木材缺陷基本检量方法。

原木标准有 12 项:①直接用原木;②特级原木;③针叶树加工用原木树种、主要用途;④针叶树原木尺寸、公差;⑤针叶树原木等级;⑥阔叶树加工用原木树种、主要用途;⑦阔叶树原木尺寸、公差;⑧阔叶树原木等级;⑨原木检验工具、印号;⑩原木检验、尺寸检量;以及原木检验、等级评定;阔叶树原木材积表等。

除此之外,还有 3 项专业标准:车立柱、小径原木、等外原木。

7.5.2 造材原则

合理造材是为了提高原木产品质量。为此,造材应遵循如下原则:

(1)材尽其用原则

做好量尺造材,充分利用原条的全长。

(2)"三先三后"原则

先造特殊材,后造一般材;先造长材,后造短材;先造优材,后造劣材。要做到"优材不劣造,好材不带坏材",提高经济材出材率。

(3)"三要三杜绝"原则

要按计划造材,杜绝按楞造材;要量尺准确,杜绝超长和短尺;要材尽其用,杜绝浪费。

(4)需求原则

在符合国家木材标准的前提下,按用材部门提出的要求进行造材。

7.5.3 造材技术要求

合理造材的要求有两个。首先,要求量材员对原条的粗细、长短和各种缺陷进行仔细观察,量取原条全长和缺陷大小,根据材种计划进行分析,并拟定原条的合理造材方案,然后在材身上划尺,标出材种下锯部位。其次,要求造材员正确的锯截,必须按划线下锯,有线必造,不许躲包让节。要求锯口与木材轴线垂直,防止损伤和锯口偏斜导致的等级降低和木材浪费。造材中不应锯伤邻木,不得造成劈裂。

7.6 剥皮作业

剥皮(debarking)是为了满足木材保存和加工利用的需要而对原条或原木进行剥皮作业。目前,我国采伐作业中的剥皮比例不大,基本上是手工作业。机械化剥皮刚刚开始,已出现几种剥皮机。

按照剥皮的时间,分伐前剥皮和伐后剥皮。我国杉木林采伐,大多在采伐当年夏天进行立木剥皮,加速木材干燥,以便秋冬季采伐。伐倒后再对原条进行剥皮。其他林区和树种,多在采伐后剥皮。剥皮不得损伤木质。

按使用的动力不同,分人力剥皮和机械剥皮,人力剥皮多使用剥皮铲或剥皮刀。机械剥皮在我国尚不多见。有切刀剥皮、摩擦剥皮及混合式剥皮 3 种。

(1)切刀剥皮

利用锐利的切刀把树干表面的树皮剥离。多是让树干从刀头中间通过,进行剥皮。剥皮时往往带下一些木质。还有的用钝刀打击和剥离树皮的剥皮机,剥皮时不带木质部分,但剥皮质量较差。

(2)摩擦剥皮

剥皮机多为滚筒式,把木材装进滚筒内,滚筒不断旋转,利用木材与木材间的相互摩擦以及木材与滚筒壁的摩擦,让树皮自动脱落。这种剥皮机生产效率高,但要消耗大量动力和水。

(3)混合式剥皮

将切削和摩擦这两种剥皮方法结合起来。在滚筒内部焊有切刀,当滚筒转动时,木材在滚筒内翻转、撞击,受到摩擦及切刀切削,从而剥下树皮。

7.7 集材作业

7.7.1 集材的概念与分类

从采伐地点把分散的木材归集到装车场、伐区楞场、渠道的起点或小河边的搬运作业称为集材(skidding,yarding)。

集材方式按搬运的木材形态分,有原木集材、原条集材和伐倒木集材 3 种。树木伐倒后经过打枝、造材再进行集材称为原木集材,其中造材是将树干截成较短的原木。只经过打枝就进行集材的,称为原条集材。树木伐倒后,不经过打枝,直接进行集材称为伐倒木集材。原木集材多用在集材机械动力小、集运困难的林区。伐区内搬运条件好、集材机械动力大时,则应采用原条集材或伐倒木集材。

各种集材方式都需要一定的简易道路,这种道路称为集材道。集材机械沿着集材道运行时,能直接将集材道两侧一定距离内的木材拖走,这只需一道工序。如果将木材先集中在集材道两侧,然后再使用集材机械进行集材,则包括了小集中和集材两道工序,所需人力物力较多,使生产成本增加,应尽量避免。在不能避免时,也应尽量缩短小集中的距离。

　　集材按使用的机械设备分拖拉机集材、索道集材、人力和畜力集材、滑道集材、绞盘机集材和空中集材等几种。

7.7.2　拖拉机集材

　　拖拉机集材(tractor skidding)是当今世界上采用最广泛的一种集材方式。这种集材方式具有机动灵活、转移方便、生产效率高等特点，因而受到普遍欢迎。目前拖拉机集材主要应用在地势比较平缓，单位面积木材蓄积量大的平原林区或丘陵地林区。在自然坡度不超过 25°，每公顷出材量在 200m³ 以上，平均集材距离在 300m 以下的皆伐伐区或择伐强度较大的伐区，较适宜采用拖拉机集材。

　　拖拉机集材按集材设备可分为索式、抓钩式和承载夹式。索式集材拖拉机的集材设备由绞盘机、搭载板或吊架及集材索组成。集材时需要人工捆木。我国的 J-50 拖拉机和 J-80 拖拉机都是索式的。抓钩式集材设备抓取木材的抓钩只能在一个方向上伸出，而承载夹式的夹钩不仅可以伸出，还能在一定范围内回转。按承载方式可分为全载式、半载式和全拖式 3 种。全载式是木材全部装在集材设备上，集材时只有集材机械(包括载重)受到地面的阻力。半载式也称半拖式，是将木材的一端装在集材设备上，另一端拖在地上，因而产生摩擦阻力(图 7-4)。全拖式是木材全部在地面上由机械拖动，因阻力太大已基本不用。

图 7-4　半载式拖拉机集材

7.7.2.1　拖拉机集材的特点

　　拖拉机集材具有如下的特点：
　　①集材效率高，成本低；
　　②机动灵活，可以到达伐区的多数地方；
　　③与索道、绞盘机集材相比，不需要辅助设备，转移方便，投产迅速；
　　④可以集原木、原条和伐倒木，还可以集枝桠材；
　　⑤受坡度和土壤承载能力的限制，一般只适于坡度小于 20°同时土壤承载能力大于

拖拉机的接地压力的伐区;

⑥拖拉机与木材一起运动,自身移动消耗一定的功率。

7.7.2.2 拖拉机集材的作业过程

拖拉机集材一般用于原条集材。拖拉机进行半悬式原条集材的工艺过程包括选材捆索、绞集木材、载运木材、卸车、空返5个过程。

在拖拉机返回伐区之前,集材员要选好足够一次拖集的原条数量,并捆上捆木索,确定好绞集原条的顺序。集材员在选材时,应尽量使要集的原条集中,以便缩短绞集时间。绞集时应本着先近后远,先上层后下层的顺序进行绞集。

拖拉机回到伐区后,驾驶员把拖拉机停在绞集的位置上。然后放下搭载板取下捆木索,并把集材索拖到已捆好的原条处系上捆木索,再进行绞集。原条装满后运往装车场或楞场。载运时如果拖拉机在松软地带打滑,或因负荷过重在较长的上坡道发动机熄火时,应把原条放在地上,等空车开过困难地段后,重新把原条绞到搭载板上再开走。拖拉机到装车场或楞场后,驾驶员把原条卸到指定地点。

7.7.2.3 拖拉机集材的作业要求

①集材顺序为集材道、伐区、丁字树。

②在集材道上绞集木材时,拖拉机停站位置应与被绞集的木材倒向成一条直线。

③拖拉机绞集原条前,搭载板应对准所集原条,集材绞盘机牵引索伸出方向与拖拉机纵轴线之间的角度不应大于20°,严禁沿着与树倒方向垂直的方向拖拉。

④捆挂原条时,集材员应站在安全地点,捆木索应捆绑在原条端部20~30cm处。集材员发出绞集指挥信号时,应站到原条后方5m以外的安全位置。

⑤绞集作业时,牵引索两侧10m以内不应有人。驾驶员应按指挥信号操作。

⑥拖拉机牵引索和捆木索正在移动时,不应摘解或捆挂原条。

⑦沿陡坡向下绞集时,应尽可能使拖拉机避开原条容易窜动的方向,并应放慢绞集速度;当原条欲窜动时,应立即停止绞集,并放松牵引索。

⑧拖拉机绞盘机上的钢丝绳在绞集过程中发生混乱(打结、起摞)时,应立即停止绞集,用工具进行调整;严禁用手直接调整。

⑨两台以上拖拉机同时集材时,后车与前车原条后端的距离,在平坦地段应保持在15m以上;在坡度不超过15°的路段,不应少于30m;在坡度超过15°的路段,后车应在前车下到坡底后,方可开动。

⑩拖拉机向上坡行驶或集材时,下坡20m以内不应有人。向下坡行驶时,不应急刹车和换档变速,严禁空档熄火滑行。

7.7.3 索道集材

索道是架空集材的主要方式之一,通过跑车沿架空的钢索(或其他柔性件)将伐区木材集运到一起,如图7-5所示。索道按力源分为人力索道、重力索道和动力索道3种。

用架空起来的钢索集运木材的设备,称为集材架空索道(yarding skyline),简称

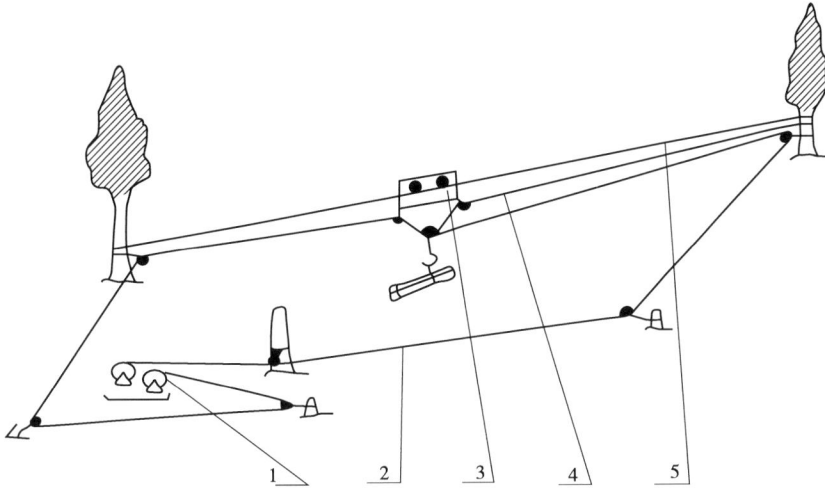

图 7-5　架空索道示意
1. 绞盘机　2. 回空索　3. 跑车　4. 起重索　5. 承载索

索道。

　　我国幅员辽阔，从东北到西南，森林资源大多数分布在山区，并且这些地方交通不便，特别是南方各林区，山高坡陡，沟谷纵横，地形复杂，要修建足够的集材道路，是十分困难的，即使修建简易的林区便道，花费的人力物力也相当大。采用索道集材就成为一种适宜的方式。

7.7.3.1　索道集材的特点

　　索道集材的优点是：

　　①可充分利用森林资源。梢头、枝桠可以运出伐区加以利用，集运中也不损失木材。

　　②很少破坏地表，有利于水土保持和森林更新。

　　③对山形地势的适应性强。不管是在高山陡坡，深沟狭谷，还是塘涧溪河，均可架设索道。

　　④受气候季节的影响小。

　　⑤不但可以顺坡集材，还可以大坡度逆坡集材，这对许多其他集材机械是不大可能的。

　　⑥减少山道修建。

　　索道集材的缺点：

　　①安装、拆转费工时。目前，安装一条长 1 000m 的索道约消耗 40~50 个工日。

　　②定向集材，机动性差，不如拖拉机灵活。因此，不宜在出材量小的伐区选用。

7.7.3.2　索道集材的技术参数

　　①人力索道　人拉区段跨度以 30m 为宜；控制区段 300m 为宜。运载量与钢索直径有关，通常 17mm 直径钢索的运载量为 600kg。

　　②重力索道　跨度一般以 100~300m 为宜，最大不超过 400m，一次集材不超

过 0.25m³。

③动力索道　跨度以 300m 为宜，最大不超过 500m。运载能力根据承载索直径决定，当跨度小于 300m 时，每趟载量为 0.5~0.8m³。

7.7.3.3　集材索道安装和作业要求

架设方法一般都是先安装绞盘机，拉细索上山，再拉牵引索上山，然后铺承载索和安装通信设备。

①索道线路应尽可能通过木材集中的地方，以减少横向拖集距离。

②卸材场地应方便下个阶段的运输。

③索道安装完毕后，应先试运行，经验收合格之后，方可正式使用。

④索道坡度应与所选索道类型相适应。中间支架的位置应考虑使索道纵坡均匀，避免出现凹陷型侧面。

⑤索道锚桩应牢固、安全。不应利用未列入采伐计划的活立木做锚桩。

⑥安装时承载索张力应得当，选用强度合格的钢索。集材运行时不开快车，不超载，不急刹车。

⑦应勤检查，对锈蚀和转动不良的滑轮及时更换。

⑧索道不应载人和在索道下作业。

7.7.4　人力和畜力集材

7.7.4.1　人力集材

一般都与其他集材方式相配合，如吊卯、人力小集中、人力串坡和板车集材等方式。

①吊卯　在畜力集材时，人力将原木进行归堆的作业称作吊卯。每堆原木的前端要用一根所谓卯木垫起，每堆原木的数量要与畜力集材每次载量的整数倍相符。

②人力小集中　为提高集材效率，在集材前将分散的木材集中成小堆的作业称作小集中，也称归堆。用人抬或肩扛的方式进行小集中作业，称作人力小集中。适宜的伐区坡度为冬季 4°以下，夏季 6°以下。

③人力串坡　借用地势靠人力将木材从坡上串放到坡下的作业，称作人力串坡。串坡不设固定的串坡道。冬季在我国北方，坡度 17°以上的伐区可用人力串坡。

④板车集材　板车集材是我国南方应用的一种人力集材方式。人力操纵装有两个胶轮的小车，将木材装在车上，沿下坡集材。如果集材小车装的是木轮，则称之为"满山跑"。集材道一般宽 1.5m，坡度不超过 15°。

7.7.4.2　人力集材作业要求

①在搬运之前，应按不同材种要求造材，尽可能减轻搬运重量。

②人力搬运应尽可能利用吊钩、撬棍、绳索，避免手、足直接接触。

③几人共同作业时，应有人指挥步调一致。

④集材工人应配备劳动防护用品方可上山作业，如鞋帽、手套等。

⑤木材滚滑时，工人应站在上坡方向，下方不应站人。

7.7.4.3　畜力集材作业要求

①引导牲畜的工人应走在牲畜的侧面或后方。

②集材道上的丛生植物和障碍应及时清除。

③木材前端与牲畜之间至少应保持 5m 的安全距离。

④集材道的最大顺坡不超过 16°，其坡长不超过 20m；重载逆坡不大于 2°，其坡长不超过 50m。

⑤安全要求：不应人、料混装；集材牲畜不能超负荷作业；带上草料，注意卫生和休息。

7.7.5　滑道集材

将木材放在人工修筑的沟、槽中，让其靠自身的重力下滑以实现集材，称为滑道集材(chute skidding)。滑道按结构特点分为土滑道、木滑道、水滑道、冰雪滑道和竹滑道等。

7.7.5.1　滑道集材的类型

①土滑道　沿山坡就地挖筑的半圆形土槽，修建简单，投资少，适用于运量小、木材分散、坡度在 55% 以上的伐区，但生产效率低，木材损失大，易造成水土流失。

②木滑道　槽底和槽墙用原木铺成。一般铺设在坡度较缓、地势低洼、石塘地段。其目的是为了降低修建成本和调整木材滑行速度。

③冰雪滑道　利用伐区自然坡度，取土筑槽，表面浇水结冰后构成半圆形的槽道，冰层厚度保持在 5cm 以上为宜。具有结构简单、成本低、滑速快、生产效率高等优点。

④水滑道　在水资源充足的伐区，修建沟槽以后，引水入槽。木材在水槽内滑行或半浮式滑行集材，适用于水资源充分、坡度在 15% 以下的伐区。

⑤竹滑道　利用竹片或圆竹按一定的纵坡铺成的滑道。

⑥塑料滑道　采用软型聚乙烯材料，半圆形滑道每节长 5m、壁厚 5mm、横截面圆弧半径 350mm、重 25kg。优点是重量轻、安装转移快、节省木材。

7.7.5.2　滑道集材的技术要求

①滑道线应尽量顺直，少设平曲线。拐弯处沟槽应按材长相应加宽。

②滑道最好不应刨地而成。可以筑棱成槽，以免破坏地表。

③完成集材任务后，滑道应及时拆除，恢复林地原貌。

④滑道可以做成木底、冰底，或塑料、钢轨底以免损伤地表。

⑤随时掌握木材的停留点，及时收料归拢。

⑥滑道集材生产工人应事先培训，掌握安全生产要领，配备必要的劳动防护用品。

⑦滑道集材，木料滑行冲击力大，严禁下方站人。

⑧生产工人应配备通信工具。

7.7.6　绞盘机集材

绞盘机集材(winch yarding)是以绞盘机为动力，通过钢索将木材由伐区内部牵引到指定地点的一种机械集材作业方式。绞盘机集材适于皆伐作业,集材距离一般可达 300m。这种集材类型对地形的适应性较强,在低湿地、沼泽地、丘陵地、陡坡等地方均可进行。此外,这种集材类型设备简单,易于操作,生产成本低,劳动效率高,破坏地表轻,不受作业季节影响。当拖拉机集材的使用受到限制时,可采用绞盘机集材。在地形变化的林区,可采用绞盘机和拖拉机两种集材机械组成接力式集材。这种集材类型的主要缺点是移动不便,集材距离受卷筒容绳量的限制,而且不适于择伐伐区。

绞盘机集材按所拖集的木材形态分伐倒木集材、原条集材和原木集材 3 种。按拖集时木材所处的状态分全拖式集材、半拖式集材和悬空式集材。原条或伐倒木在地面直接拖集的称全拖式集材。这种集材方式所遇到的阻力较大。当伐区坡度较陡,坡面变化不大且无岩石裸露的地带可以采用全拖式集材。原条或伐倒木一端悬起,另一端在地面上的集材方式称为半拖式集材。这种集材方式所遇到的阻力较小,适于坡度较大,坡面有起伏变化或岩石裸露的地带。以架空索道的方式为基础,把原条或原木悬吊起来进行集材的称为悬空式集材。这种集材方式运行阻力和伐区地表无关,可穿越峡谷和凹凸不平的地段。半悬式和悬空式两种集材方式,需要有一定高度的集材杆,这种集材杆可以选择活立木,没有活立木时,可用人工架设。

7.7.7 空中集材

7.7.7.1 气球集材作业

利用气球升力悬空吊起木材,配以绞盘机钢索牵引运行的一种空中集材方式,称气球集材(balloon yarding)。气球集材量是根据阿基米德原理和气球容积而定。氦气球静浮力等于气球容积的空气重量减去同容积的氦气重量。气球集材效率约为 $20\sim40\text{m}^3/\text{h}$。根据钢索布置方式的不同,气球集材可分为回空索式、承载索倒置式和承载回空式 3 种索系。

7.7.7.2 直升机集材作业

应用直升机进行空中吊运木材的集材方式,称为直升机集材(helicopter yarding)。在直升机集材中,主要影响因素是起重量和飞行速度。起重量取决于作业高度和温度,在高山地区或炎热的夏季,起重量约降低 25%。飞行速度取决于集材区平均坡度和下降速度,当平均坡度为 11° 时,飞机可以航速 $120\sim160\text{km/h}$ 飞行。当平均坡度为 19°~22° 时,飞行速度则下降到 $60\sim100\text{km/h}$。直升机集材效率与发动机功率、每趟集材量有关,作业时力求保证最大载量。直升机集材效率一般为 $100\sim200\text{m}^3/\text{h}$。

7.7.7.3 飞艇集材

应用飞艇进行空中吊运木材的集材方式,称为飞艇集材(helicostat yarding)。飞艇系由气球与直升机相组合而成的飞行器,包括充氦气球、发动机、驾驶艇、绞盘机和悬挂装置等。其基本原理是气球提升木材，发动机推进飞行。该集材方式兼有直升机集材和气球集材的优点，机动灵活，能自由地选择航线飞行，起重量大，生产效率高，但投资巨大。

以上各种集材方式的适用范围见表7-3。

表 7-3　不同集材方式的适用范围

类　型	适宜条件			备　注
	地形	纵坡度(°)	出材量(m³/hm²)	
拖拉机	地形平坦或起伏不大	<15	南方材区：>20 北方材区：>75	工序简单，效率较高，但对地表有一定破坏
绞盘机	地势平坦或起伏不大	<25	>120	防止拖曳破坏土壤植被
动力索道	丘陵或高山地区	<25	>80	对地表、树木的破坏小，适于陡坡或复杂地形，机械设备转移困难
无动力索道	丘陵或山岳地区	<15°	>50	
板车	地势较平坦岩石较少	<8	>15	
滑道	不受地形限制	<25	不限	易造成冲蚀沟
人力、畜力	丘陵或高山林区	<20	不限	
运木水渠	高山林区水源充足	<4	>75	

7.8　归楞作业

7.8.1　归楞方式

伐区归楞按使用动力不同，分为人力归楞和机械归楞两种。

（1）人力归楞

适用于中小径材、材质较轻的木材（如杉木、毛竹）或分散小楞场的木材归楞。

（2）机械归楞

分为拖曳式和提升式两种，均可与装车联合作业，适用于楞场存材量大、木材径级大、木质重或集材作业时间集中的归楞作业。

7.8.2　归楞要求

（1）楞高

人力归楞以 1~2m 为宜，机械归楞可达 5m。

（2）楞间距

楞间距以 1~1.5m 为宜，楞堆间不应放置木材或其他障碍物。在楞场内每隔 150m 留出一条 10m 宽的防火带（道）。

（3）楞头排列

应与运材的要求和贮木场楞头排列次序密切结合。通常排列顺序为"长材在前、短材在后，重材在前，轻材在后"。

（4）垫楞腿

每个楞底均应垫上楞腿。伐区楞场楞腿可以采用原木，原木的最小直径应在20cm以上，并与该楞堆材种、规格相同，以便于装车赶楞，避免混楞装车；贮木场楞腿可采用水泥制品代替原木，延长楞腿的使用寿命。

（5）分级归楞

作业条件允许时，应尽量做到分级归楞。分级归楞标准应根据国家木材标准和各单位的生产要求而定，即按原木的树种、材种、规格与等级的不同进行归楞。每日集到楞场的木材，应及时归楞，为集材和造材作业创造条件。

7.8.3　楞堆结构

楞堆结构类型的选择主要取决于归楞的作业方式、作业机械及对木材贮存的要求，其类型主要分为格楞、层楞和实楞等。

（1）格楞（捆楞）

适用于拖曳式（架杆绞盘机）归楞，这种楞堆在归楞、装车及推河作业时，便于机械操作（图7-6）。

（2）层楞

适用于人力归楞，这种楞堆通风良好，木材容易干燥，滚楞方便，装车时也容易穿索，但要求同层原木直径相同或相近（图7-7）。

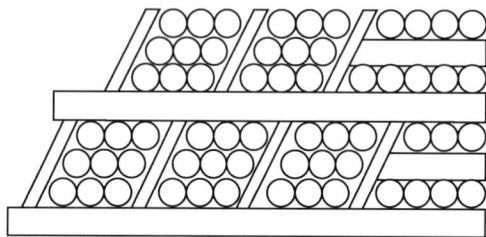

图7-6　格楞

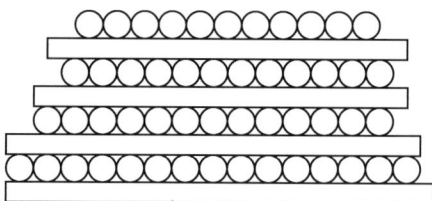

图7-7　层楞

（3）实楞

适合于机械归楞。这种楞堆归楞方便，不受径级限制；但楞堆密，通气差，木材水分不易散发。在气候干燥、木材容易开裂的地区采用此结构楞堆较好（图7-8）。

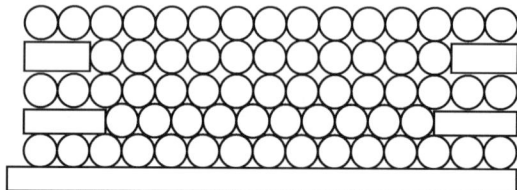

图7-8　实楞

7.9　装车作业

伐区装车与伐区归楞的作业性质相似，其作业方法和所用机械也一样，有架杆绞盘机、缆索起重机、汽车起重机、颚爪式装卸机等。可分为人力装车、机械装车、机械和人力相结合装车 3 种方式。

7.9.1　伐区汽车装车作业的要求

①汽车进入装车场时，应听从装车指挥人员的信号，装汽车对正装车位置后，应关闭发动机，拉紧手制动，挂上一挡或倒挡，并将车轮用三角垫木止动。

②装车前，装车工应对运材车辆的转向梁、开闭器、捆木索进行检查，确认状态良好后，方准装车。

③装载原条时，粗大、长直原条应装在底层，并按车辆承载标准合理分配载重量。

④起吊、落下木捆应平缓，不应砸车。捆木索不应交叉拧动。

⑤木捆吊上汽车时，看木工应站在安全架上使用刨钩调整摆正。木捆落稳后，方可摘解索钩。不应站在木捆侧面和下面用手推、肩靠的方式摆正木材位置。

⑥未捆捆木索之前，运材车辆不应起步行驶。

⑦连接拖车时，驾驶员应根据连接员的信号操作。连接员不应用腿支撑牵引架，不应用手扶连接器。

⑧不应用拖拉机或其他动力将汽车拖拉到不符合林区道路坡度规定的地点装运木材。平曲线半径小于 15m、纵坡大于 8°的便道上不应拖带挂车。

⑨不应用汽车在装车场拖集木材或拆楞，不应在进行集材作业的索道下面停车。

7.9.2　装车质量要求

①原条前端与驾驶室护拦的距离不应小于 50cm。

②装车宽度每侧不应超过车体 20cm。

③装车高度距地面不应超过 4m，木材尾端与地面距离不应小于 50cm。

④顶层最外侧靠车立柱的木材，超过车立柱顶端部分不应大于木材本身直径的 1/3。

⑤木材载重量分配合理，不应超载和偏重。

⑥装载的木材应捆牢，捆木索应绕过所有木材并将其捆紧到不能移位。

7.10　原木检尺与分级

7.10.1　原木检尺

(1)原木长级

在直接用原木中，长级规定为不超过 5m 的，按 0.2m 进级；超过 5m 的，按 0.5m

进级。加工用原木长级规定按 0.2m 进级。长级的公差为：直接用原木，材长不超过 5m 的为±3cm，材长超过 5m 的为±10cm；加工用原木，材长不超过 2.5m 的为±3cm，材长超过 2.5m 的为±6cm。

（2）原木长级量测

如果原木的端面偏斜，则原木的实际长度应以最小长度为准。原木端部有斧口砍痕时，如果减去斧口砍痕量得的断面短径不小于检尺径时，材长仍自端头量起；如小于检尺径时，材长应扣除小于检尺径部分的长度。对弯曲原木，材长以其直线距离为准。原木端头有水眼，应扣除水眼至端头的长度。具体量测按《原木检验》（GB/T 144—2013）标准执行。

（3）原木径级

按原木产品标准的规定，原木直径按 2cm 进级，不足 1cm 舍去，满 1cm 的进级。

（4）原木径级量测

原木径级是通过原木小头断面中心量得的最短直径，经进舍后的尺寸。检尺时尺杆要与树干轴线垂直，不得沿截面偏斜方向检量。量取的直径不包括树皮的厚度。对特殊形状原木的检量方法，按《原木检验》（GB/T 144—2013）标准执行。

7.10.2　原木分级

决定原木等级的主要因子是木材缺陷的数量、分布与发展程度。加工用原木分为 1、2、3 等，其他不分等。

7.11　伐后作业

伐后作业包括采伐迹地清理、楞场和装车场清理、临时性生活区清理、集材道清理、水道清理等。其中采伐迹地清理要求为：

①根据迹地的林况、地况、采伐方式等条件，一般宜在采完一定面积后进行清理。

②将风倒木及该集未集的采伐木运出迹地。

③将伐木造材作业中的剩余物如枝杈、梢木、截头等，按要求集中归成一定规格小堆，堆积枝杈时宜避开小河、小溪径流。

④在水土容易流失的迹地宜横向堆放被清理物。

⑤长度 2m 且小头直径 6cm 以上的木材宜全部运出利用。

⑥将灌木、藤条砍除，但有多种经营的、有利用价值的应予保留。

⑦用堆腐、带腐、散铺、火烧（对病虫害严重的采伐迹地）等方法恢复森林生态环境。

⑧将采伐放倒的枯立木、火烧木、病虫木以及在采伐作业中受到严重伤害的树木的可利用部分造材运出迹地。

集材道清理要求及时填平被严重拖压的路面，将枝桠横铺于集材道上，清除积水，选择适当的更新方式尽快恢复森林植被。

7.12　森林更新

7.12.1　森林更新方式

（1）人工更新

人工更新适用于：改变树种组成；皆伐迹地；皆伐改造的低产（效）林地；原集材道、楞场、装车场、临时性生活区、采石场等清理后用于恢复森林的空地；工业原料林、经济林更新迹地；非正常采伐（盗伐）破坏严重的迹地；其他采用天然更新较困难或在规定时间内不能达到更新要求的迹地。

（2）人工促进天然更新

完全依靠自然力在规定时间内达不到更新标准时，应采取人工辅助办法，促进天然更新。人工促进天然更新适用于渐伐迹地；补植改造或综合改造的低产（效）林地；采伐后保留目的树种天然幼苗、幼树较多，但分布不均匀、规定时间内难以达到更新标准的迹地。

（3）天然更新

下列情况下，可采用天然更新：

①择伐、渐伐迹地。

②择伐改造的低产（效）林地。

③采伐后保留目的树种的幼苗、幼树较多，分布均匀，规定时间内可以达到更新标准的迹地。

④采伐后保留天然下种母树较多，或具有萌蘖能力强的树桩（根）较多，分布均匀，规定时间内可以达到更新标准的迹地。

⑤保持自然生长状态，且立地条件好，降雨量充足，适于天然下种、萌芽更新的迹地。

7.12.2　更新要求

采伐后的当年或者次年内应完成更新造林作业。更新技术标准包括：

（1）成活率

一般要求人工更新当年株数成活率达到 85% 以上，西北地区及年均降水量在 400mm 以下的地区应达到 70% 以上。人工促进天然更新的补植当年成活率达到 85% 以上。

（2）保存率

皆伐更新迹地第 3 年幼苗幼树保存率达到 80% 以上，但西北及年均降水量在 400mm 以下的地区株数保存率应达到 65% 以上。择伐迹地更新频度达到 60% 以上。渐伐迹地更新频度达到 80% 以上。

（3）合格率

当年成活率合格的更新迹地面积应达到按规定应更新的伐区总面积的 95%；第 3 年保存率合格的更新迹地面积应达到按规定应更新的伐区总面积的 80%。

（4）成林年限

迹地更新标准执行《造林技术规程》（GB/T 15776—2016）、《封山（沙）育林技术规程》（GB/T 15163—2004）和《生态公益林建设导则》（GB/T 18337.1—2001）规定的成林年限和成林标准。

（5）技术要求

森林更新应正确选择更新方式；科学确定树种和树种配置，适地适树适种源；良种壮苗、细致整地、合理密度、精心管护、适时抚育。具体执行 GB/T 15776—2016、GB/T 15163—2004 和 GB/T 18337.3—2001 生态公益林建设技术规程。

7.13 森林采伐规划设计

7.13.1 森林采伐规划的类别

（1）长期森林采伐规划

长期森林采伐规划由森林经营单位直接利用森林经营方案中的森林经营体系、森林采伐和森林培育部分的内容进行编制，实施期限为 10 年，并于经理期的前 1 年制定。

长期森林采伐规划的主要内容包括：森林分类区划与经营布局、合理年伐量及各种采伐类型比例、木材和其他木质林产品产量、林区道路修建与维护、森林采伐配套设施修建与维护、伐区森林的恢复等。

（2）中期森林采伐规划

中期森林采伐规划按采伐限额分解到经营单位，实施期限为 5 年，并于实施 1 年前制定。

中期森林采伐规划的主要内容包括：林地类型和采伐作业区域划分、缓冲区的范围和界线、合理年采伐量调整和各种采伐类型伐区的时间与空间配置、各年度木材和其他木材林产品的采伐面积和采伐量、林区道路与贮木场修建、伐区森林的恢复、集材道和楞场等。

（3）年度采伐计划

年度采伐计划是进行森林采伐作业设计的主要依据，它的落实单位是伐区。年度采伐计划于实施前半年制定，实施期 1 年。

年度采伐计划的主要内容包括：确定伐区位置和界线、采伐类型、采伐方式、采伐强度、采伐量、采伐时间等；各级缓冲区的长度、宽度、面积和作业要求；制定森林更新计划；绘制采伐和更新的作业图；调整计划，遇到偶然事件发生时的对策。

（4）施工作业计划

施工作业计划的落实单位是作业区，主要依据年度采伐计划，在施工作业开始前制定。

主要内容包括：明确作业任务的实施地点、时间和顺序；编写任务通知单，包括各项作业任务的工程数量、设计资料和现场复查情况、施工时间、规格质量标准、工程造价和劳动定额等；根据作业工程项目和工程量，编制物质材料计划。

7.13.2 伐区工程设计

伐区工程设计包括楞场设计和集材道设计。

在伐区面积较大、运输距离较长的情况下，可设置楞场。楞场选设应考虑与禁伐区和缓冲区的距离，位置适中能保证集材距离最短和经济上合理；地势平坦、干燥，有足够使用面积，土质坚实，排水良好；便于各种装卸机械的安装；便于卸载、归楞、装车或推河作业。楞场大小取决于木材暂存量、暂存时间和楞堆高度。

集材道布局应根据下列因素而定：远离河道、陡峭和不稳定地区；应避开禁伐区和缓冲区；应简易、低价；宜恢复林地。集材主道最大坡度为 25°，集材支道最大坡度为 45°，不同集材道的主要技术参数见表 7-4。

表 7-4 不同集材道的主要技术参数

集材道类型	宽度 （m）	最大纵坡 （°）	最小平曲线半径 （m）	经济集材距离 （km）	备 注
拖拉机道	3.5	8	7~10	2.5	如果半径取小值，弯道内侧应加宽
胶轮板车道	2.0	8	5.0	1.5	
索道		45		1.0	转弯偏角 30° 以下
人力、畜力集材道	2.0	15	人力不限畜力 20.0	0.5	
运木渠道	0.8(底宽)	7	50.0	2.5	
滑道	1.0	45	≥80	1.5	

7.14 森林作业机械

森林作业机械主要包括采伐机械、集材机械、运材机械、木材装卸机械等。

7.14.1 采伐机械

采伐作业机械可分为各种不同类型的油锯和采伐联合作业机械。

油锯(chainsaw)是一种以汽油机为动力的手提式链锯。油锯全世界每年的产量多达几百万台，除用于木材生产外，也是园林、家具等行业的常用工具。

油锯在木材生产中占据主导地位，山地森林和大径木的采伐基本上是以油锯作为唯一的机械化工具。油锯对地形、生产工艺组织和森林资源特征具有高度的适应能力。油锯按把手位置分为高把油锯和低把油锯两类，分别如图 7-9、图 7-10 所示。油锯主要由发动机、传动机构和锯木机构 3 大部分组成，如图 7-11 所示。

（1）油锯的动力机构

油锯的动力机构大都采用单缸二冲程往复活塞式汽油机。为了使油锯整机重量小、结构紧凑，这类发动机要求能发挥尽量大的功率。因此，采用增大转速的办法使发动机"强化"。为了减轻重量，需要简化结构，采用新材料和新工艺制造。如配气系统、冷却系统和润滑机构都是采用简化结构设计。油锯的传动机构，有时采用直接传动的方式，不加减速器。采用轻合金和合成材料、复合材料制造油锯的零部件。

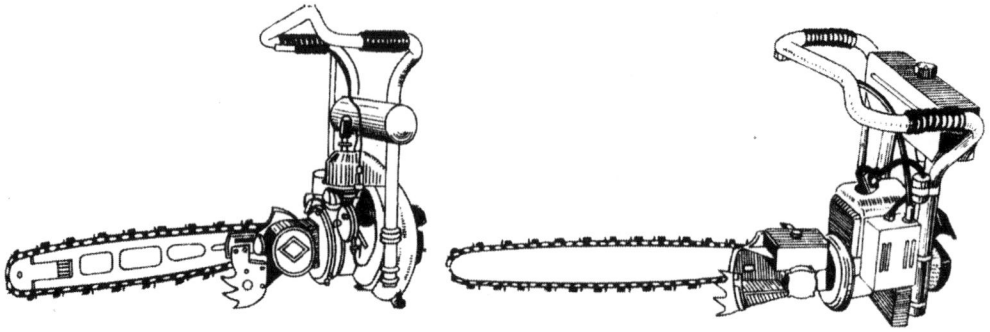

图 7-9　高把油锯

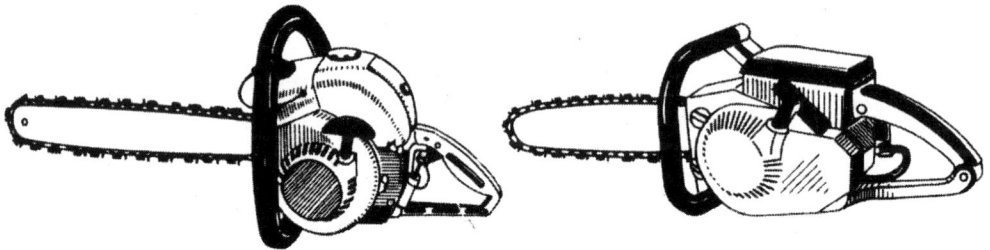

图 7-10　低把油锯

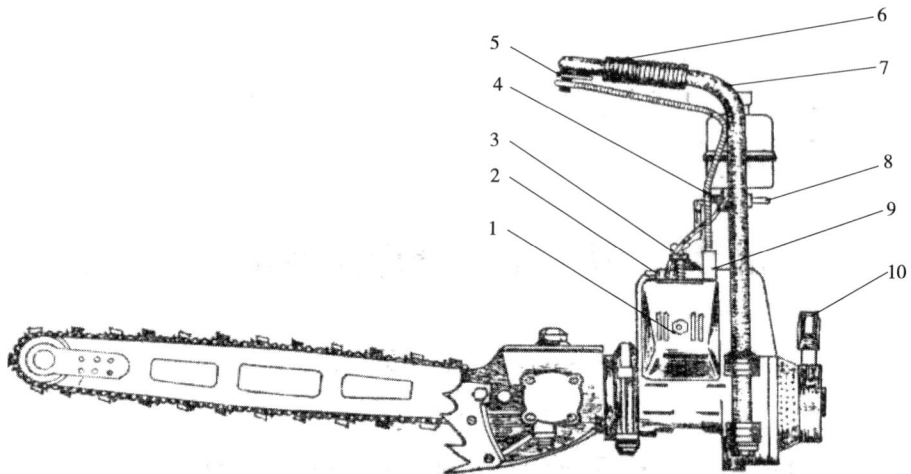

图 7-11　高把油锯外部构造

1. 空气滤清盒　2. 阻风门阀杆　3. 加油按钮　4. 点火线圈　5. 油门扳机
6. 手把　7. 锯架　8. 停火开关　9. 油门拉线　10. 起动手把

（2）油锯的传动机构

分为直接传动和带减速器的传动两种。直接传动的油锯，发动机发出的动力由曲轴直接传给离合器、驱动轮。此时，驱动轮的转速即为曲轴转速，曲轴的扭矩即为驱动轮的扭矩。这类油锯多为短把锯。带减速器的油锯，发动机的动力首先传给离合器，再经过一级减速器传给驱动轮。发动机的转速经减速器降低，增大输出扭矩，同时改变动力的传递方向。这类油锯一般为高把锯。

传动机构主要由离合器、减速器、驱动轮组成。油锯离合器的功用是接通或断开动力的传递，以及防止发动机超载。油锯离合器一般采用自动离心式摩擦离合器。这种离合器不但结构简单，而且操作方便。离合器靠转速的大小结合或分离，转速高时自动接合，转速低时自动分离。油锯的减速器由一对锥形齿轮组成，装在一个专门的减速器壳内，齿轮和轴合为一体，被动齿轮轴的伸出部分就是驱动链轮的轴。驱动链轮是驱动锯链运动的部件，把发动机输出的旋转运动变成锯链的直线运动。油锯上常用的链轮有星形链轮及齿形链轮两类。

（3）锯木机构

由导板及其固定张紧装置、锯链及导向缓冲装置组成。锯链是一个由不同形状、不同功能的构件组成的封闭链环。它的切削齿可以切割木材，而传动齿可以传递动力。导板是锯链运动的轨道，同时在锯切时还要起支撑作用，要求一定的强度和耐磨性。目前油锯导板都是悬臂式。带导向缓冲装置的导板，可以减少锯链的振动对导板头的冲击，减少摩擦力，提高耐磨性。

选择油锯的主要标准是：①质量轻、体积小；②密封性能好；③导板转向性能好；④噪音和振动小。衡量油锯性能的主要指标包括重量、发动机功率和油锯锯木生产率、油锯经济性、振动及噪音、可靠性指标等。

7.14.2　集材机械

集材所用机械主要是集材拖拉机和各类索道。

7.14.2.1　集材拖拉机

集材拖拉机分为履带式和轮式两类。

（1）履带式集材拖拉机

以 J-50 为例，它是专门为原条集材而设计的（图 7-12）。J-50 后部安装了可升降的搭载板。为把伐区上分散的原条集中成捆，拖拉机上专设有单筒绞盘机，利用其钢索（称为集材索、牵引索、大绳等）及索具可将原条逐根或若干根一起拖集到拖拉机的后面。凑集到一趟载量后，将搭载板放落下地，然后开动绞盘机，收集各捆木索。依靠搭载板对地面的支承，把成捆的原条拉上搭载板，进而推动搭载板，迫使其起升回位。原条捆呈半悬状态。拖拉机行驶时，原条的后端拖在地面，呈半拖状态。搭载板升降靠液压油缸驱动。

图 7-12　履带式集材拖拉机

图 7-13　轮式集材拖拉机

（2）轮式集材拖拉机

轮式集材拖拉机为四轮驱动折腰式拖拉机，前设推土铲，后设绞盘机，如图 7-13 所示。轮式拖拉机的特点是：

①在结构上，前后部分铰接联结，折腰转向，所有驱动轮都着地。这样，实现了前后轮同辙，越野性高。

②采用液压传动、液压操纵、全液压折腰转向。这样，行驶灵活，转弯半径小，驾驶舒适；并且减小了噪音和振动，减少零件磨损，提高了寿命，减少了故障维修费用。

③采用防滑差速器和低压大花纹轮胎，四轮或六轮驱动；即使一侧打滑，另一侧也可单独驱动。

④速度高，机动性好。速度一般在 2.3~13.5km/h。绞集木材时可利用折腰转向使绞盘机对准木材，提高绞集速度。

7.14.2.2 索道

（1）索道分类

索道是为适应高山陡坡的复杂地形而产生和发展起来的。索道类型繁多，大致可作如下分类：

①按不同功能的钢索数量可分为一索系、二索系、三索系、四索系等。

②按力源可分为动力、重力和人力。

③按承载索的功能可分为承载索两端固定式、承载索运行式和承载索松紧式。

④按索道的线型可分为直线型、转弯型、曲线型。

⑤按木材运行时的状态可分为全悬式和半悬式。

⑥按木材运行的过程可分为单发式、多发式、交接式、联运式。

⑦按承载索的性质可分为钢索型和非钢索型，非钢索型如竹条、竹缆、竹筒、麻绳、铁丝等。

（2）索道组成部分

索道的主要组成部分是各类钢索、跑车、鞍座、支架、滑轮、绞盘机等。除承载索外，还有其他一些工作索，如起重索、牵引索、回空索、落钩索等。承载索支承着索道的全部荷重包括运行跑车和载荷，承受巨大的张力，因而要求承载索具有很高的抗拉强度、抵抗冲击及横向压力的能力。牵引索和回空索是牵引跑车沿承载索运行，它们工作时往往要经过多个导向滑轮和卷筒上的收放，除要求承受拉伸、弯曲之外，还要承受横向挤压力，同时还得防止扭结。所以，除要求有适当的抗拉强度外，应尽可能选柔软、表面光滑的钢索，如顺绕麻芯钢索、交绕麻芯钢索等。起重索除要求有较大的抗拉强度外，还特别要求钢索在工作过程中不产生回捻扭结和自转松散。一般采用双绕交互捻钢索。

对索道绞盘机的要求是，可以独立作业，有过载保护能力，高山功率降低少，启动容易。一般采用内燃机作为动力，可以是柴油机或汽油机。索道绞盘机主要由发动机、传动系、工作卷筒、操纵系及机架等部分组成（图 7-14）。卷筒是绞盘机的工作机构，用来缠绕和容纳钢索，把发动机的旋转运动变为钢索的直线运动，以此牵引跑车拖集、提升和运输木材。索道集材作业，如拖集、提升、重载运行、降落和回空各环节，对绞盘机牵引力和牵引速度要求各不相同，运转方向也有差异。因此，要求索道绞盘机的传动系具有一定的速度变化范围，可以通过降低速度来加大扭矩，也可减小扭矩来加大速度，方向也可以正反转。通常设有变速箱和正倒齿轮箱以适应其变化。绞盘机还设有离合器，它的功用一是防止超载时传动系统的零部件因过载而损坏；二是保证动力传递的平稳性。绞盘机还设有制动器，它的作用是使运动中的卷筒实现制动和控制其速度。其工作原理是施加附加阻力于卷筒，使其产生大于卷筒工作扭矩的制动力矩，实现制动调速的目的。

图 7-14 绞盘机外形结构

7.14.3 装卸机械

分为伐区装卸机械和贮木场装卸机械。伐区装卸机械有架杆、绞盘机、缆索起重机、汽车液压起重设备等。架杆起重机分固定型和移动型两种。固定型的架杆起重机安装在特制的机架上，用绷索和其他装置固定在地面基础上，如图 7-15 所示。移动型的架杆起重机安装在拖拉机、载重汽车底盘上、铁路的平板车上或其他可移动的设备上。缆索起重机由绞盘机、承载索、回空索、牵引索、跑车以及滑轮等组成。图 7-16 所示为装载机装载木材的过程。

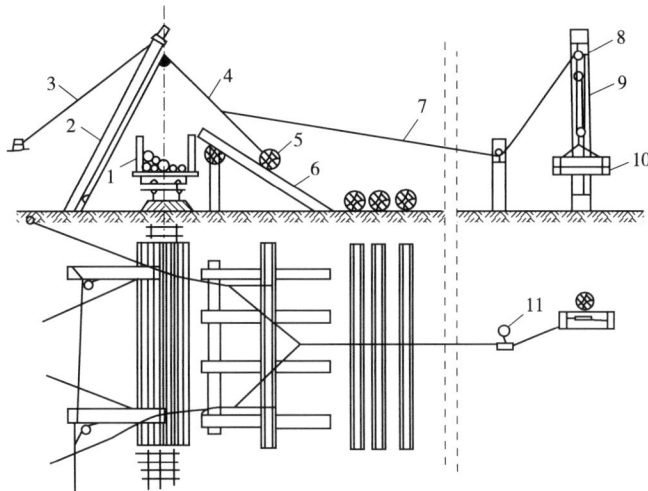

图 7-15 架杆式单面装车

1. 车辆 2. 架杆 3. 绷绳 4. 牵引索 5. 原条捆 6. 爬杆
7. 回空索 8. 滑轮组 9. 回空架杆 10. 回空锤 11. 转向架杆

7.14.4 采伐联合作业机械

20 世纪 60 年代，部分森林工业发达国家研制并应用了采伐联合作业机械。经过不断改进，到 20 世纪 80 年代采伐联合作业机械已经成为森林采伐作业的主流设备。这种机械能完成采伐作业中的两道或两道以上工序，因地域不同而各异。北欧的采伐联合

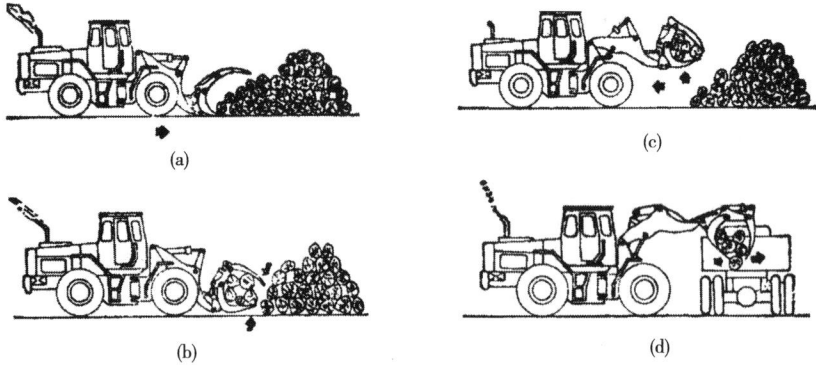

图 7-16　装载机装车

作业机械完成的工序包括伐木、打枝、造材、归堆，称为伐区收获机(harvester)。北美的典型采伐联合机械完成的工序则包括伐木、打枝、归堆，通称为伐木归堆机(feller—buncher)。伐区联合作业机械代表了木材生产作业机械的先进水平，也代表一个国家森林工业的整体水平。伐区作业条件恶劣，随机因素多，伐区作业机械比常规机械要求高得多。

20 世纪 90 年代以来，伐区联合作业机械发展的突出特点之一是智能化。在北欧应用的伐区收获机上普遍装有计算机控制的优化造材系统。计算机根据输入的树木种类、市场要求产品的规格和售价、在打枝过程中获得的树木外观形状等方面的数据，对其加工处理后，得出最佳造材方案，然后计算机发出指令，伐木头执行造材动作。芬兰PLUSTECH 公司在 1995 年还推出了"步行伐木机器人"。该机器人行走部分由 6 条步行腿构成，全部由计算机控制。每条腿上都装有传感器，探测地面支撑程度信息。工作部分可以更换，即采伐时装上伐木头，整地时换上整地铲。该伐木机器人在林中机动灵活，对道路要求低，对林地土壤破坏小。美国和加拿大的公司将 GPS 和卫星遥控系统安装在伐区联合作业机械上，操纵者在驾驶室内能在计算机屏幕上获取需要的信息，大大方便了信息收集和决策。

7.15　森林作业与环境

在森林作业中，人、机械设备及土建工程会在一定程度上对林地环境产生消极的影响。

7.15.1　森林作业对林地土壤的影响

在森林作业中，人畜、机械和木材在林地上运行，以及修建的集材道路、装车场和伐区楞场等土木工程，对林地土壤会产生一定程度的损坏，进而对保留树木和更新树苗生长不利。损害的形式常分为破裂和压实两种。破裂的土壤失去土壤表层和植被层的保护，在较强的雨水冲刷下，尤其在皆伐后的坡地上，大量具有生产力的土壤会流失。局部土木工程也伴有土壤侵蚀，使作业后迹地条件恶化，甚至局部被雨水冲刷成难以恢复的大沟。被压实的土壤对保留木生长和更新种子着床发芽乃至生长均会产生一定程度的阻碍作用，主要表现在：①压实土壤由于密度增大，使土壤穿透阻力相应增大，对树木和树苗的根部延伸发展不利；②压实的土壤将阻碍土壤中养分、空气和水分的传输，而这些都是树木生长的必要要素；③被压实的土壤降低了对地表水的渗透能力，土壤的持水能力下降，加大了地表径流强度，进而加剧了水土流失和土壤侵蚀。

7.15.2　森林作业对林地内保留树木的影响

森林作业各项生产活动对作业地保留树木的影响可分为直接和间接的两种。间接影响是森林作业后对林地的土壤、水、光照产生影响，进而又作用于保留树木。直接作用是指作业设备直接作用于保留树木，并产生一定程度的损伤，如擦伤、刮伤、破裂和折断等。研究结果表明，间伐作业对林地保留树木的损伤率在 10%~18%。在集材道附近 1m 的树木根系受集材机械的损伤程度比较严重，普通集材机械造成的可达60%，宽轮胎机械造成损伤为 30%。受伤的树木除直接的生长障碍外，其受伤部位极容易导致病虫害，对小区域森林有着更大的潜在威胁。

7.15.3　森林作业对区域内径流水量水质的影响

森林作业对区域内径流水量水质均产生一定程度的影响。森林作业对径流量的影响主要来自 3 个方面：①土壤的物理性质发生了一些变化，森林采伐等作业使土壤密度增大，径流下渗减少，地表径流增加；②树木的蒸腾作用减少或消失，使瞬间地表径流增加；③由于失去部分或全部树冠的截留作用，降雨到达地面时的动能增大，对土壤的侵蚀力增强。

森林作业对径流水质的影响主要是由于森林采伐造成的局部水土流失，使河溪流水中的元素含量发生变化。一般外观表现为河水变得混浊不利于饮用。不同的采伐方式、集材方式、迹地清理方式对迹地水土流失也有不同的影响。在坡度比较缓和的山地，皆伐方式较择伐和渐伐方式产生的水土流失量增加 2~2.5 倍。拖拉机地面集材较直升机集材造成的水土流失量增加约 5 倍。火烧法迹地清理方式较堆积方式的水土流失量增大约 3 倍。采伐迹地上流失的水土和随流而下的采伐剩余物大多沉积在河溪流的河道上，使河床逐渐升高。

7.15.4　森林作业对森林生物多样性的影响

森林是陆地上物种最丰富的区域。据统计，全球约有物种 500 万~3 000 万种，其中有半数以上在森林中栖息繁殖。森林对物种的遗传多样性也有深刻的影响。遗传多样性是种群表现在分子细胞和个体水平上的变异度，变异越丰富，物种进化的潜力就越大。环境是影响物种变异度的主要原因。森林生态系统提供了多样化的生境，当一个物种分布在森林这个较大而又较多样化的生境时，种内的变异度就往往很明显，与草原、沙漠、苔原、海洋等生态系统相比，森林特别是热带林是最复杂、最多样的生态系统，其水平结构、垂直结构和营养结构复杂，藤本、攀缘、寄生、绞杀、附生等植物丰富，因此，森林是陆地生态系统的主体，是陆地上最典型、最多样、生物量最大、影响最大的生态系统。

　　无论是空间上还是时间上大尺度的森林采伐，尤其是在生态脆弱地区的森林采伐，会导致森林生物多样性减少。

7.15.5　森林作业对野生动物资源的影响

　　大多数野生动物以森林为生存栖息地，它们与森林相互依存。例如，森林为鸟类提供了生息地，鸟类也为森林传播种子和捕捉害虫。广义上，野生动物也是森林资源的一个重要组成部分。过度的和不合理的采伐都会导致野生动物失去家园，迫使其迁徙。近30年来，发达国家在森林采伐规划和作业中，非常注意对鸟类和地面野生动物的保护。如挪威和瑞典等国在采伐规程中规定，在林中凡有鸟巢的枯立木和活立木一律禁止采伐；在动物巢穴附近一定距离内，禁止有采伐活动；在流动性大的大型动物之主要栖息地和出没线路附近，禁止有高强度的采伐活动。

7.15.6　森林作业对森林景观的影响

　　森林为人类提供自然景观。不合理的采伐对森林景观产生不利影响。在欧洲，森林多为集约经营，集提供有形产品和无形产品如森林旅游为一体，森林采伐必须受森林景观的约束。无论在旅游区还是居民居住地区，任何采伐不得破坏居民或旅游者视野内森林景观的和谐，即不能盲目采伐这些地区的森林，否则，任何一位居民或旅游者都有权控告那里发生的不合理采伐活动。

复习思考题

1. 森林作业相对于一般工程施工作业有何特点？这些特点源于森林作业的哪些本质特征？
2. 森林抚育采伐与主伐有何区别？
3. 皆伐面积为何要有最大限度？
4. 渐伐和择伐有何异同？
5. 竹林为何采用择伐方式？
6. 伐木作业前要做哪些准备？
7. 何谓合理造材？
8. 集材道有何特点？
9. 集材索道与一般客运索道有何区别？
10. 塑料滑道与土滑道相比有何优缺点？
11. 为什么要进行伐后作业和伐后更新？
12. 高把油锯与低把油锯在结构上有何区别？各适用于何种情形？
13. 轮式集材拖拉机与履带式相比，使用性能有何区别？
14. 索道的各工作索有何作用？
15. 森林作业对森林环境的哪些方面会有影响？

推荐阅读文献

1. 王立海. 木材生产技术与管理. 北京：中国财政金融出版社，2001.

2. 国家林业局. 森林采伐作业规程(LY/T 1646—2005). 北京：中国林业出版社，2005.

3. 赵尘. 林业工程概论(第 2 版). 北京：中国林业出版社，2016.

4. 史济彦. 生态性采伐系统. 哈尔滨：东北林业大学出版社，2001.

5. 王立海，杨学春，孟春. 森林作业与森林环境. 哈尔滨：东北林业大学出版社，2005.

6. 张梅春. 森林营造技术. 沈阳：沈阳出版社，2011.

7. 李明阳. 森林规划设计. 北京：中国林业出版社，2010.

8. 国家林业森林资源管理司. 森林采伐作业. 北京：中国林业出版社，2007.

9. 国家林业局资源管理司. 森林采伐规划设计. 北京：中国林业出版社，2007.

10. 刘进社. 森林经营技术. 北京：中国林业出版社，2007.

第 8 章
森工经济与管理

【本章提要】本章介绍森工产品的类型、生产分布和应用方向，介绍国内外木材贸易的现状和工程经济的基本概念、研究对象和应用领域，介绍环境经济学的研究领域以及在森工环境经济问题上的分析应用，简要介绍有关森工的法律法规和管理制度，最后介绍了工程项目管理基本概念、工程项目生命周期、工程项目建设模式与组织结构。

森林工程一方面承担森林资源的开发与利用，直接面向经济大市场，具有鲜明的市场属性；另一方面肩负森林资源的建设与保护，其环境公益属性也已愈加重要。因此，研究森工产品的生产与消费以及森林工程的经济、环境、管理与法律法规成为森林工程学科的重要任务。

8.1 森工产品及其生产消费

8.1.1 森工产品的概念

广义的森工产品指开发利用森林资源以实现森林的经济和社会效益的各种产品，包括生物产品、非生物产品和旅游产品等。森林生物产品是以木材、竹子、藤、药材、食材、动物、微生物等生物资源加工制成的产品；森林非生物产品则是对森林能源（光、热、水、气等）和矿产资源等的开发利用，通常与水利工程、电气工程、采矿工程等工程分支密切相关、交叉融合；森林旅游产品是利用森林景观资源而开发形成的旅游产品，包括旅游线路和旅游活动等。

狭义的森工产品主要是指木材及与木材有关的各种产品。立木经伐倒、打枝、集材、造材等工序后，加工成原条或原木，即可利用，如薪材、农用木桩和篱笆柱子、工程施工用的柱子、坑木等。但在多数情况下，木材是通过一个或多个环节转化，形成制成品后才被利用。转化的类型和程度依赖于产品的最终用途，转化分为以下 4 类：

①不经过转化（立木被伐倒、打枝、截梢后的树干成为原条），或经简单加工（将原条按一定的长度规格造材截成较短的原木），或浸水，或注入防腐剂、杀虫剂，或喷洒防火抑止剂。

②纵向锯成梁木、厚板、木板等锯材，或切削成单板使用，或加工成胶合板。

③切成小片（木片或木粒），然后加工成刨花板，或者用作能源，或花园覆盖物。

④还原为纤维，然后做成纸、纸板和纤维板，或加工成含有纤维素的产品。

要生产一种比较高级且具有专门用途的合成品需要用到不止一种的转化形式。木材通过简单或复杂的转化可形成各种各样的产品，木产品可分木材原材料、锯材、木基板材、木浆、纸及纸板 5 大类。

8.1.1.1　木材原材料

（1）原木（log）

树木被伐倒打枝后，沿着树干长度方向截短而成的粗糙木材，可作为薪材或工业原木（图 8-1）。工业原木包括锯材原木和单板原木（用于生产锯材，包括铁路枕木、单板和胶合板）、纸浆用木材（用于生产木浆、刨花板和纤维板）、其他工业原木（坑木、杆、桩、柱等）。

图 8-1　木材原材料

（a）原木　（b）木片　（c）木材剩余物

（2）木片和木屑（wood chip）

造材、锯割加工木材的副产品，也可由木材直接加工成小片，主要用于木浆、刨花板和纤维板的生产，或用作薪材等。

（3）木材剩余物（wood residue）

大部分为工业生产剩余物，例如，生产锯材或旋切原木所产生的板皮和边料。

8.1.1.2　锯材

锯材（sawn timber）指原木经制材加工（即纵、横向锯解）得到的产品，如图 8-2 所示。按照木材的坚实度分为软木锯材（针叶树锯材即软木木材）和硬木锯材（非针叶树锯材即硬木木材）；按照用途不同，锯材分为普通锯材、专用锯材（造船材、车辆材等）和枕木；按照加工方式不同，锯材还可分为整边锯材、毛边锯材、板材、方材等。

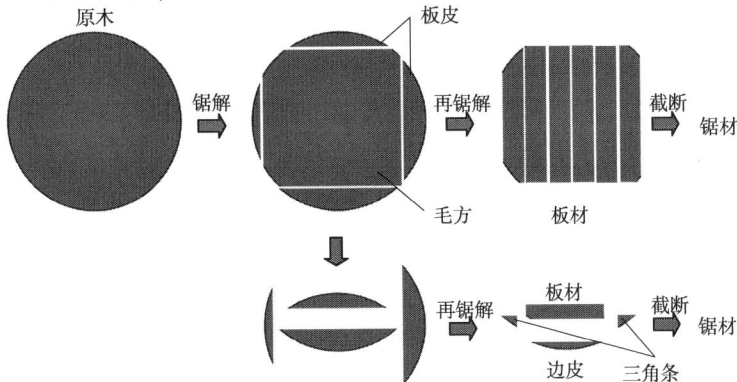

图 8-2　将原木锯解成锯材的加工过程

8.1.1.3　木基板材

木基板材(wood-based panel)是指由木材薄片如木片、木粒或纤维制作而成的薄板材料。

(1)单板(veneer sheet)

又称木皮、面板或面皮,是由原木通过旋切、刨切或锯开的方法加工成的厚度均匀的木质薄片状材料,主要用作生产胶合板、胶合木和其他胶合层积材。

(2)胶合板(plywood)

由单板经胶黏剂胶合而成,相邻单板的纹理一般相互成直角。分为单板胶合板(由两层以上的单板黏合在一起)、细木工板(中间层比外层厚的实心胶合板)、蜂窝板(芯板为蜂窝结构的胶合板)、复合胶合板(芯板由除实木或单板以外的材料组成)等几种,如图 8-3 所示。

(a)

(b)

(c)

(d)

图 8-3　木基板材
(a)单板胶合板　(b)细木工板　(c)刨花板　(d)纤维板

(3)碎料板(particle board)

又称碎木胶合板,是将小木片或其他木质纤维素材料(如削片、刨花、木片、细木丝、碎条、碎片),用黏结剂结合并通过加热、加压等工艺而成,如华夫板、定向刨花板和亚麻刨花板等。

(4)纤维板(fibreboard)

又称密度板,是用木材纤维或其他木质纤维素材料为原料,施加脲醛树脂或其他胶粘剂制成，包括绝缘板(未压缩的纤维板、软板)、硬板(压缩的纤维板)和中密度纤维板(MDF)等。

8.1.1.4　木浆

木浆(wood pulp)是指以木材为原料制成的纸浆。按照制浆方法可以分为机械木浆、化学机械木浆、化学木浆等；按照制浆材料可分为阔叶木木浆和针叶木木浆2类。

(1)机械木浆(mechanical wood pulp)

又称磨木浆，指在水冲刷下通过机械碾磨将已去皮及节瘤的木材离解或研磨成木质纤维。

(2)化学机械木浆(chemi-mechanical pulp)

又称半化学木浆，是将木片进行化学和机械二段处理得到木质纤维。通常先使木片用浸渍液充分浸渍，然后用挤压机脱水后送入盘磨机磨浆。

(3)化学木浆(chemical wood pulp)

化学木浆指在压力作用下通过化学过程制成的木浆，常用硫酸盐法和亚硫酸盐法。

(4)溶解木浆(dissolving grade chemical wood pulp)

包括硫酸盐浆、苏打或亚硫酸盐浆。溶解木浆纤维素含量高，具有用于造纸、人造纤维、纤维素塑料材料、漆和炸药等多种用途。

8.1.1.5　纸及纸板

纸(paper)是纸张、纸板及加工纸的统称，用于书写、记录、印刷、绘画或包装等。由悬浮在水中的纸浆，在造纸机成型网上沉积成错综交织的纤维层，再经压榨、干燥后制成。

纸的品种很多，通常有3种分类方法：

(1)按生产方式分类

分为手工纸和机制纸。手工纸以手工操作为主，质地松软，吸水力强，适用于水墨书写、绘画和印刷，例如，宣纸，但产量有限。机制纸以机械方式生产，例如印刷纸、包装纸等。

(2)按纸张的厚薄和重量

分为纸和纸板。每平方米重200g以下的称为纸，每平方米重200g以上的称为纸板。纸板主要用于商品包装。

(3)按用途分类

分为新闻纸、印刷纸、书写纸、包装纸、技术用纸、加工原纸、纸板、加工纸等。

纸的规格一般分为平板和卷筒2种。平板纸通常逐张使用，例如，供平台印刷机印刷和书写、绘画等用纸。卷筒纸主要供连续性加工机械使用，例如，供轮转机印刷、制袋机连续制袋。

8.1.2　森工产品的生产分布

2012年，全球原木产量达到 $35.3 \times 10^8 m^3$，其中木质燃料占53.0%，锯材原木和单板原木占25.6%，纸浆材、圆木和劈木占16.6%，其他工业原木占4.7%，见表8-1。

从生产地区来看，亚太地区、非洲、欧洲、拉丁美洲和加勒比地区、北美洲各占32.5%、20.2%、18.0%、14.7%和14.6%。

表 8-1　2012 年全球原木产量

类　型	产量($\times 10^4 m^3$)					
	非洲	亚太地区	欧洲	拉丁美洲和加勒比	北美洲	全球
木质燃料	64 431	76 172	13 295	28 868	4 188	186 954
锯材原木和单板原木	2 941	19 510	28 851	10 173	28 921	90 396
纸浆材、圆木和劈木	1 206	11 533	18 406	11 173	16 377	58 695
其他工业原木	2 793	7 490	2 950	1 456	1 891	16 580
合　计	71 371	114 705	63 502	51 670	51 377	352 625

资料来源：联合国粮农组织《2012 年年鉴——森林产品》，2014。

2012 年，全球锯材产量为 $4.13 \times 10^8 m^3$。全球 5 大产区(非洲、亚太地区、欧洲、拉丁美洲和加勒比地区、北美洲)中，欧洲的锯材产量处于领先地位，见表 8-2。锯材的 5 大生产国是：美国、中国、加拿大、俄罗斯和巴西。2012 年这 5 个国家的总产量($2.2 \times 10^8 m^3$)占世界锯材产量的 50%以上。

表 8-2　全球锯材 2008—2012 年产量

生产地区	产量($\times 10^4 m^3$)				
	2008	2009	2010	2011	2012
非洲	883	827	841	799	869
亚太地区	9 853	9 766	10 331	11 110	11 431
欧洲	13 791	12 157	13 871	14 414	14 002
拉丁美洲和加勒比	4 457	4 011	4 296	4 241	4 256
北美洲	11 442	9 482	9 731	10 055	10 715
全球合计	40 426	36 243	39 070	40 619	41 273

资料来源：联合国粮食及农业组织《2008—2012 年年鉴——森林产品》，2010—2014。

2012 年，全世界人造板产量为 $3 \times 10^8 m^3$，其中亚太地区、欧洲、北美洲分别占54.1%、24.7%、14.5%。在人造板品种上，单板、胶合板、碎料板和纤维板各占4.0%、28.4%、32.7%和34.8%。

2012 年，全球生产木浆 $1.74 \times 10^8 t$，北美洲、欧洲和亚太地区分列前三位，各占39.9%、27.5%和18.5%。木浆生产大国前三位为美国、加拿大和巴西。

8.1.3　森工产品的应用方向

以木材为原材料，经过加工制成的产品多达 5 000 种以上，而且使用方式也很多。

木材的最终使用部门可以划分为 6 大门类：能源、建筑、包装、家具、文化或绘图以及其他应用部门。用于能源的木材大多以薪炭材(烹饪和采暖)的形式用于欠发达国家。未经加工的工业木材主要用于建筑(建筑用桩)，也有其他用途，例如，用作坑木、电线杆、农用木桩和篱笆等。锯材和木基板材用于房屋建筑(屋顶、地板、墙壁)、包装、家具和其他混合的用途。纸及纸板用于包装、文化或绘图、家庭清洁用品和其他许多方面。

8.1.3.1　木质能源

一次能源总供应量(TPES)是对一国能源使用总量的估计值,通常以百万吨油当量(MTOE,相当于 $3\,800×10^4\,m^3$ 木质能源)计量。2011 年,全球木质能源消费为 772MTOE,其中直接来自森林和来自加工业的各占 64% 和 36%。在全球范围内,木质能源仅占一次能源总供应量的 6%,但在非洲和北美洲该比例较大,分别为 27% 和 13%。

8.1.3.2　锯材

2012 年,全球消耗锯材 $4.09×10^8\,m^3$。在大多数国家,建筑业是锯材和木基板材主要的使用领域,其次是家具业,包装业排第三。在北欧、北美洲和俄罗斯,房屋建筑是针叶锯材最大的用途。2008—2012 年期间,全球锯材消费主要集中在亚太地区、欧洲及北美洲,这 3 个地区的锯材消费量约占全球锯材消费量的 85%。

除房屋建筑外,锯材的其他最终用途覆盖面很广,包括交通运输工具(如船、飞机、汽车、火车制造)、家庭用具(如刷子、钟表、纺织器材、火柴、农具)、家装材料(如室内装饰用材、工艺用材、实木地板、门窗)、军工器械(如枪炮用材、军工包装箱)、机械装置、乐器、铅笔、鞋跟、运动场用具,等等。虽然除房建外,锯材的其他用途只占很小的一部分,但却可能产生高附加值,如雕刻和其他装饰性的物品。

8.1.3.3　木基板材

常见的木基板材主要有单板、胶合板、碎料板和纤维板等几种。欧洲国家建筑行业对胶合板的消耗量占其总消耗量的一半以上,其次是包装业,再次是家具业。建筑和家具业是刨花板主要的最终用户。

中密度纤维板于 1980 年前后问世,从此,它在建筑和家具部门的应用规模就急剧扩大,大量代替了锯材和刨花板。

8.1.3.4　纸及纸板

纸及纸板的最终用途主要有绘图纸、报纸、杂志、办公用纸、图书、广告、包装纸及纸板、家庭和卫生用纸等。从理论上讲,计算机及网络应用可以取代办公室里对纸张的需求。但直到现在,以至今后一段时间内,"无纸办公室"还只是一幅远景。

在包装行业,出于环境保护,诸如包装废弃物回收再利用等问题,给各种类型的包装材料的应用施加了压力,包括纸及纸板的应用。但整体上,全球的包装用纸市场相对较佳。

世界各国、各地区所处的经济和社会发展阶段不同。目前,许多发达国家人口增长缓慢,甚至呈现负增长,对纸及纸板的需求有饱和的迹象。同时,在新兴的发展中国家,人均消费量仍然较少,对各种档次的纸及纸板的应用上还存在着很大的扩展空间。

8.1.3.5　木材特性与最终用途的关系

在确定木产品的最终用途时,应考虑树种的多重特性。例如,比重大于 1 的愈疮木

（也称"玉檀香"）因含天然树脂和特硬重的双重特性，其外材可作特种用材（如水下轴承材料），芯材可作染料，树脂则可供药用或作香料；而比重小于 0.4 的西印度轻木因具有良好的浮力、弹性以及绝缘性能，常用于救生圈和救生衣、防震材料、保温箱、冰箱和冷藏室的隔热材料，以及飞机与船舰模型等。另有一些木材因其装饰价值而倍受青睐，像胡桃木、桃木芯木、红木和黑檀，它们常用于高质量的家具生产中的橱柜制作和镶嵌细工。

一些常用木材的性能特征见表 8-3。

表 8-3　常用木材的性能特征及用途

木材名称	性能特征	主要用途
水曲柳	质硬，纹理直，结构粗，花纹美丽，耐腐、耐水，易加工但不易干燥，韧性大，装饰性佳	家具、室内装饰
杨木	我国北方常用的木材，质软，性稳，价廉易得	榆木家具的附料，大漆家具的胎骨
黄菠萝	有光泽，纹理直，结构粗，材质松软、易干燥，加工性能良好，材色花纹美观，耐腐性好	高级家具，胶合板
蒙古栎	结构致密，质地坚硬，切削面光滑，易开裂变形，不易干燥，耐湿，耐磨损	装饰木地板
杉木	材质轻软，易干燥，收缩小，不翘裂，耐久性能好，易加工，切面较粗，强度中强	我国南方普遍用于家具、装修的中档木材
楠木	色浅橙黄略灰，纹理淡雅文静，质地温润柔和，无收缩性，不腐不蛀有幽香	珍贵建筑木材，北京故宫及京城上乘古建多为楠木构筑
落叶松	木材坚硬，心材深红色，边材淡，加工较难，易干燥，易翘曲、干裂，耐腐性中等	室内外用材、水槽、车厢、胶合板、枕木
核桃木	材质差异较大，硬度中等至略硬重，纤维结构细而均匀，韧性好、抗震、耐磨性能优良	贵重家具和雕刻工艺品
美国椴木	机械加工性能好，容易用手工工具加工，重量轻，质地软，强度低	雕刻品、车制品、家具、图案制作、模制品、室内细木工制品、乐器、软百叶帘

8.1.3.6　木材与其替代品

木材利用历史悠久，人类的衣食住行用至今仍离不开它，这不仅因为木材兼具天然材料和生物复合材料双重属性，还因为木材价格相对低廉、容易获取。尽管如此，很多传统木制品仍然存在着较高的环境代价以及结构上的弊端，而用其他材料替代木材已成趋势。

在包装业，用纸板替代硬木材，也有其他木材以外的替代材料，主要是塑料和金属。虽然如此，但是锯材和木基板材在某些部门仍然是重要的包装材料，例如用于工程设备的货箱，包装纸及纸板的用途也在继续扩大。

麻是一种生长迅速且可持续利用的作物，其建筑级别纤维含量超过多数的树种及其他作物。麻可以替代木材以及大量其他材料，例如，美国华盛顿州立大学的研究者发现由麻制成的中密度纤维板，其硬度是用普通木材制造纤维板的 2 倍。

竹子是一种高大乔木状禾本科植物，生长周期非常短，品种众多，适应性强，分布极广。竹子的力学性能良好，广泛用于建筑装饰、家具制造、器材玩具制造、工艺包装等行业。用竹子代替木材可生产竹材胶合板、竹地板等。用竹子扎成的竹筏至今仍是我国南方内河上游传统的交通工具。

8.2　木材贸易

木材的产区和消费区域不尽相同，且木材产品类型多样，供需在时空上存在不平衡，因此就产生了木材贸易。

8.2.1　世界木材贸易

世界木材贸易主要受各国森林资源差异以及世界人口分布不均等因素影响。

2012 年的世界木材产品贸易总值为 4 476 亿美元。从地理区域来看（表 8-4），欧洲、亚太地区和北美洲的木材产品进出口贸易值列前三位，这 3 个地区的木材出口贸易值占全球的 90.9%，进口值占 90.8%。

表 8-4　2012 年木材产品世界贸易总值（按地区分类）

地　区	出口（$\times 10^9$ 美元）	占出口总值（%）	地　区	进口（$\times 10^9$ 美元）	占进口总值（%）
非洲	5.5	3.7	非洲	8.4	2.5
亚太地区	43.2	37.9	亚太地区	86.8	19.8
欧洲	113.0	42.0	欧洲	96.1	51.7
拉丁美洲和加勒比地区	14.8	5.4	拉丁美洲和加勒比地区	12.5	6.8
北美洲	42.5	11.0	北美洲	25.3	19.4
全球合计	218.6	100.0	全球合计	229.0	100.0

图 8-4 分别列出了 2012 年世界木材产品进口、出口贸易量前十位的国家，其中 4 个国家既是主要进口国，又是主要出口国。木材产品的进口国和出口国之间存在很大的交集。其中，美国不仅是世界上最大的木材产品进口国，也是世界第二大出口国。中国和日本对木材的需求量持续增加，而俄罗斯近 20 年森工生产能力恢复，使亚洲正在成为世界木材贸易新的中心。

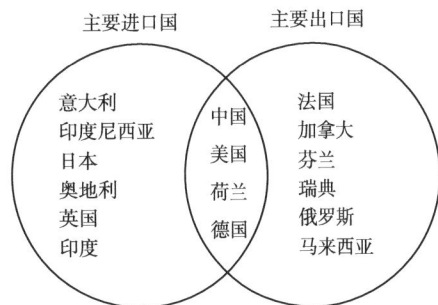

图 8-4　2012 年木材产品主要进出口国家

受市场供需压力和环境问题影响，目前世界木材贸易呈现出以下特点：

①世界木材在大国之间大进大出，进出口贸易额约占世界木材进出口总值的 80%。

②木材供需中心逐渐转向亚洲，它将成为世界主要木材产品需求中心。俄罗斯远东地区将成为世界重要的木材供应基地，而东北亚地区将成为木材贸易的重要市场。

③资源结构逐步发生改变，人工林正取代天然林成为世界木材产品的主要原料。

④随着世界各国环保意识的增强，许多国家对木材产品进出口作出了种种限制，森林认证制度等贸易壁垒将会加大。

⑤发展中国家在世界木材贸易中的份额大幅度增长，尤其中国在世界木材贸易中占据的地位越来越重要。

8.2.2　中国的国内外木材贸易

中国是世界上木材及木制品的生产大国，也是一个消费大国，同时又是人均占有森林(木材)资源很少的国家。我国的国际林产品贸易最早出现在鸦片战争时期，至今已有170多年的历史。由于现阶段国内经济建设及人民生活水平提高增加了社会对木材的需求量，同时天然林资源保护工程的实施又对国内木材采伐造成了巨大的约束，这使得木材产品成为我国少数几种严重短缺的产品之一。

目前，国内每年的木材需求量已达到 $5 \times 10^8 m^3$，到 2020 年可能达到 $8 \times 10^8 m^3$，而国内生产仅可能提供 $2 \times 10^8 m^3$ 木材，因此供应缺口越来越大。

早在 1998 年，我国木材进口额就超过钢材、粮食和化肥，跃居各种进口商品之首。1999 年，国家放宽木材进口政策，原木和锯材实行零关税。到 2012 年，木质林产品进出口贸易总额已达到 1 206 亿美元，相比 2002 年增长了 5.6 倍，其中出口 587 亿美元，占全国商品出口额的 2.86%；进口 619 亿美元，占全国商品进口额的 3.41%。且 2000 年后出口增速明显高于进口增速。

据联合国粮农组织 2012 年的统计数据，我国是世界第一大原木进口国、第一大锯材进口国、第一大木浆进口国、第一大其他纤维浆进口国、第一大回收纸进口国及第一大木基板材进口国；从出口情况来看，我国是世界第一大木基板材出口国、第四大其他纤维浆出口国(表 8-5)。而在 2002 年，我国的锯材进口量还较少，排在美国、日本、英国和意大利之后，位居世界第 5，与美国相差 6 倍；木基板材进口量也仅为美国的 30%。由此可见，虽然我国在世界木质林产品贸易中的地位不断提高，但木材供需矛盾也非常突出，且由于我国出口产品主要以劳动密集型的加工业为主(木基板材)，技术水平不高，产品的科技含量和附加值很低，在国际市场上缺乏竞争力。

表 8-5　我国在世界木材贸易中的地位变化(只计世界排名前五)

贸易类型	商品	2002 年		2012 年	
		世界排名	数量	世界排名	数量
进口	原木($\times 10^3 m^3$)	1	26 979	1	38 826
	锯材($\times 10^3 m^3$)	5	7 134	1	22 119
	木浆($\times 10^3 t$)	1	6 889	1	17 218
	其他纤维浆($\times 10^3 t$)	—	—	1	68
	回收纸($\times 10^3 t$)	1	10 475	1	31 036
	纸及纸板($\times 10^3 t$)	2	10 390	5	5 017
	木基板材($\times 10^3 m^3$)	3	5 813	1	3 353

（续）

贸易类型	商　品	2002 年		2012 年	
		世界排名	数量	世界排名	数量
出口	其他纤维浆($\times 10^3$ t)	3	22	4	71
	木基板材($\times 10^3$ m^3)	5	2 916	1	13 961

截至 2012 年，我国的前 5 位木材出口贸易伙伴依次是美国（23.0%）、日本（10.1%）、中国香港（5.3%）、英国（4.4%）、澳大利亚（3.2%）；前 5 位木材进口贸易伙伴分别为美国（12.6%）、泰国（11.5%）、印度尼西亚（11.3%）、马来西亚（8.4%）、加拿大（7.6%）。

在国内木材生产的总量中，大部分被木材生产者自用，如用作薪材、建材，进入流通领域的木材原材料约只占 20%。天然林资源保护工程实施后使得国内天然林商品材每年递减 10%，但到 2001 年我国国内木材商品供应已止跌回升，达到了 5 100$\times 10^4$ m^3，2012 年全国商品材总产量已达到 8 174.87$\times 10^4$ m^3，人工林资源已经起到越来越大的作用。

8.3　工程经济

工程经济，是将经济学的基本原理和方法应用于工程，通过定量分析的方法研究技术与经济的最佳组织，达到技术效果与经济效果的统一，使技术方案达到最佳经济效益。因此，技术、经济、定量就构成工程经济的 3 个基本要素。

8.3.1　工程经济学的概念

（1）工程（engineering）
指人们应用科学的理论、技术的手段和先进的设备来完成的大而复杂的具体实践活动。例如，土木工程、机械工程、交通工程、水利工程、港口工程等。

（2）技术（technology）
指人类活动的技能和人类在改造世界的过程中采用的方法和手段。技术常常和工程联系在一起。

（3）经济（economic）
包括三个方面的含义：一是指生产关系；二是指社会生产和再生产，包括物质资料的生产、交换、分配、消费的现象和过程；三是指节约或节省。

（4）工程经济学（engineering economics）
为工程与经济的交叉学科，是以工程项目为对象，以经济分析方法为手段，研究工程领域的经济问题和经济规律，研究如何有效利用资源和提高经济效益。

8.3.2　工程经济学的研究对象

工程经济学就是研究各种工程技术方案的经济效益，研究各种技术在使用过程中如何以最小的投入获得预期产出，或者如何以等量的投入获得最大产出，如何用最低的寿命周期成本实现产品、作业以及服务的必要功能。其主要研究对象为：

①研究工程与经济的相互关系，以期得到技术与经济的最佳结合。

②研究工程技术的实践效果，寻求提高经济效果的途径与方法。

③研究如何通过技术创新与进步来促进经济增长。

8.3.3 工程经济学的应用

工程经济学主要应用于工程设计、施工以及设备更新等环节中。

8.3.3.1 工程设计中的经济分析

虽然一般工程的设计费用占其全寿命周期费用不到1%，但工程设计方案的好坏对工程经济性影响很大。它不仅影响工程的造价，而且直接关系到将来工程投入使用后运营阶段使用费用的高低，甚至对工程的预期收益产生影响。

对设计方案进行技术经济评价，是按照工程项目经济效果评价原则，用一个或一组主要指标对项目设计方案的工程造价、工期和设备、材料、人工消耗等方面进行定性和定量相结合的综合评价，从而择优选定技术经济效果好的设计方案。常用的评价方法主要有计算费用法和多因素评价优选法。

(1)计算费用法

用"费用"来反映设计方案对物质及劳动量的消耗多少，并以此评价设计方案的优劣，计算费用最小的设计方案为最佳方案。计算费用法有年费用计算法和总费用计算法。

(2)多因素评分优选法

这是一种定量分析评价与定性分析评价相结合的方法。通过对设计方案设定若干个评价指标，并按其重要程度分配权重，然后按评价标准给各指标打分，将各项指标所得分数与其权重相乘并汇总，得出各设计方案的评价总分，以总分最高的方案为最佳方案。

8.3.3.2 工程施工中的经济分析

工程施工中的经济分析主要是对施工工艺方案、施工组织方案进行技术经济分析、评价、比较与选择，以及对工程施工中采用新工艺、新技术的经济分析评价等。

(1)施工方案的技术经济评价指标

对施工方案进行技术经济评价的目的是论证所编制的施工方案在技术上是否可行，在经济上是否合理。通过科学的计算和分析，选择满意的方案，寻求节约的途径。

施工方案的技术经济评价指标主要有：总工期指标、劳动生产率指标、质量指标、安全指标、造价指标、材料耗用指标、降低成本率、机械台班耗用指标及费用指标等。综合的技术经济分析指标应以工期、质量、成本(劳动力、材料、机械台班的合理搭配)为重点。

(2)施工方案的技术经济评价方法

①多指标综合评价法　根据上述指标体系，对于具体方案选择多个指标进行综合的评价选择。通常以一个或两个指标作为主要指标，再综合考虑其他因素来确定最优方案。

②单指标评价法　常用于施工方案的比选，即根据一个单一的效益性指标或者费用性指标比较方案的优劣，其中以最小费用法应用最为广泛。

③价值工程方法　利用价值工程方法，可对建筑材料、构配件及周转性工具材料的代换进行价值分析，也可直接用于方案的经济比较。

8.3.3.3　设备选择与更新的经济分析

无论工业生产还是工程施工，均要采用一些设备。设备选择与设备更新是两个不同的概念。设备选择指新购或新租设备，是从多种适用的型号中选择一种最经济的型号，以及选择租用设备还是自购设备。设备更新则是指对技术上或经济上不宜继续使用的设备，用新的设备更换或用先进的技术对原有设备进行局部改造。

一台设备可具有 5 种寿命形态：

①物理寿命　也就是自然寿命，指设备投入使用直至大修也不能恢复其原有用途而只能报废时的整个时间过程；

②使用寿命　指设备为其拥有者服务的时间；

③技术寿命　指设备从以全新状态投入使用开始，直至其因为技术落后而丧失使用价值所经历的时间，一般短于物理寿命；

④折旧寿命　即设备的折旧年限，一般按财务制度确定；

⑤经济寿命　指设备从全新投入使用开始，到如果继续使用在经济上已经不合理为止的整个时间过程，一般被认为是设备的最合理的使用年限。

我们通常关注设备在其整个寿命期内发生的 3 类费用：

①原始费用　即购买新设备时投入的费用；

②使用费　即设备在使用过程中发生的运行费和维修费；

③设备残值　指旧设备被淘汰处理时的价值。

（1）设备选择的经济分析

新购设备的优劣比较，首先是确定需要比较的各型号的经济寿命，然后通过比较经济寿命期内各设备的年费用来判断方案的优劣。

（2）设备更新的经济分析

设备更新的经济分析通常有两种情况：

①原型更新，即确定一台（套）设备在什么时候进行原型设备替换，在经济上最划算。通常的做法是确定设备的经济寿命，即当设备运行到其经济寿命时，就立即更换。

②在技术不断进步的条件下，很多设备尚未使用到其经济寿命时，就出现价格更低、工作效率更高和经济性更好的设备，此时需要确定设备是否更新。实际中，往往也通过年费用法来分析。

8.4　森工环境经济

8.4.1　环境经济学的研究领域

环境经济学是在经济发展中，环境问题日益突出的情况下，随着人们对经济发展与环境关系的认识逐步深入，而逐渐形成的一门新兴学科。它是环境科学和经济学交叉的边缘学科，主要研究环境资源的可持续利用、环境保护和环境管理的经济问题。

环境经济学具有 5 大研究领域。

(1) 环境与经济的相互作用关系

环境与经济的相互作用关系是环境经济学的理论基础。首先，根据热力学第一定律，在生产和消费过程中产生的废弃物，其物质形态并没有消失，必然存在于物质系统之内。因此，在设计和规划经济活动时，必须同时考虑环境吸纳废弃物的容量。第二，虽然回收利用可以减轻对环境容量的压力，但是根据热力学第二定律，不断增加的熵意味着 100% 的回收利用是不可能的。

(2) 环境价值评估

评估环境的价值主要有 2 个目的：一是进行经济开发和环境保护投资的可行性分析；二是为制定环境政策、实施环境管理提供决策依据。虽然社会承认环境有价值，但是因为许多环境资源没有市场价格，评估环境价值的难点就是如何给没有市场价格的环境资源赋予货币价值，或者说使环境价值货币化，并能够同其他商品相比较。

(3) 管理环境的经济手段

管理环境的政策手段可以分为命令控制型和市场激励(经济手段)型 2 大类。前者主要是各类环境标准和强制执行的规章，后者主要是各种环境税费和可交易的许可证，如用征收污染费或污染税的方式来纠正环境污染的外部不经济性，使边际污染治理成本等于边际污染损害成本。

(4) 环境保护与可持续发展

在过去 40 多年中，人类经历了两次环境意识的革命。第一次是在 20 世纪 60 年代末和 70 年代初，当时人们认识到有限的环境容量最终可能成为"增长的极限"，因而忧心忡忡。进入 80 年代以后，人类关注的焦点转移到如何协调经济增长和环境改善的关系，这种环境意识的进步最终导致可持续发展观念的形成。从本质上说，经济与环境是可以相互协调的。传统的经济增长模式应当改革，新的发展战略应当建立在可持续的环境资源基础之上。

(5) 国际环境问题

环境是没有国界的。当前，引起世人普遍关注的温室气体的排放、臭氧层破坏、生物多样性和酸雨都是国际环境问题。解决国际环境问题的方法和措施在很大程度上不同于国内环境问题。跨国环境问题的解决需要国际合作。

8.4.2 森工环境经济问题分析

环境的基本特性决定环境问题是一个复杂的问题，它既涉及生物又涉及非生物，既包含科学技术方面的问题又包含社会经济方面的问题，既与单个个体(企业或生物)有关又与全部总体有关。因此，解决环境经济问题只有着眼于多角度，采取综合研究的方法，才能取得较好的效果。

森林工程所进行的准备作业(包括修路、建桥)、直接生产(森林采伐)和更新造林等工作都是在开放的环境里进行的，其涉及的工程对象和作业空间都是环境。森林作业与环境直接关联，并深深地影响着环境。森工环境经济研究主要涉及两方面问题：

（1）外部性问题

外部性分为外部经济性和外部不经济性。森工生产存在着外部性问题，研究外部性问题可更好的协调经济效益、生态效益和社会效益三者的关系。从一个较高层次上来统筹森工生产经营，兼顾内部经济性和外部经济性，可实现可持续发展。

（2）林业环境资源价值性问题

如把林区资源的价值称为总经济价值，那么，它可分为两个部分：一是使用价值（有用性价值）；二是非使用价值（内在价值）。森工企业对森林资源的利用一般主要局限于木材，仅把木材的数量和质量作为评判森林资源价值的依据。而通过对资源价值问题的研究，能全面认识森林资源的价值，从而注重对非木材产品、全树资源、全林资源、精神人文资源、地上资源、地下资源、休闲娱乐等价值的利用开发。

8.4.2.1　森工外部性问题分析

外部性在环境经济学中是一个常用的概念。最大限度地减弱以至消除外部不经济性的影响，被视为环境经济措施的主要目标之一。

在没有市场交换的情况下，如一个生产单位的生产行为（或一个消费者的消费行为），对其他生产单位（或消费者）的生产过程（或生活标准）产生影响，说明该生产者（或消费者）对另一生产者（或消费者）存在外部影响，即其行为具有外部性。否则即不具有外部性。

外部性分为外部经济性和外部不经济性。前者是指受影响者因为影响者的行为而受益，后者是指受影响者因为影响者的行为而受损。

森工生产对环境产生着直接的影响，不可避免地存在着外部性的问题，既有外部经济性又有外部不经济性。外部经济性如造林、抚育以及保护等促进森林良好生长的一切措施和手段，主要表现为水土流失减少、环境质量改善和由此产生的良好的生态效益和社会效益。但对森工企业自身来说，外部经济性是一种"投入"和"付出"。

当一个森工企业为获取"产出"即"回报"而进行木材砍伐生产时，如对社会造成外部不经济性，就会降低社会效益。这时，如要限制企业的采伐，就要对企业进行补偿，否则这种限制无法落实，其结果是外部不经济性得不到有效纠正，不利于资源建设与保护，导致资源的配置失误。

在市场经济条件下，森工企业在追求利益最大化的过程中，一般难以达到企业经济效益与社会生态效益的统一。因此，必须采取相应的法规和政策措施，才能使企业实现资源建设与利用、林木生长和采伐的均衡和统一。

8.4.2.2　森工环境资源的价值问题分析

森工企业对森林资源的利用主要局限于木材。长期以来把木材质量优劣和数量多寡作为评判森林资源价值的依据。为充分发挥资源的效益，需要全面认识森林资源价值，加大对非木材产品、休闲娱乐、药材、植物基因等价值的开发力度。

要全面评估森工生产的成本与效益，特别是环境成本和环境效益，必须研究环境资源的价值，才能正确评价森工生产的环境影响。

环境资源的总经济价值分为使用价值(有用性价值)和非使用价值(内在价值)两部分。使用价值又可进一步分为直接使用价值、间接使用价值和选择价值3种。

所谓使用价值是指环境资源被使用的时候，满足人们某种需要或要求的能力。

直接使用价值是指环境资源直接满足人们生产和消费需要的价值，如森林中的木材、药品、休闲娱乐、植物基因、教育、人类居住区等。

间接使用价值为生产和消费活动中间接获得的效益，如森林的营养循环、水域保护、空气污染减少、小气候调节等。直接和间接使用价值都是森林的经济价值。

选择价值又称期权价值，即期望的未来价值。任何一种环境资源都可能具有选择价值。我们在利用环境资源的时候，并不希望它的功能很快消耗殆尽。也就是说，我们可能会具有保护环境资源的愿望，以期发挥持续的效益。选择价值的大小同人们愿意为保护环境资源以备未来之用的支付愿望的数值有关，包括未来的直接和间接使用价值。

所谓非使用价值则相当于森林资源的内在属性，它与人们是否使用它无关。存在价值是非使用价值的一种最主要的形式。存在价值是指从仅仅知道这个资产存在的满意中获得的，尽管并没有要使用它的意图。

从一定意义上说，存在价值是人们对环境资源价值的一种道德上的评判，包括人类对其他物种的同情和关注。例如，如果人们相信所有的生物都有权继续生存在我们这个星球上的话，人类就必须保护这些生物，即便它们看起来既没有现实的使用价值，也没有选择价值。人们对环境资源存在意义的支付意愿就是存在价值的基础。

8.5　森工法律法规

森林是关系国民经济和社会可持续发展重要的可再生资源。森工生产、经营、管理是否合理，直接关系到森林的更新、生长和演替，也直接影响到森林三大效益的发挥。要确保森林资源永续利用，除了森工企业管理者要有较高的思想觉悟和自律能力外，还需要有相应的法律、法规予以规范和调整。

8.5.1　主要法律法规

(1)《中华人民共和国森林法》

简称《森林法》，于1984年首次制定发布，经1998年、2009年两次修正，是我国林业的基本法。现行《森林法》分为总则、森林管理、森林保护、植树造林、森林采伐、法律责任以及附则共7章，内容比较概括、纲领性强，仅规定了林业上的基本问题，因此需要制定一系列配套法规，以形成系统的法律体系。

(2)《中华人民共和国森林法实施条例》

简称《森林法实施条例》，于2000年发布施行，2011年修订，共7章48条。它是国家关于林业的行政法规之一，主要对森林资源的范围、重点防护林和特种用途林的确定方法、国有林地的管理办法、护林组织的建立、林木采伐许可证的申请和核发、违反森林法行为的行政处罚等，作了具体的规定。

其他有关森工的主要法律法规有:《野生动物保护法》《陆生野生动物保护实施条例》《自然保护区条例》《森林和野生动物类型自然保护区管理办法》《森林防火条例》《植物检疫条例》《森林病虫害防治条例》等。

8.5.2 有关管理制度

（1）林地管理制度

林地管理的主要目的是严格控制林地面积减少，保持森林覆盖率不断提高。其主要管理制度有：森林、林木和林地统一管理制度，征、占用林地管理制度，收取植被恢复费制度，林地流转管理制度。

（2）森林分类经营管理制度

在划分林种的基础上，按照提高森林综合效益的原则，实行分类经营，主要管理制度有划分林种制度和森林生态效益补偿基金制度。

（3）植树造林管理制度

为促进和保障植树造林工作，我国制定了一系列管理制度，包括各级人民政府的森林覆盖率达标制度、社会各界植树造林的责任和义务制度、经济扶持政策促进林业发展制度（造林补助及贷款、育林基金、林业基金和森林生态效益补偿基金）、更新造林制度等。

（4）林木采伐管理制度

包括森林采伐限额制度、木材生产计划制度、林木采伐许可证制度等。

（5）木材加工经营管理制度

木材加工经营管理是控制森林资源消耗的重要措施，是对木材的生产、加工、销售等环节进行监督和管理。因为木材（包括原木、锯材、竹材、木片等）不同于一般商品，既依赖市场，又必须严格遵守采伐限额和生产计划制度。为此，在林区经营加工木材，必须经林业主管部门批准。任何木材收购单位和个人不得收购没有林木采伐许可证或者其他合法来源证明的木材。

（6）木材运输许可证制度

从林区运出木材（除国家统一调拨的木材外），必须持有林业主管部门核发的木材运输证。木材运输证上应注明树种、材种规格、数量、起止地点、运输方式、运输有效期等内容

没有木材运输证的，承运单位和个人不得承运。

（7）珍贵树种、木材及其产品进出口管理制度

我国于 1992 年发布的《国家珍贵树种名录》列出国家一级保护树种 37 种、国家二级保护树种 132 种。按规定，出口国家珍贵树种（含根、颈、叶、花、果实、种子及其产品、制成品等），须经林业部或者其授权单位批准，并取得国家濒危物种进出口管理办公室核发的允许出口证明书，海关凭此证明书检验放行。1995 年规定，禁止各类外贸公司、出口生产企业以任何贸易方式出口国家一级珍贵树种木材。

（8）森林防火管理制度

包括森林防火责任制、森林防火组织制度、森林火灾扑救制度等。

（9）森林病虫害防治管理制度

包括森林病虫害防治责任制、检疫机构及检疫人员职责制度、森林病虫害预防制度、森林病虫害除治制度。

（10）林木种苗管理制度

覆盖了种质资源管理和林木贮备管理、林木良种选育与审定管理、林木种子生产管理、林木种子经营管理、林木种子检验和检疫等方面。

8.6 工程项目管理

8.6.1 基本概念

（1）项目

项目（project）指在一定的约束条件下（时间、资源、质量标准）完成的，具有明确目标的一次性任务。具有一次性、目标的明确性、整体性等特征。

（2）工程项目

工程项目（engineering project）是一种既有投资行为又有建设行为的项目，其目标是形成固定资产（建筑物或构筑物）。也就是说，工程项目是在一定资金支持下、按照一定程序、在一定时间内形成固定资产，同时该固定资产应符合一定质量要求。根据不同的划分标准，工程项目可分为不同类型：①生产性工程项目和非生产性工程项目；②基本建设工程项目（简称建设项目）、设备更新和技术改造工程项目；③新建、扩建、改建、恢复和迁建工程项目；④大、中、小型工程项目；⑤内资工程项目、外资工程项目和中外合资工程项目。

（3）施工项目

施工项目（construction project）指施工单位承包工程项目施工的一次性活动。

（4）管理

管理（management）指人们为达到一定的目的，对管理的对象进行的决策、计划、组织、协调、控制等一系列工作。

（5）项目管理

项目管理（project management）是以项目为管理对象，在既定的约束条件下，为最优地实现项目目标，对项目寿命周期全过程进行有效的计划、组织、指挥、控制和协调等一系列管理活动。

（6）工程管理

工程管理（engineering management）指通过决策、计划、组织、指挥、协调和控制以实现工程预期目标的过程。

8.6.2 工程项目的生命周期和基本建设程序

（1）工程项目的生命周期

工程项目的生命周期是指从工程构思开始到工程报废结束的全过程。任何一个工

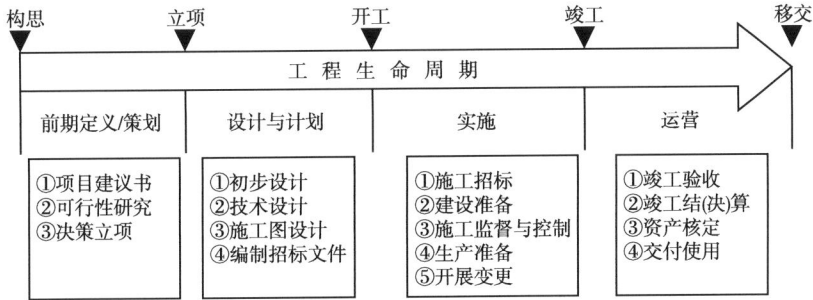

图 8-5　工程的生命周期阶段划分

程项目都有它的生命周期。生命周期可分为决策立项、设计、实施和运营共 4 个阶段，如图 8-5 所示。

（2）工程项目的基本建设程序

建设程序是指工程在建设过程中各项工作必须遵循的先后顺序。基本建设各阶段主要内容见表 8-6。

表 8-6　工程的基本建设各阶段主要内容

主要阶段	详细阶段	主要工作
投资决策阶段	项目建议书阶段	1. 编制项目建议书 2. 办理项目选址规划意见书 3. 办理建设用地规划许可证和工程规划许可证 4. 办理土地使用审批手续 5. 办理环保审批手续
	可行性研究阶段	6. 编制可行性研究报告 7. 可行性研究报告论证 8. 可行性研究报告报批 9. 办理土地使用证 10. 办理征地、青苗补偿、拆迁安置等手续 11. 地勘 12. 报审供水、供气、排水市政配套方案
前期准备阶段	初步设计工作阶段	13. 初步设计 14. 消防手续 15. 初步设计文本审查
	施工图设计阶段	16. 施工图设计 17. 施工图设计文件的审查备案 18. 编制施工图预算
	施工建设准备阶段	19. 编制项目投资计划书 20. 建设工程项目报建备案 21. 建设工程项目招标 22. 开工建设前准备 23. 办理工程质量监督手续 24. 办理施工许可证 25. 项目开工前审计

（续）

主要阶段	详细阶段	主要工作
施工阶段	施工安装阶段	26. 报批开工
竣工验收阶段	竣工验收阶段	27. 组织竣工验收
后评价阶段	工程后评价阶段	28. 工程项目后评价

8.6.3 工程项目建设与组织

8.6.3.1 工程项目建设模式

工程项目建设模式，是指项目决策后，组织实施工程项目的设计、招标、施工安装及采购等各项建设活动的方式。工程项目建设模式决定了工程项目的组织方式和组织行为，即组织模式。

（1）平行承发包模式

该模式是指建设单位（即业主）将工程项目的设计、施工以及材料和设备采购的任务，经过分解分别发包给若干个设计单位、施工单位、材料和设备供应单位，并分别与各方签订合同。各设计单位、施工单位、材料和设备供应单位之间的关系是平行的，其合同结构如图8-6所示。

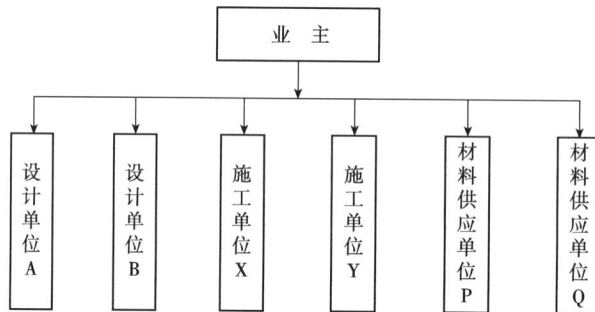

图8-6 平行承发包模式

（2）设计或施工总分包模式

该模式是指业主将全部设计或施工任务发包给一个设计单位或一个施工单位作为总承包单位，总承包单位可以将其部分任务再分包给其他承包单位，形成一个设计总承包合同或一个施工总承包合同以及若干个分包合同的结构模式。图8-7是设计和施工均采用总分包模式的合同结构图。

（3）工程项目总承包模式

该模式是指业主将工程设计、施工、材料和设备采购等工作全部发包给一家承包公司，由其进行实质性设计、施工和采购工作，最后向业主交出一个达到要求的工程。这种模式发包的工程也称"交钥匙工程"。这种模式下的合同结构如图8-8所示。

（4）工程项目总承包管理模式

该模式是指业主将工程建设任务发包给专门从事项目组织管理的单位，再由其分包给若干个设计、施工和材料设备供应单位，并由总承包管理单位在实施中进行

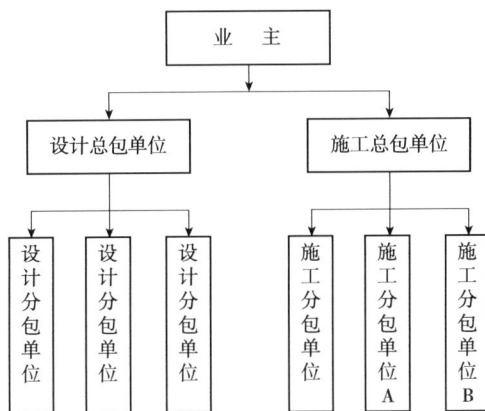

图 8-7　设计/施工总分包模式

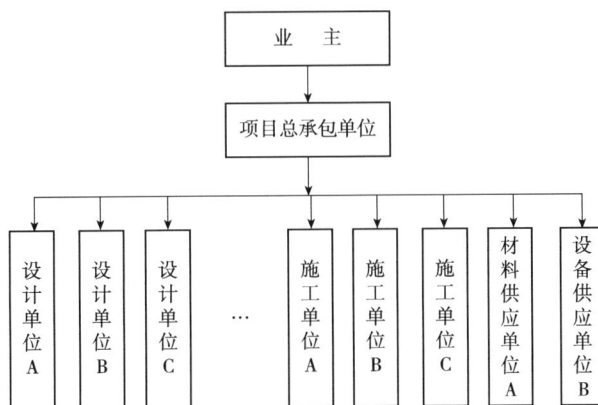

图 8-8　项目总承包模式

项目管理。

工程项目总承包管理模式与工程项目总承包模式的不同之处在于：前者的总承包管理单位不直接进行设计与施工，没有自己的设计和施工力量，而是将承接的设计与施工任务全部分包出去，专心致力于建设项目管理。后者的总承包单位有自己的设计、施工队伍，是设计、施工、材料和设备采购的主要力量。

8.6.3.2　工程项目组织结构

组织的第一种含义是指组织机构，第二种含义是指组织行为（活动），即通过一定的权力和影响力，为达到一定目标对所需资源进行合理配置，处理人和人、人和事、人和物的关系的行为。

常用的组织结构模型包括职能组织结构、线性组织结构和矩阵组织结构等。

①职能组织结构　这是一种传统的分层组织结构模式。在组织中每一个工作部门可能有多个上级部门。

②线性组织结构　来源于军事组织系统。在组织中每一个工作部门只有一个上级部门指令源，避免了由于矛盾的指令而影响组织系统的运行。

③矩阵组织结构　该组织结构设纵向和横向两种不同类型的工作部门。在矩阵组

织结构中，指令来自于纵向和横向的工作部门，因此其指令源有两个。这种组织结构适用于大的组织系统。

复习思考题

1. 说说森工产品与农业产品、工业产品有何不同？
2. 举例说明森林旅游产品。
3. 你见过何种木基板材？其几何形状、大小、重量、结构组成、力学性能如何？
4. 我国的木材需求对世界木材贸易的依赖性如何？
5. 工程施工方案的技术经济评价指标与评价方法有何关系？
6. 工程施工机械的原始费用与使用费有何不同？
7. 森工生产存在着外部性问题。人的日常生活中也有外部不经济性问题，请举出几个例子。
8. 我国《森林法》对森工生产有何意义？
9. 一个工程项目的全生命周期的费用应如何划分？

推荐阅读文献

1. Tim Peck，木材. 北京：中国海关出版社，2002.
2. 联合国粮农组织. 2014 年世界森林状况. 2014.
3. 联合国粮农组织. 林产品. 2009—2013.
4. 黄有亮. 工程经济学. 南京：东南大学出版社，2015.
5. 马中. 环境与自然资源经济学概论(第 2 版). 北京：高等教育出版社，2012.
6. 祝列克，王爱民. 林业经济论(第 2 版). 北京：中国林业出版社，2011.
7. 谭章禄，李涵，徐向真. 工程管理总论. 北京：人民交通出版社，2007.
8. 戎贤，杨静，章慧蓉. 工程建设项目管理(第 2 版). 北京：人民交通出版社，2014.
9. 王卓甫，杨高升. 工程项目管理 原理与案例(第 3 版). 北京：中国水利水电出版社，2014.

第9章

森林工程科技发展前沿

【**本章提要**】本章介绍当前国内外森林工程的科技研究方向以及典型案例，从生态采运技术、森林作业机械化技术、森工人机工效技术、森工信息技术、森工生态学研究方面介绍前沿领域的发展动态，以扩展读者的视野，形成对本学科专业发展的前瞻性了解。

随着社会经济建设和林业科技进步，森林工程也在发生深刻的变化，取得长足的发展。当前国内外森林工程的科学探索、技术研发和管理变革将对森林工程学科专业产生深远的影响。

9.1 生态采运技术

9.1.1 生态采运概念的提出

1986 年，我国采运界提出了"森林生态采伐"这一新名词，同年举行了森林生态型采伐研讨会。森林生态采伐是以生态学原理为指导，根据森林的生态学特性进行伐区区划、采伐设计、山场作业及组织管理等森林经营活动，把森林资源的利用和生态环境保护有机结合起来，以达到森林持续健康、稳定发展的目的。近 30 年来，我国开展了一系列生态采运理论和技术的研究。但由于森林生态经济系统的复杂性和采运作业系统的多变性，至今尚未形成系统完整的森林生态采运理论和技术体系。

在国外，1988 年 W. B. Staurt 提出了生态采伐的概念。同年，森林采伐研究中首次出现了"environmentally sound harvesting"一词，意为"无害于环境的采伐""环境友好的采伐"。1993 年，出现了"reduced impact logging"一词，意为"减少对环境影响的采伐"，RIL，被联合国粮食及农业组织林业部采纳。热带森林基金会提出了一个词"low impact logging"，即"低干扰的采伐""低影响的采伐"。

联合国粮食及农业组织对 RIL 的定义为：RIL 是集约规划和谨慎控制采伐作业的实施过程，将采伐对森林以及土壤的影响减到最小，通常采取单株择伐作业。

9.1.2 生态采运技术体系

森林生态采运的技术体系应包括规划设计技术、采运工艺过程、采运作业技术和采运工程管理 4 个方面(表 9-1)。

表 9-1   生态采运的技术体系

生态采运技术体系			
规划设计技术	采运工艺过程	采运作业技术	采运工程管理

9.1.2.1   规划设计技术

为减少采运对森林的负面影响，提高采伐运输作业的合理性，必须进行采运规划设计。采伐运输规划、计划、设计是确保采运活动适宜、森林资源和生态环境可持续、实现采运目的的基础。

采伐运输规划按实施年限分为长期规划(10a)、中期规划(5a)、短期规划(1a)、实施计划(几个月)等 4 个层次，相应的规划要求反映在森林经营方案编制、森林采伐限额测算、伐区调查设计、采伐施工设计等规定中。

采伐运输规划设计过程包括采伐运输构思、组织编制、提交审批核准或备案。规划设计的程序为：收集相关资料，分析并确定采运目标，划分采伐区块，确定区块任务，安排采伐进度，确定采伐作业技术，规划计划资金费用，明确检查与监督方式，分析可能出现的风险及提出对策，最后编制规划计划。

9.1.2.2   采运生产工艺

森林采伐运输的工艺过程指采运作业的工序及其方式。按采运的木材产品形式一般分原条、原木、木片、枝桠几种采运工艺方式。在我国，采运工艺过程一般包括道路修建、准备作业、伐木、打枝、造材、剥皮、集材、运材等工序。森林主伐方式分皆伐、渐伐、择伐 3 种，森林抚育采伐一般采用间伐。

木材运输过程分为陆路和水路两种。从立木伐倒地点运到与运材道路相衔接的装车场或运到与河道相衔接的河边楞场，称为集材。从装车场陆运或从河边楞场水运到贮木场或用材单位，称为运材。集材方式按搬运的木材形态分，有原木集材、原条集材、伐倒木集材 3 种。集材按使用的机械设备分拖拉机集材、索道集材、绞盘机集材、直升机集材、气球集材、人力和畜力集材等。

9.1.2.3   采运作业技术

采运作业具有鲜明的特点：兼有获取林产品和保护环境的双重任务，作业场地分散、偏远且经常转移，受自然条件的约束、影响大，劳动条件恶劣，需保证森林资源的更新和可持续利用。因此，采运作业技术需要因地制宜，统筹兼顾。

采运作业技术反映在伐木、打枝、造材、剥皮、集材、装车、运材各个工序中，在机械化作业中相应地可采用各种采伐机械、集材机械、运材机械、木材装卸机械、采伐联合作业机械等。

9.1.2.4   采运工程管理

在采运作业的管理上，要制订采运作业计划，对采运机械设备进行管理，对采运生产作业及产品进行质量管理。采运生产作业计划主要包括准备作业计划、伐区生产组织计划、木材运输计划等。伐区准备作业计划包括集材道、楞场、装车场、机库、工舍的选设与施工。运材准备作业计划包括运材岔线的设计与施工、人机料的配备。

伐区生产组织计划复盖采伐、集材、归楞、装车、清林、枝桠收集等工序以及作业地点、作业方式、人机料配备等。木材运输计划包括各装车场的运材量、各贮木场的到材量、配备的人机料以及各项技术指标。

对采运机械设备的管理包括设备选型、使用、维修、改造和更新。对采运生产作业及产品进行质量管理的内容包括山场造材及归楞作业管理、伐区装车作业管理、木材运输作业管理等。

在采运作业中,人、机械设备及土建工程对林地环境有一定的不良影响,可能破坏土壤、保留木、水质、生物多样性、森林景观等,均需要加以考虑,评估其影响程度,采取相应的管理措施,使其达到环境可接受的程度。

9.1.3 生态采运发展趋势

生态采运的发展方向是逐步建立较为完备、系统的理论和技术体系,包括研究目标、研究内容体系、研究方法体系、标准体系、应用技术体系等(表9-2)。

表 9-2 生态采运的理论与技术体系

生态采运理论与技术体系				
研究目标	研究内容体系	研究方法体系	标准体系	应用技术体系

9.1.3.1 研究目标和研究对象

森林生态采运的研究目标是寻求森林资源高效利用与森林生态系统可持续发展的和谐一致,达到经济效益、生态效益和社会效益的集成最大化,达到长短期效益的协调统一。生态采运的研究对象为森林作业系统,涉及系统的规划设计、工艺技术、机械设备、人机料管理等。

森林生态采运针对森林的个体林木和整体生态环境进行具体工程作业。其对象是可再生的植物生物体和生物群落,其作业处于森林环境的特定条件而受其严格限制。因此,生态采运研究对象复杂、独特性强、影响因素多。工程作业内容广、类型多,涉及森林环境工程、土木工程、交通运输工程、机械运用工程、管理工程等方面。

9.1.3.2 生态采运研究内容

生态采运的研究内容包括采运工程与森林生态系统的相互作用机理、采运系统的评价分析与优化、生态型采运技术与设备、生态型采运规划与管理。

在生态采运技术上,研究采运作业对土壤结构、养分、水分的影响机理;研究采运作业中的技术、经济与环境三者之间的关系;研究环境友好型采运作业技术,包括作业机械、作业方式、采伐更新方式等;研究生态采运技术的指标体系。

在采运规划设计技术上,研究采运作业数字化、信息化技术;研究采运作业 GIS技术、CAD 技术;研究采运作业模拟和优化技术等。

9.1.3.3 生态采运研究方法

生态采运的研究方法结合了工程学和生态学方法,包括试验方法和模型方法,涉及影响因子研究、评价指标和模型、生态经济学及其方法、工业生态学及其方法等。

生态经济学是一门生态与经济相互渗透的边缘科学，它通过定量分析的方法来研究生态与经济的最佳结合，达到生态效果与经济效果的统一。具体涉及生态环境与经济的相互关系、生态环境价值评估、生态环境管理的经济手段、生态环境保护与可持续发展等。

生态采运系统是一种独特的生态经济子系统，具有工业系统与自然生态系统相互交叉、影响的特性，可以采用工业生态学的基本原理和研究方法，构建新型的生态采运研究方法体系。包括生态采运模式的原则和方法学，生态采运系统的物质、能量、信息流动分析方法，生态采运系统的全生命周期评价方法，生态采运作业的清洁化生产方法，生态采运工业园模式和方法等。

9.1.3.4　生态采运的标准体系

将逐步建立生态采运的标准体系，以规范采运工程的实施、监控、评价和管理，规范采运作业安全体系和装备系统的配备。包括采运作业设计规范与指南、作业规程与指南、试验方法、评价指标和评价模型等。

标准体系可分为4大部分：①生态采运管理标准包括采运工程质量管理体系、采运工程环境管理体系、采运工程质量环境兼容管理体系标准等；②生态采运技术标准包括采伐、运输、迹地更新、抚育采伐、林内路桥等工程建设标准及其生态环境保护标准；③生态采运装备系统标准包括抚育、采伐、运输、更新等工程装备系统标准；④生态采运工程劳动与安全标准包括林区道路标志、作业安全要求等。

9.1.3.5　生态采运应用技术体系

生态采运研究最终以应用为目的。生态采运的应用技术体系包括应用模式、作业模式、实用模型、应用案例、典型优选系统等。

针对不同地域和不同林情应逐步推出符合生态采运要求的典型生产工艺模式、采运作业技术、机械设备与工具、作业组织与劳动保护模式、规划设计和作业规程等。

目前，国内外对生态系统经营（ecological system management）已经进行了大量的研究，针对具体森林类型的生态系统经营模式的研究已有初步的成果。例如，加拿大提出了11种模式林的经营模式，中国也提出了5种模式林分的生态采伐技术模式。一些国际组织陆续制订了《森林采运方法规范》《森林采伐作业规程》和《林业安全卫生规程》等标准规范。我国也于2005年颁布试行了《森林采伐作业规程》（LY/T 1646—2005）。

随着生态采运研究的深入，已经开始从理论和单项技术的研究向系统、综合和应用的方向发展，这将不断丰富、充实生态采运的应用技术体系，从而推动森林生态采运理论和技术体系的完善。

9.2　森林作业机械化技术

森林作业是人类有组织有目的地改造自然森林的活动，涵盖了经营管理森林必须进行的具体工作任务的总和，包括整地、植树、幼苗抚育、道路修建、伐木、集材、运材等。

在森林作业中，作业者使用作业工具或操纵作业机械、设备，针对作业对象如林木、林地等，改变其形态或位置，从而完成具体的工程任务如植树造林、采伐运输、修路架桥等。

国际上，森林作业已经发展到全盘机械化、智能化、数字化、自动化的阶段。在我国，森林作业目前仍处于人工、畜力、机械并用的阶段，正朝着作业技术多样化、作业机械多元化的方向发展。

9.2.1　我国采伐机械化发展趋势

现阶段，我国采运机械的品种类型主要是油锯、集材拖拉机、绞盘机、木材装载机和液压起重臂自卸车。由于南、北方的林情差异大，木材采运方式也大不相同，机械装备的配备模式和数量也有很大的区别。

目前，手提采伐机械在许多国家仍是主要的采伐机具，如手提油锯、电锯、背负式割灌机等，属于手工作业机具。利用手提采伐机械进行生产作业，仍然无法彻底消除繁重的体力劳动，不能保证作业安全和提高生产率。只有广泛应用各种类型的以拖拉机底盘或挖掘机底盘为基础的自行式采伐机械，才是实现全面、综合机械化采伐生产的可靠途径。自行式采伐机械具有类似集材拖拉机的底盘和行走机构，它的工作机构直接安装在底盘上，整机可行驶到工作地点进行作业，具有机动灵活、作业半径大等特点。

在我国，森林作业机械将从单项作业向多项作业集成的方向发展。针对我国目前的国情、林业生产现状及国家政策，未来 10 年我国林木采伐机械和装备的研究与发展重点是速生丰产林生态采伐与运输机械系统的研究，包括速生丰产林采伐归堆联合机、全自动化采伐归堆打枝造材联合机、打枝造材联合机、生态型集材与运输车辆、采伐剩余物收集机、采伐剩余物粉碎机、采伐剩余物打捆机、采伐迹地除根机、采伐迹地整地机等的研制和应用。

9.2.2　采伐作业联合机械

国外林业发达国家已经实现森林作业的全盘机械化，主要是采用了采伐联合机作业。

采伐联合机是集合了采伐、打枝以及造材等工序于一体的林木作业机械，该机械大大地提高了作业的生产效率，并且改善了生产条件，同时也提高了在采伐林木过程中的安全性。采伐联合机在不同的作业环境下采用不同的底盘。在相对平整的林地一般采用轮式底盘采伐联合机，行驶速度较快，能更好地提高生产效率。而在相对较陡峭的林地则采用履带式底盘联合机。

一台伐木联合机主要由发动机、底盘、伐木头、臂系、液压系统和操纵装置等部分组成。其关键装置是伐木头，它用机械手抓取立木，用链锯或液压剪切断树干，由起重臂系搬动伐倒木，从而完成伐木作业。图 9-1 所示为一台履带式伐木联合机。

1995 年，芬兰研制推出了"步行伐木机器人"（图 9-2）。该机器人行走部分由 6 条步行腿构成，全部由计算机控制。每条腿上都装有传感器，探测地面支撑程度信息。

工作部分可以更换，即采伐时装上伐木头、整地时换上整地铲。该伐木机器人在林中机动灵活，对道路要求低，对林地土壤破坏小。

图 9-1　履带式伐木联合机　　　　图 9-2　步行伐木机器人

9.2.3　林木生物质收获机械

面对世界范围的能源危机问题，合理利用林木生物质已成为森林资源开发利用的一个新领域。研制能源林和能源灌木林收割的机械设备是大规模利用林木生物质的关键。

林木生物质收获机械分便携式割灌机和大型收割机械。其中便携式割灌机还用于清林、整地、幼苗抚育上。由于林木作业的种类繁多，作业场地地形复杂，作业面积零散等特点，对林木收割机械提出了高要求。

（1）自走式灌木收获机

德国研制生产的自走式灌木收获机和自走式林木收获机，工作部件基本相同，只是卸料方式有两种：自带料箱和随车卸料。

（2）林木收获机

德国 CLASS 公司生产的林木收获机，其收获台由液压控制推拢架上下调整位置，将林木向中间聚拢，并向前推弯，便于圆盘锯切割。同时，由位于收获台两侧的螺旋搅龙将灌木向中间推送到喂入星轮，可以切割直径较大的林木。HTM 公司生产的林木收获机由一个直径 1 500mm 的圆盘锯切割林木，割断的林木依靠圆盘锯上方带拨齿条的筒架和立式喂入辊向后导送。作业时，收获台在支重轮的支撑下由底盘推行，转弯时由升降油缸升起。

（3）自走式能源灌木联合收获机

我国研制开发的 4MG-200 型自走式能源灌木联合收获机（图 9-3），可以一次完成无损平茬切割、输送、切碎、抛送、装箱和卸料等作业过程，设备连续作业能力强、单位能耗少、收获效率高，实现了沙柳高效联合收获。其主要技术特点如下：无损、平茬收割技术，辊式过桥输送技术，高效切碎技术，强力抛送技术，集成无损平茬收割、喂入、切碎、抛送、装箱和卸料一体化技术。

9.2.4　空中集材技术

在山区丘陵地区，除采用滑道、绞盘机、索道集材外，国外已试验、采用直升机集材和气球集材等作业技术。

（1）直升机集材

直升机集材在发达国家有所使用，瑞典和加拿大在 20 世纪七八十年代即开始使用直升机集材（图 9-4）。这种集材方式既不破坏地表植被和水土，也不损伤幼苗、幼树和保留木，有利于保护森林环境，且生产率高，但成本也特高。

图 9-3　自走式能源灌木联合收获机

图 9-4　直升机集材

（2）气球集材

在索道集材系统中，利用大型氢气球或氦气球提供升力，悬吊木材进行移运。在国外试验时，其最大起升量达 10t，主要解决沿海岸线高山森林的集材。试验表明，这种系留式气球集材方式生产效率高，不破坏地表，对幼苗、幼树和保留木无损伤，有利于生态环境的保护。但所采用的制氢系统费用昂贵，氢气易燃易爆，危险性较大。图 9-5 为气球集材的示意图。

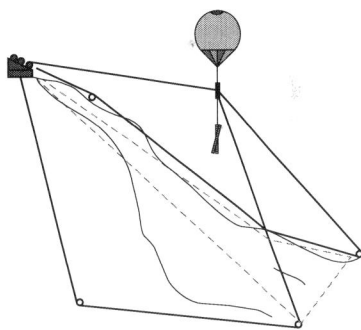

图 9-5　气球集材

9.3　森林作业人机工效学研究

森林作业人机工效学研究森林作业系统中，人和机械在森林环境下发挥工作能力、提高作业效率的问题。人和机械受森林资源和环境条件制约，使得森林作业成为一个艰苦、危险的行业。作业中人体容易疲劳，工效难以发挥，且容易发生事故。

9.3.1　机械作业的安全性问题

森林作业广泛应用便携式机械，如汽油动力链锯（油锯）、割灌机、背负式喷雾机等。相对于自行式机械，便携式机械必须由操作者携带进行作业，因此机械的重量、噪声、振动和热量给操作者带来疲劳感，导致事故的危险性增加。特别是油锯，必须依靠人手的握持和操纵才能正常工作，使用油锯成为整个采伐作业发生严重伤害事故较多的机械。在美国，木材采伐业是具有严重伤害危险的行业之一，其中，由于工人使用油锯伐木、造材、打枝造成的伤害占 17%，这中间有 20% 工人肢体被切割，29% 被划伤，23% 被扭伤，导致大量的经济赔偿和工作日的损失，影响到油锯作业的生产成本与劳动生产率。在日本，林业是最艰苦和事故发生率最高的行业。据统计，森林作业的百万劳动小时的事故率为 32.24，由此可推算出一个工人一生可能遭遇 2.8 次伤亡事故。日本的林业作业事故研究表明，事故率与工人的年龄、工龄和作业时间有关。

9.3.2 森林作业人体疲劳研究

森林作业人员出现疲劳的现象包括上肢、下肢和腰部主要肌肉的酸痛。人员疲劳后导致工作效率下降，大脑与动作的迟钝、反应能力降低和心理烦躁等生理和心理问题。

近年来，对人体疲劳的人类工效学研究集中在 3 个方面：影响肌肉疲劳的外部因素研究、影响精神疲劳的外部因素研究、生物疲劳研究。影响肌肉疲劳的外部因素包括不合理的作业姿势、不良的作业环境条件、不合理的机械参数和机械作业时间。对割灌机操作姿势的研究发现，肩侧挂式最佳，背负式次之，手持式最差。

在森林作业中人体受到便携式机械的局部振动或自行式机械的全身振动。作业人员由于长时间使用油锯、割灌机、凿岩机、铆钉机等手持式动力机械可能产生职业性的振动病，症状为手指、手腕的麻木、痛、冷、僵硬、手指灰白色(也称白指病，white finger)。此病的预防措施是减少机械的振动、改善手部保暖和限制作业时间。拖拉机操作人员受到全身振动，会引起眼球振动，致使视力下降，产生头晕、胃下垂等症状，影响作业效率并导致事故。研究表明，应有针对性地减少水平振动 1~2Hz 和垂直振动 4~8Hz 这一人体全身振动敏感频率范围的振动。

森林作业机械的噪声是造成作业人员精神疲劳的重要诱因之一，轻者影响思维神经系统和正常语言交流，重者导致耳鸣、听力下降。噪声的危害与噪声频率、噪声强度、噪声暴露时间有直接关系。噪声的防治主要是通过减小机械的振动源噪声、增加噪声隔离防护来降低作业人员的耳旁噪声。影响操作者精神疲劳的外部因素还有：快速和高度重复的单调操作、对工作的兴趣和责任感、休息睡眠状况以及其他精神因素。

生物疲劳是人体固有的一种周期性疲劳。人体具有生理生物节律(biorhythm)，人的智力、情绪和体力状况随时间呈周期性变化，智力状况曲线周期为 33d，体力为 23d，情绪为 28d。据统计，林业机械作业中工人产生疲劳和职业事故的日期多与其在该日的智力、体力、情绪处于不安定状态有关。

为了减少森林作业人体疲劳，今后需开展的工效学研究方向有：机械的轻量化研究、作业机械的人机操作界面研究、减振和降噪研究、合理的作业时间机制等管理工效学研究等。

9.3.3　森林采伐机械人机环境系统评价

作业机械是构成人—机—环境系统的关键要素之一，对森林采伐作业机械的人机环境系统评价，对采伐机械的优化设计和合理运用有着重要意义。对森林采伐机械的评价内容包括 5 个方面：

（1）生理负荷

保证机械操作人员在作业过程中的生理负荷处于其生理承受能力范围内，既保持较高的生产效率，又要避免产生超负荷和过度生理疲劳现象，实现人机环境系统经济、高效、安全的运行，一般以操作者的相对心律、能量相对代谢率衡量。

（2）心理负荷

心理负荷随人的作业时间、环境、紧张程度和生理疲劳状况等因素而改变，应避免由于心理承受能力不足和负荷过载原因而影响系统运行的安全、效率和人身健康。

（3）人机交互界面

人机交互界面合理与否直接影响操作人员的心理疲劳、工作负荷、作业安全和机械设备的工作效率，其评价内容包括工作台、座椅、显示系统和控制系统等。

（4）作业机械的安全性

评价内容包括人员素质、设备状况、作业特性、环境条件和管理水平等。

（5）环境效益

衡量环境对作业机械的使用性能和系统协调运行的影响，也即机械对环境的适应性，其评价内容包括机械驾驶室的微气候环境、噪声环境和机械对采伐迹地条件的适应性等。

9.4　森林工程信息技术

森林工程作为在林区、森林中进行工程作业的行业，依赖于地理、地形、气候、土壤、林分、植被、水流等自然界信息和人员、机械、道路、设施等经济技术信息，开展森林工程勘测、规划、设计、施工、作业、管理等工程技术和经济活动。信息技术就是用于管理和处理各种信息所采用的各种技术的总汇，包括信息的收集、汇总、传输、处理和应用（表 9-3）。信息技术在森工领域可以大有作为。

表 9-3　信息技术框架

信息技术				
信息收集	信息汇总	信息传输	信息处理	信息应用

9.4.1　森工 GIS 技术

地理信息系统（geographic information system，GIS）技术是在计算机硬、软件系统支持下，对地球空间中的有关地理分布数据进行采集、储存、管理、运算、分析、显示和描述的技术系统，其核心是数字地图。GIS 中的数据采集有现有地图数字化、全球定位系统(global positioning system，GPS)、航空或卫星遥感(remote sensing，RS)、数字测图技术4种，因而我们也把 GIS、GPS 和 RS 三种技术集成在一起，称为"3S"技术。GIS 应用到各行各业，就形成了交通、城市、农业、林业、国防等专题 GIS 系统。在森林工程领域，利用 GIS 技术，即可为森林作业和工程建设提供所需的地理位置信息和相关的各种属性信息。

GIS 技术在森林工程领域的应用有4个方面：

(1)森林作业区域的地理信息查询

包括三维空间位置以及相关的属性，用于伐区勘测和区划、道路定线、人员和设施定位、作业控制点定位以及树种、林种、植被类型的查询等。

(2)作业区域的空间分析计算

如距离、面积、体积、坡度、坡向等的计算，伐区的权属、林木蓄积、采伐量等的分析计算，道路土方工程量、运输线路、索道横断面计算分析等。

(3)专题图的绘制输出

包括作业区域地形图、伐区区划图、索道设计图、运输线路图等的绘制。

(4)森林工程信息管理

如森工生产人员、机械设备、物料的分布和统计，木材采集运贮的管理等。

9.4.2 数字林业技术

林业信息化是发展现代林业的必然趋势。数字林业是林业信息化的一个产物，它是在数字地球大框架指导下，应用"3S"技术、计算机技术、数字化技术、网络技术、智能技术和可视化技术，将各种林业信息用地理坐标确定并连接起来，实现标准化规范化采集与更新数据，实现数据充分共享的过程。作为一个林业信息集成系统，它具备三维显示模式，采用虚拟现实技术，由网络连接各个分布式数据库，形成一个整体的、统一的林业信息开放系统，为林业和全社会提供信息服务。

数字林业的基本框架包括4个重要部分：①完备快速的网络环境；②完善准确的数据资源；③稳定可靠的安全保障；④便捷可视的应用平台。数字林业的数据资源有：基础数据、林业专业知识、科研成果、人才等静态数据；林地、森林、林木、湿地、荒漠等资源和环境信息；森林经营、工程作业、规划设计等人为活动信息。

数字林业的应用平台是针对数字林业的服务对象和目标建立的专业系统，如六大林业生态工程专业系统的建立，可为工程应用部门提供技术支撑与服务。应用平台面向不同用户群体的需求，针对不同专业领域，最终为用户和专业业务服务。如为采伐规划设计提供地形地势、资源分布、木材蓄积、集运材线路等资料信息，为林区道路工程提供地理位置、控制点、坡度坡向、植被覆盖、水文气候等信息。

近年来进一步提出了智慧林业的概念，它是将传统的"数字林业"的"3S"技术、计算机技术、数字化技术、网络技术、智能技术和可视化技术等与云计算、物联网、移动互联网、大数据等新一代信息技术相融合，通过感知化、物联化、智能化的手段，形成林业立体感知、管理协同高效、生态价值凸显、服务内外一体的林业发展新模式。

9.4.3 森工优化与模拟技术

（1）概述

森林作业系统中采伐、集材、装车、运材等诸多环节是一个动态的过程，随着采运系统的复杂化和机械化程度的提高，已经难以通过现场实验来寻找最经济合理的方案。要把很多机械组织到一块林地上进行对比试验是很费钱费力的，有时甚至是不可能的。应用计算机模拟，可以迅速地揭示研究对象的内在联系和规律性，从而免除实物试验中的物质和劳动消耗。

国外对采运系统的模拟已经从单个机械的运行模拟发展到多工序多机械的综合模拟。对伐木归堆机、集材机建立模拟模型，按照地形、林木和机械运行要素进行模拟。并可随时改变有关参数进行分析评价，提供了一种采运机械设计和选型的有效工具。对集材、装车、汽车运材的相互运行关系分析模拟，可求解出生产率、单位成本和设备费率，决定最佳运材汽车台数等。

森林作业是由人、机、林木、地形等要素组成的系统，情况复杂多变，需要进行正确的设计选择。采用计算机模拟和优化，可以分析比较不同的作业方式、作业机械、林地条件和树木特性对系统运作的影响，支持规划设计中的决策。森工计算机模拟的对象包括油锯采伐、地面集材、索道集材、木材装卸、木材运输、林木资源变化、生态环境演变等。除单工序的作业模拟外，工序之间的运转关系模拟也是一个重要的趋势，如针对多台机械的作业关系、前后工序的衔接关系、物流均衡关系的模拟等。更进一步是对若干工序组成的较大系统的整体模拟，如对采集系统、集装运系统、混合运输系统，甚至包括采集运贮全过程的系统集成模拟。

（2）森林作业机械模拟

早在1985年，美国华盛顿大学即推出了间伐作业机械的计算机模拟系统。在该系统中输入伐木联合机的主要结构参数，即可显示该机的三维实时运行图。在指定林分和地形条件下可观察和审视联合机的作业情况，从而得出其悬臂长度、伸幅、伸臂运转速度、树堆尺寸、机械倾覆稳定性、作业效率等因素的相互关系。该系统成为联合机参数设计和作业评测的一个有效工具。

在自行式林业机械的设计中。车辆乘坐是一项重要的人类因素设计。对前部装有伐木头的夹钳—承载梁式集材机，将其简化为发动机、驾驶室、前桥、伐木头和夹钳—承载梁5个主要部分。对这5部分之间的位置关系进行选择，通过模拟其在给定地形条件下行驶时的交错颠簸，评测出每个设计方案的车辆座位处运动特性，包括位移、加速度、驾驶员视野等，从而选择出给定地形条件下较好的设计方案。

在择伐作业中，林用车辆回避障碍物的机动性显得格外重要。为了模拟转向几何学对车辆行驶距离的影响，可建立计算机模拟模型。在屏幕上显示障碍物区（森林林木）、车辆及随机认定的目的地，林木按直径分布，车辆由其长度和长宽比定义。由操作者通过操纵杆在屏幕上驾驶车辆，可前进、后退、左右转向和控制行驶速度，把车辆驶到目的地。模拟结束后可输出运行结果：车辆尺寸、行驶比率、向前行驶距离、向后行驶距离、侧向行驶距离、总行驶距离、车辆起始位置到目的地的直线距离、转向几何、从最小到最大的直径等级中每级的树木数量等。

采用计算机对汽车的燃料经济性和动力性进行模拟计算，可迅速方便地反映运材汽车的 E-P 性能，尤其是汽车在各种不同使用条件下其 E-P 性能的变化情况。该模拟可应用于了解和评价汽车的动力性和经济性，预测 E-P 性能随使用条件的变化，进行多方案组合如变速器、驱动桥、发动机组合的 E-P 性能预测和选优，用于改进设计和发动机与传动系的优化设计等。

（3）集运材作业模拟

无论地面集材或空中集材，均可以应用计算机模拟进行集材作业的分析，以辅助生产作业工艺设计。

为了更有效地研究索道系统并指导生产设计，需要寻找索道集材的一般模拟方法。采用"白箱"方式，对集材索道的运行过程进行力学和运动分析，建立模拟模型，在计算机上对整个运行过程进行模拟计算，从而找出系统受力和运动的整个变化情况。其中承载运行阶段的模拟由载荷受力分析、索系—跑车子系统的力学关系分析、载荷运动轨迹与跑车运行轨迹的确定共 3 部分组成。通过指定各种集材运行要求，可人为控制索道系统的运行状态，从而得以详尽分析检查索道系统在各种条件下的实际工作情况。

采运系统的集、装、运、贮各环节的运转是一个动态过程。由于其随机性和集材、装车楞场的经常变换，单靠经验是无法取得最佳的机械系统配置方案的。然而，应用计算机进行模型分析，可以不经过实地作业就能够解决系统分析的问题，并可用于预测机械设备的运转关系问题，以及求解生产率和生产成本等。STALS（集材运材和楞场模拟）软件即应用计算机模型解决集、装、运、贮各环节的综合优化分析问题。这是一套采运系统分析软件，采用单工序算法、排队理论和模拟技术，针对流水式集材楞场，对集材、装车和运材的相互关系进行分析。单工序算法对集、装、运的生产率、单位成本和设备费率分别进行估算。排队理论用于决定运材车辆在楞场的概率、运材生产率和最佳运材汽车台数，模拟技术用于计算机械延误和采运生产成本。

该软件只要求提供采伐量、楞场容量、集材机台数和运行周期、集材机平均集材量和平均费用、装载机台数和费用及平均装车时间、运材汽车台数和平均运材量及运行周期等 16 项基础数据，即可对由若干轮式集材机、装载机和运材汽车组成的集运材机械系统进行分析计算模拟。软件中的单工序算法和排队分析法属于静态的方法，模拟技术则可分析集运材系统内部的动态关系，包括机械延误、楞场贮木过满或木材短缺等情况。软件可用于模拟计算针对一个存贮区的物料进出机械运输系统，仅要求机械到达存贮区的时间符合泊松分布。该软件适用于大多数流水式木材采运系统，包括地面集材、索道集材、整树削片、直升机集材等。软件模型设定一个木材暂存区且木材在运材车辆到达后才进行装车，即没有预装。该软件可用于辅助采运系统的优化设计分析，也可作为一种学习和研究的工具。

9.4.4　森工大数据技术

9.4.4.1　大数据的概念

近几十年来信息技术的发展，其关键技术已从硬件转向软件，然后再转向了数据，近年来更是从传统的常规数据概念转向大数据(big data)的概念。

大数据是指大小超出了传统数据库软件工具的抓取、存储、管理和分析能力的数据群。大数据包含了人类历史和当今正在收集的关于自然、社会、经济等全方位的数据信息;据估算,全球的电子数据总量在 2011 年已达到 1.8ZB(1ZB = 10^{21} byte),且每 2 年增加 1 倍(与描述计算机芯片性能发展速度的摩尔定律相符),到 2015 年达到 8ZB,预计 2020 年可达到 35ZB。

大数据的特征是 4V(volume, variety, velocity, value),即大量化、多样化、快速化和价值。大量化(volume)是指海量数据,以拍字节(PB,10^{15} byte)以上的数量级来衡量。多样化(variety)指数据类型繁多,包括数字、文本等结构化数据和图片、音频、视频等非结构化数据,以网络日志、生产和消费记录、地理信息、文档、网页、电子邮件、社交媒体等具体形式存在。快速化(velocity)指数据的采集、传输、存储、处理快速;大数据主要来源于互联网,按照 1 秒定律,可从各种类型的数据中快速获得高价值的信息。价值(value)一方面是指大数据有着传统常规数据处理达不到的特殊高价值,又表示单位数据的价值很低,即价值密度低。

大数据技术就是从各种各样类型的数据中,快速获得有价值信息的技术能力。大数据最核心的价值就是在于对于海量数据进行存储和分析。大数据分析中大量采用统计分析、数据挖掘(分类、关联、聚类、预测、可视化等)、模型分析(预测模型、机器学习、建模仿真)、知识发现等技术。图 9-6 为大数据技术的基本框架。

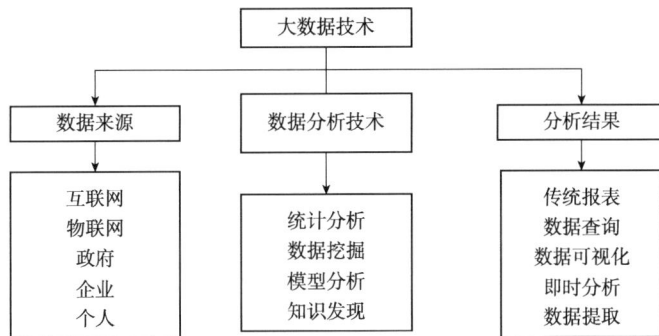

图 9-6 大数据技术基本框架

大数据的成功应用已产生重大价值。大数据的应用广泛,几乎涉及各个领域:食品、医疗、资源、能源、通信、交通、商业、金融、工程、环保、文化、安全等。简言之,大数据的来源和应用全方位覆盖了人类的吃穿住行、收集的自然现象、全社会的经济文化活动。大数据的一些典型应用例证包括:沃尔玛对啤酒和尿布的捆绑销售、美国航班延误分析系统、纽约市教师教学效果评估、广联达的数据销售、基于大数据的波士顿交通智能化等。

9.4.4.2 森林工程对大数据的需求

在我国林业生态体系和林业产业体系建设中,森林工程行业肩负着森林资源建设、管理与保护以及森工产品和服务开发的使命。森林资源和环境建设、森工产品生产和消费均对大数据提出了迫切的需求。

(1)森林资源分析

从森林资源调查、规划、建设到开发利用的全过程，均需要掌握详尽的资源分布数据，包括空间分布和时间变化情况。森林资源具有自然属性和非自然属性，自然属性主要是指森林资源状况；非自然属性包括森林经营历史、经营条件及未来发展等方面。

五年一次的全国森林资源清查(一类调查)就需要大量使用卫星遥感、地理信息系统、全球定位系统("3S")的大数据，综合历史数据，分析资源动态变化，预测发展趋势。

规划设计调查(森林经理调查、二类调查)立足于林业基层生产单位(林业局或林场)，全面掌握森林资源的现状及变动情况，分析以往的经营活动效果，为编制基层生产单位的森林经营方案或总体设计等提供可靠的科学数据。二类调查的数据粒度为小班(林业生产基本单位)，包括各地类小班的面积、蓄积量、生长量和枯损量等。

林业基层生产单位为满足伐区设计、造林设计、抚育采伐设计、林分改造等而进行的资源调查，均属作业设计调查(三类调查)。其目的是清查一个伐区内或者一个抚育改造林分范围内的森林资源数量、出材量、生长状况、结构规律等，据以确定采伐或抚育改造的方式、采伐强度，预估出材量以及拟定更新措施、工艺设计等。

(2)森林环境分析

对林木个体和森林群落而言，森林环境是指森林所处的空间以及影响森林生长和发育的一切因素的总和。对森林工程而言，森林环境就是影响森林工程作业的森林地理环境、森林生态环境和社会经济环境等因素的总和。

地理环境是指一定区域所处的地理位置以及与此相联系的各种自然条件的总和，包括气候、土地、河流、湖泊、山脉、矿藏以及动植物资源等。

森林的生长依赖于其生活的环境，即森林植物有机体生存空间内各种自然因素的总和，即森林生态环境。同时森林对环境也具有一定的影响和改造作用。

我们把各种自然因素条件单位称为环境因子，如气候因子、土壤因子、地形因子、生物因子等。对森林植物的生长发育有着直接或间接影响的环境因子称为生态因子，如温度、湿度、食物、氧气和其他相关生物等。生态因子可以划分为气候、土壤、地形、生物、人为共5类因子。

对森林环境的分析是一个多学科协作的共同体，需要地理、地质、气象、生物、非生物以及人类活动多方面的大量数据、知识和技术支撑，迫切需要大数据的支持。

(3)森工产品分析

森林是多资源的复合体，包括土地、立木、地被物、野生动物和微生物等，主要可为人类提供木材、竹材、薪材、工业原料等林产品，提供干鲜果品、木本粮油、食用菌类、药用植物以及野生动物等。森林是原材料和能源的生产基地。木材是国家建设和人民生活不可缺少的重要物资，主要作为建筑材料、造纸原料及各种工艺用材。

木材产品面向国内外大市场，生产必须符合消费需要。木材产品的品种、规格、价格、质量、市场、供应、运输、贮存、消费逐渐形成了一体化的市场机制，必须分析各种产品生产和消费的空间和时间分布状况，涉及木材资源、生产技术、投资格局、劳动力供应、木材物流、消费市场等全方位信息，离不开大数据及其分析技术的支持。

(4)森工服务分析

森林工程除了为社会提供森工产品以外，还可提供景观旅游、文化生活、休闲娱乐等服务功能，已经成为人类精神文明不可或缺的组成部分。这就将森林资源、森林环境、人文环境、社会经济、生态文明、人类精神生活等关联起来。这是一个更大的市场，呈现出日趋重要、发展迅猛、需求旺盛的前景。

对森工服务项目和产品的开发、规划和管理，需要详细分析服务的资源、消费需求、消费者心理和文化状况、软硬件的建设、交通运输、可持续发展等众多方面的数据，这是个跨学科、跨行业的大数据分析，覆盖了人、财、物、时间、空间的全面、综合、复杂的数据收集、分析、预测和管理。

(5)森工科学研究

科学研究存在着4种范式：科学实验、科学理论、模拟计算、数据密集型。实验科学产生了大量的数据，科学理论阐述这些数据并产生一系列的概念和原理。模拟范式则适用于复杂问题的解决，如森林作业生态效应模拟、复杂系统的蝴蝶效应模拟、人脑存储传输处理信息的运行模拟等。模拟方法正在产生大量的数据。而今，数据爆炸又将理论、实验和计算仿真统一起来，出现了新的数据密集型范式。

数据密集型科学由数据的采集、管理和分析3个基本活动组成。数据的来源构成了密集型科学数据的生态环境，主要有实验室实验、自然资源和环境检测、人的社会活动监测、地理信息、个人生活、企业活动、政府信息等，涉及多学科的大规模数据。例如，森林旅游交通信息就涉及道路、交通信号、车辆、驾驶人、行人、交警、交通法规、天气、旅游活动，如商业、游憩、娱乐、教育等。

9.4.4.3 大数据在森工行业的应用

大数据对森工行业发展提供了新的信息技术。大数据的应用可促进森林工程生产、建设、管理、服务、科研、教育的集约化、精细化和科学化，从而提高森工行业的竞争力，提升森工生产力水平和生态文明建设水平。

(1)政府监控和数据开放服务

政府部门对森工行业的指导和监控反映在一系列跨地域、跨时域的大数据上，包括对各地各林区各企业的资源监控、环境监控、采伐限额、国有资产管理、安全生产管理、防火防灾、地理信息服务等。在这些大数据的基础上，要进行资源统计和预测、环境变化分析、产业发展方向分析等。林业部门拥有了历年来海量的林业信息、地理信息、生产信息、科教信息、政务信息等数据资源，通过数据开放可以更好地制定政策、服务社会、管理行业，促进林业生态、产业、文化和文明的发展，提高管理和服务技术水平。

多年来，美国和西欧发达国家的政府已经逐步开放政府信息，扩大服务社会。在美国，自1966年开始实施《信息自由法》，到2007年实施《政府开放法》，政府信息迅速开放，目前开放率达到90%以上。政府数据开放(data.gov)覆盖了政府采集的原始数据、地理数据以及相关的数据分析工具和数据可视化工具，这些大数据涉及各行业、民生、社会、经济、科技的所有方面。

中国政府也于 2008 年开始实施《政府信息开放条例》，以发挥政府信息对人民群众生产、生活和经济社会活动的服务作用，跟上世界上现代政府的发展步伐。2015 年国务院发布了《促进大数据发展行动纲要》，系统部署大数据发展工作。

互联网搜索的发展让越来越多的的人开始在网络上快速查找林业和森工资源。基于网上大数据的分析，可以预警森林病虫害、火灾的发生、发展，也可分析各种森工产品的生产、贮存、销售等趋势，还可预测森林公园、旅游景区等的游客人数变化等。

（2）森工行业生产

森工行业主要生产木质产品，可以利用大数据分析木材的需求和价格趋势。通过物联网收集木材的生产、物流、交易、供应信息，分析市场需求模式，从而推行精准营销、柔性生产，更好地满足消费者需求，提升森工产品的市场竞争力。

林业物流是物联网应用的重要领域。获得物联网支持的物流系统，可以使物资流通成本大大降低，使物流运输效率极大提高。而且在物资运输过程上，可以实现"精确运输"，真正实现物流的信息化。对于物流来说，物联网所需要用到的感应器主要应用在货物、交通工具等方面。

芬兰 MHG 系统公司是世界领先的生物能源 ERP 系统供应商。它提供基于信息技术服务与数字地图服务的各种解决方案，主要服务于能源、生物燃料、林木收获、采伐、运输、林业管理和林木产业，可覆盖从林区到生物能源热电厂的整个供应链，包括从林地到发电厂的生物质能源材料的收获、运输、仓储、分配的全过程的精细化识别、定位、跟踪、监控和管理。MHG-ERP 系统提供野外现场应用、后方系统中心应用和办公室应用 3 个主要功能模块。其中野外现场应用模块采用传感器、移动设备、智能手机、掌上电脑、笔记本电脑、Auto GPS 和电子地图软件，实现伐区和运输车辆的实时信息采集、交流、传输，包括目标地点方位数据的 GPS 采集、电子地图定位和传输、车辆方位和道路跟踪、单车燃料消耗和 CO_2 排放记录等。

（3）森林工程研究

如前所述，数据密集型科学由数据的采集、管理和分析 3 个基本步骤组成，涉及多学科的大规模数据。森林工程学科研究森林资源、森林环境、工程经济、森林服务的发展变化规律，优化资源、环境的整体开发和可持续经营，大数据以原始数据、分析数据、统计数据等形式可为森工科学研究提供有力的支持。

①原始数据支持　一方面，林业和森工行业产生了大量有关资源、环境、产品的原始信息数据，分散掌握在政府部门、企业、科研院所，但由于缺乏共享机制，大多数没有发挥出应有的整体效益。

随着大数据的开放，科研人员可以方便地获取行业数据，从而有效地开展研究，提高科研投入产出效益。例如，大比例尺的遥感信息、林业和森工从业人员信息、森林工程投资项目信息、森工机械装备信息、森林资源调查原始数据等均可为相关的科研项目提供原始数据依据。国内外森工作业工伤数据可支撑工伤规律的研究，以便提高安全生产水平。各地森林各树种的碳吸收、碳呼吸研究数据的共享有利于森林碳汇、碳交易、碳平衡的研究。森工机械设备的材料、制造工艺、性能指标、使用情况等数据对森林作业的生态足迹、生态效率和生态包袱的研究尤为重要。森林工程项目的规划、设计离不开详尽的森林资源和环境数据以及众多的经济、法律、政策信息和案例数据。

②分析数据支持　利用大数据的分析技术，可为森工科研提供有效的支持。传统的研究是小而全的，从数据收集、数据分析、模型建立到模型数据展现均由研究人员自己独立进行，研究工作效率低下。随着大数据技术的开放，研究人员可以便捷地利用各种分析工具，加大研究的广度和深度。采用数据关联技术，研究者可以探寻不同采伐方式、集材方式对资源环境的长短期影响规律，可以研究不同地形条件下的作业方式、作业机械优化问题，研究风景旅游项目的投入产出绩效等问题。

③统计数据支持　森林工程面临的是复杂的生态环境经济问题，尤其需要对大规模的各类数据进行统计分析，以寻找系统复杂的变化规律，预测其发展趋势，并通过敏感性分析研究不同因素的影响效果，从而有效地指导森工生产和建设。

大数据提供了各种可视化技术。大数据及其分析结果以数据表格、图形、模拟仿真动画等形式呈现。按照研究需要，这些展示内容可以反映具体的生产工艺流程、工程进度图表、效益分析图表、人力机械材料需求图表、工程质量分析图表等。

9.5　森林工程生态学

自 2006 年起，我国森林工程学界探索工业生态学的理论和方法，并将其应用到森林工程领域，以解决林业资源开发利用与森林资源可持续发展和生态环境保护的协调发展问题。

9.5.1　工业生态学

工业生态学(industrial ecology)，又称产业生态学。它把工业系统视为一个特别的自然生态系统，采用系统分析的方法，研究工业系统与自然生态系统的相互作用与关系。

一个自然生态系统由两部分组成：一部分是生物部分，包括生产者、消费者和分解者；另一部分由非生物组成，如环境温度、土壤、水、CO_2、O_2、有机质养分等。生态系统的本质是生物和环境的相互作用关系，亦即生态学的研究对象。生态系统的基本功能是生物质生产。生产的基本过程是能量流动、物质循环和信息传递。生态学是研究生物有机体与其周围环境之间相互关系的科学。

在一个工业系统中，从原材料到产品，形成了物质传递过程。在这个过程中，消耗了资源和能量，产生废物和排放，会造成生态和环境损害。工业生态学将工业项目视为有机体，采用生态学的原理和方法，研究工业系统的物质流、能量流、信息流、工业代谢、物质减量化、能源脱碳、生命周期评价、清洁化生产等。

工业生态学的基本概念是构建工业生态系统，对其进行系统、多学科的研究。工业生态学已成为当前研究循环经济、低碳经济、节能减排、清洁化生产等热点问题的重要方法。

9.5.2　工程生态学

工程生态学将工程项目视为有机体，研究其内部以及与外部环境的物质循环、能量流动和信息传递方式，揭示工程生态系统的结构、功能机理，从而寻找其进化、发展的途径和机制，达到工程与环境和谐相处、互利共赢、生态平衡的局面。

工程生态学的研究方向为：

（1）工程生态系统理论研究

分析各类工程生态系统的结构、功能和发展演替规律，揭示工程生态系统的特殊性和普遍性。进一步探索工程生态学本身的理念、研究对象和研究方法体系。

（2）工程生态系统中物质、能量、信息流动分析

在界定工程生态系统边界的基础上，应用物质流（mass flow）理论分析工程材料、水、土、岩、植物、动物的循环结构、流动方向。分析不同工程实施方式下的工程作业能量流动模式，包括人力、燃料、机械能和热能，分析其投入产出机制。

（3）工程生态系统内物质减量化

研究工程项目的物质减量化方法，包括节能、节材省料、节水、节时、节省空间的途径和措施。研究系统内增加物质循环、回用和减少废料的途径。研究以信息传递代替物质传递从而减少物耗和能耗的模式。研究结构和构件的耐久性，延长工程服务期，从而在一定时间尺度上达到物质减量化。

（4）工程生命周期评价

考察以工程项目为核心的工程生态系统的全生命周期，包括工程从策划、建设实施到运营使用 3 个阶段的全过程。跟踪工程产品从原材料采掘、施工到工程运营期满最终废弃的全过程，寻找工程生命周期内各种形式资源包括人力、财力、物力、时间、空间的投入与产出及其与环境的相互影响，从而指导工程产品的建造和使用。

（5）清洁生产施工

清洁生产施工要求从原材料、施工过程到工程产品运营都要考虑与生态环境的关系和对生态环境的影响。在施工期采用对环境无害或少害的资源和施工工艺，在运营期使最终工程产品在使用中和废弃后对环境破坏最小。对工程生态系统按照节省资源、节省能源、环境保护和劳动保护的 4 个基本要求，分析其生命周期中各阶段的清洁化生产施工内容。在施工作业层面上提出清洁化施工工艺系统的设计指南，从而使施工作业系统中的人—机—料—环境达到协调状态，保证生态和环境效益。

（6）工程生态工业园

按照生态工业园的模式，以具体工程系统为核心，建立工程生态工业示范园区，其中包括围绕工程系统的上下游产业，形成一个工程和市场共生体。

9.5.3 工程生态系统

生态系统是生态学的一个基本功能单位，它就像一部由许多零件组成的机器，这些零件之间靠能量的传递而相互联系并完成一定的功能。

自然生态系统作为一个有机整体能把废物减少到最低限度，一种有机体排出的废物成为对另一种有机体有用的物质和能量的来源。所有动植物，无论生死都是另一些生物的食物。在这个奇妙的自然系统内，物质和能量在一系列相互作用的有机体之间周而复始的循环。

将工程与有机体类比，就产生了工程生态系统的概念。将工程系统看作自然生态系统的一部分，与工程环境一起组成工程生态系统。工程系统是有着一定时空结构的工程项目。工程环境包括自然环境和社会环境，前者分生物环境和非生物环境，后者可划分为政治环境、行政环境、经济环境、法律环境、文化环境等。

工程生态系统具有类似于自然生态系统的分层结构：个体—单项工程、种群—单位工程、生物群落—工程群、工程生态系统—工程系统与外部环境构成。工程生态系统与自然生态系统一样也具有能量流动、物质循环和信息传递的功能。

9.5.4 采运工程生态学研究

（1）森林工业生态学研究

芬兰科学家以森林生态系统为模型，分析森林工业生态系统的各种生态流：物质流、营养流、能量流、碳流，从而揭示一个国家层面上的森林工业的工业生态学模式（图9-7）。

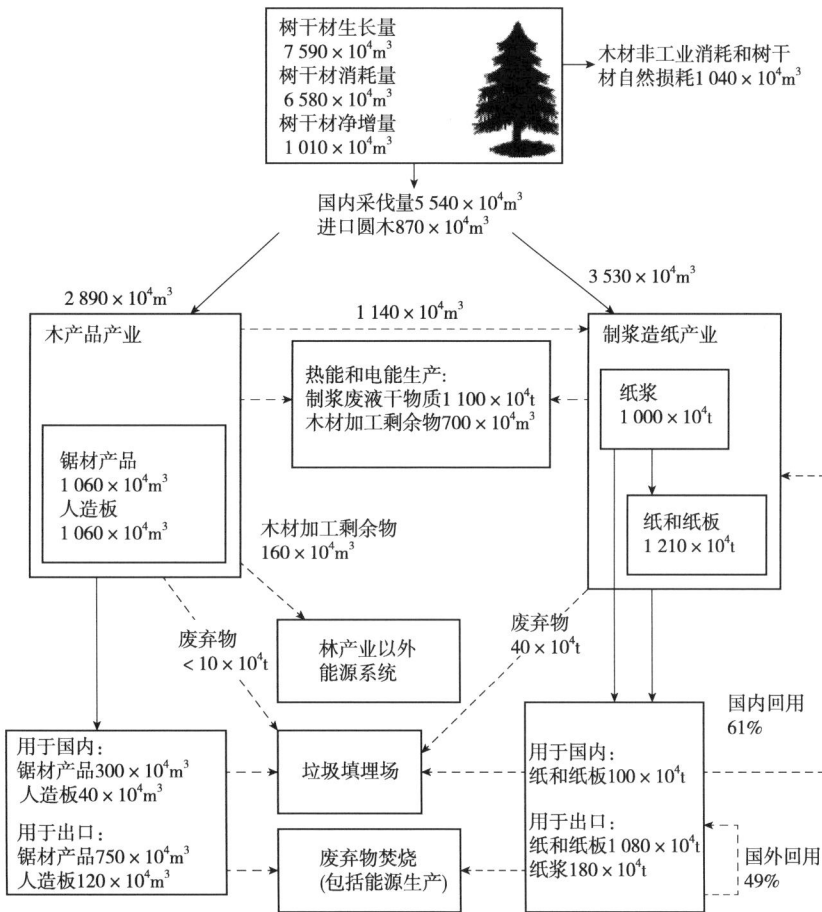

图 9-7 芬兰森林工业生态系统物质流

（2）木材采运系统物质流与能量流模式的分析

在木材采运系统中，木质流是物质流中的主要形式。木质流即木质材料流，木质材料以树干、树根、树枝的形式存在于立木中，在木材生产过程中其物理形态会发生变化，但其物质内容保持基本稳定，除非发生燃烧或腐朽。

　　木材采运系统物质流中还有非木质生物质流、养分流、土壤流和水分流。非木质生物质以树叶、树皮和植被、灌木的形式存在，它们在腐烂或焚烧后转化为土壤中的养分，同时排放出 CO_2 等气体。养分留存于土壤中，水分存在于木质材料、生物质和土壤中。养分随水分或土壤迁移，如被植物吸收或随水土流失。

　　图 9-8 以物质流图的形式反映以原木为产品的采集生产工艺选择。

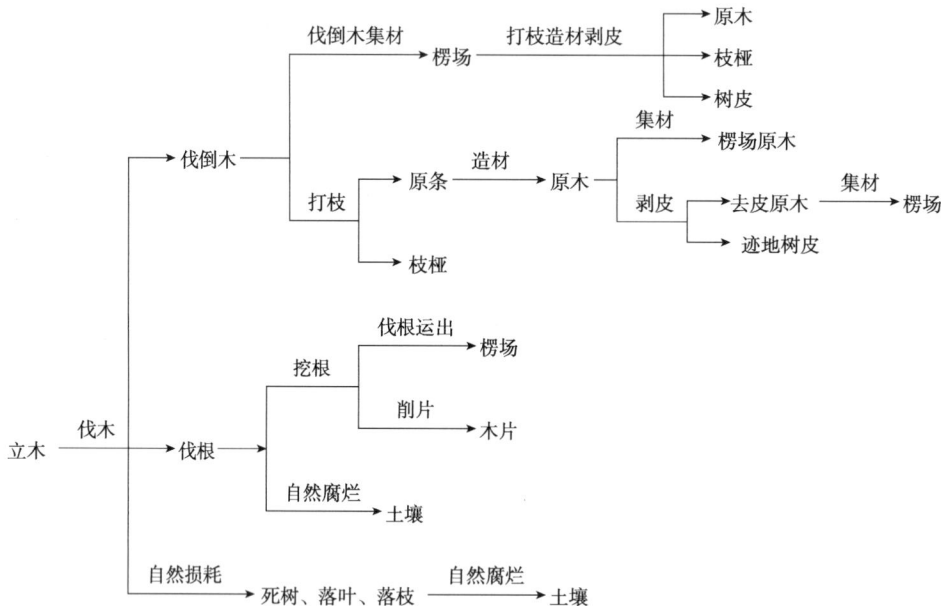

图 9-8　原木采集生产物质流图

　　图 9-9 为原木采集系统中木质流、生物质流、养分流、土壤流和水分流的耦合关系。

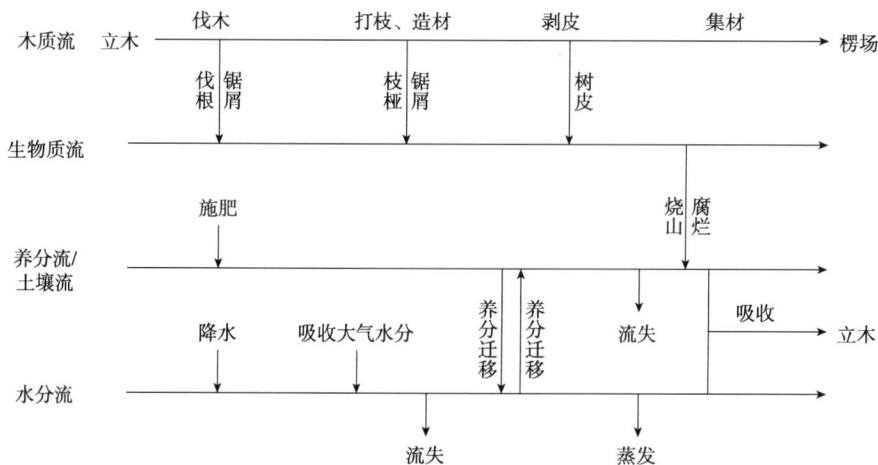

图 9-9　原木采集系统物质流的耦合

在原木采集生产系统中，作为原料的立木，经过加工和搬运，改变了形态和位置，最终转变为原木产品。在这个过程中，人力、畜力、燃料和电力等作为能量投入，推动着相应的物质流，如图 9-10 所示。

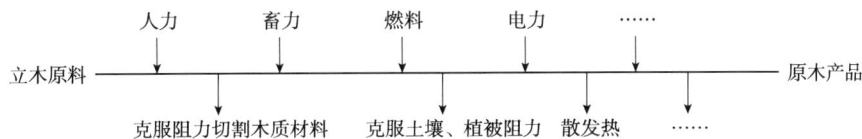

图 9-10　原木采集系统的物质流和能量流的耦合

如图 9-11 所示为桉树人工林原木采集生产系统中，木质和非木质生物质流从采伐点到集材楞场的时空分布网络图实例。

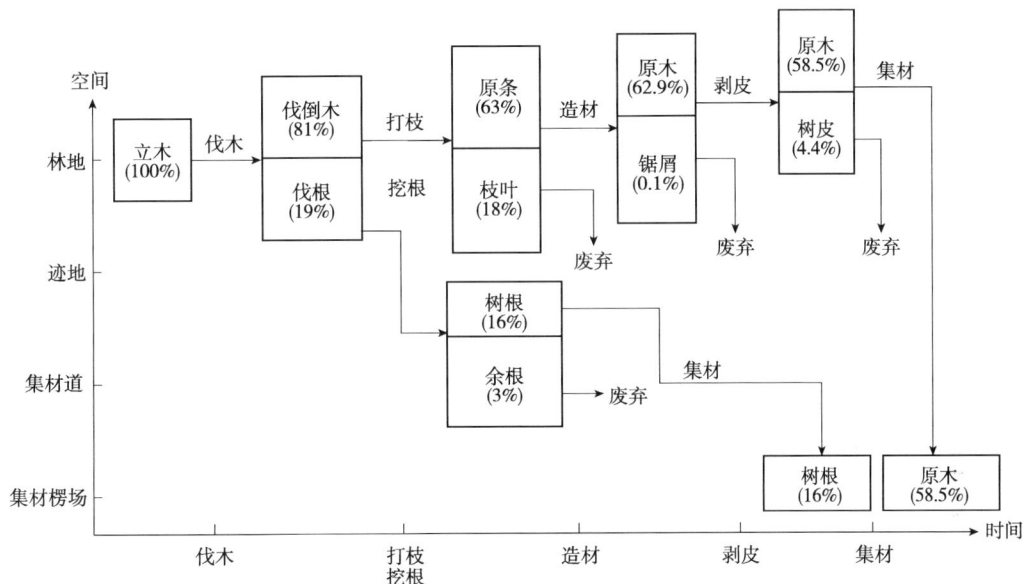

图 9-11　木质和非木质生物质流的时空分布网络图实例

(3)采运系统生态效率研究

生态效率(eco-efficiency)为一定系统的产品或服务的经济价值与所造成的物质资源消耗和环境影响之比，其中环境影响包括材料和能源消耗、污染和废物排放。这样，生态效率就综合了系统的经济效益和环境生态效益这两大效益。

采运系统的生态效率评测模型为：

$$生态效率 = \frac{木质产品价值}{森林资源和环境消耗} \tag{9-1}$$

以油锯采伐为例，按照其中各种资源、能源的实际输入输出情况，可得出如图 9-12 所示系统流。

根据生态效率的定义可得到衡量评价油锯生态效率的 2 个指标：能源效率(λ_1)和环境效率(λ_2)。

$$能源效率(\lambda_1) = \frac{木材产量(P)}{能耗(E)} \tag{9-2}$$

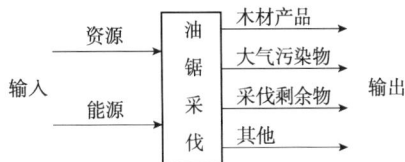

图 9-12　油锯采伐的输入输出流

$$环境效率(\lambda_2) = \frac{木材产量(P)}{废气污染物排放量(W)} \qquad (9\text{-}3)$$

赵曜(2010)综合分析了 BH29 型和 Stihl 051AV 型两种油锯在森林采伐作业中的能源效率和环境效率，表 9-4 为两种油锯的生态效率对比，结果表明后者的生态效率较高。

表 9-4　BH29 型油锯与 Stihl 051AV 型油锯的生态效率对比

油锯型号	产品 $P(\text{m}^3)$	能源效率 $\lambda_1(\text{m}^3/\text{MJ})$	环境效率 $\lambda_2(\text{m}^3/\text{MJ})$
BH29	1	0.007 0	0.042 7
Stihl 051AV	1	0.007 9	0.052 0

今后，采运工程生态学研究将规范人工林采运生命周期评价方法、人工林采伐作业的清洁生产评价指标体系、人工林采运的清洁生产指南，需要开展人工林作业环境—资源—经济综合分析、人工林采伐系统生态效率评价方法、人工林采伐更新系统的生物质流与养分流的时空耦合特性等方面的研究。

9.5.5　道路环境生态学研究

林区道路是森林工程的主要研究领域之一。对道路工程的工业生态学研究是解决道路经济效益和道路环境效益对立统一的有效途径。

道路环境生态学集中研究道路建设和运营使用对环境的影响规律，包括水污染、大气污染和土壤污染的机理和防治措施；研究道路工程对湿地的影响和相应的保护对策；研究道路工程的物质减量化。已经并将继续开展的研究有以下 7 个方面。

(1)湿地污染研究

分析公路与桥梁工程在施工阶段和运营阶段产生的水污染对周边湿地的影响问题，包括施工期生活污水与施工废水造成的污染，以及投入运营后的路面径流水和公路配套服务区污水造成的污染。分析这些水污染问题对湿地生态系统的干扰，从而提出减少和防止水污染问题的措施。

(2)径流污染研究

近年来，为探讨公路沥青路面径流污染物的特性，对一些公路的沥青路面径流排水进行了连续取样监测，采用单因子指数法进行评价。结果表明，高速公路沥青路面径流受污染物 SS、COD、BOD_5 及重金属 Cr、Ni、Pb、Cd 的污染都很严重，且生物可降解性很差。通过实验分析公路路面径流污染物的成分、含量及其影响因素，污染源及污染物从路面到受纳水体的迁移过程，以及污染物对受纳水体水质的影响，提出了相应的污染控制措施。

(3)大气污染研究

道路运营造成的大气污染在公路两侧沉降，造成土壤、水系和农作物等的二次污染。通过现场实验检测大气污染的现状、来源、危害、分布规律及影响因素，探索分析地形地貌、气象、交通、绿化、路基等对大气污染的影响规律，提出公路两侧大气污染的时空分布规律和扩散模型。

（4）土壤污染研究

道路交通对两侧土地产生污染。对某些公路沥青路面两侧土壤进行取样分析表明，在距离公路中心线 10~120m 范围内，重金属 Cd、Ni、Pb、Zn 对土壤造成了不同程度的污染，其中 Ni 的污染最重，其次是 Cd。通过分析路域土壤的重金属污染特性和土壤对重金属的消减规律，建立了污染物在土壤中的迁移模型。采用模糊数学方法可分析重金属污染的分布规律。对城区路面沉积物的粒径和重金属 Pb 的含量进行实验研究分析，结果表明，粒径在 0.1~0.25mm 的沉积物中 Pb 的含量最高，沉积物中 Pb 的含量与沉积物的粒径有较大的关系，粒径越小 Pb 含量越高。通过分析路面沉积物中重金属污染的主要种类和含量、沉积物中重金属的生物有效性、重金属污染的影响因素及其迁移转化过程，提出了控制道路沉积物重金属污染的措施以及今后研究的方向。

（5）道路环境景观研究

研究包括道路环境景观功能和结构、道路景观美学评价、道路景观规划设计等方面，形成了一门新兴交叉学科—道路景观生态学。研究道路景观空间结构和功能时空动态变化及相互作用机理，进行道路景观评价及规划设计，合理利用和保护道路景观，集成生态、地理、经济和人文各要素形成优化的道路景观环境。国内的道路景观生态学研究集中在边坡生态恢复、绿化设计、道路环境污染控制等方面。

（6）物质减量化研究

物质减量化研究内容包括物质减量化途径和具体措施研究两个方面。工程领域的物质减量化途径包括：提高资源利用效率，材料替代，提高产品耐久性，减少和利用废弃物，能量再利用，提高信息服务水平。提出了道路工程物质减量化的具体措施：减少土地占用、减少材料消耗、减少工程量、提高工程质量、采取预防性养护措施、利用工程废弃物、节约能耗等。

（7）道路工程环境生态学研究趋势

将从目前主要分析污染物质流和迁移机理扩展到污染阻隔、消减技术的研究，以及道路工程全生命周期的经济和生态环境分析评价。道路工程环境生态学研究迫切需要开展透水性沥青路面对路面径流污染的控制机理、公路路域土壤重金属污染及其植物修复机理、道路路域生态系统恢复技术等方面的研究。

复习思考题

1. 举例说明生态采运的具体技术。
2. 如何理解生态采运的理论体系和技术体系？
3. 今后的森林作业机械上还可以应用哪些具体的先进技术？
4. 在森林作业中如何减轻人的劳动强度？
5. 进行森林作业模拟时，要涉及哪些模拟要素？
6. 通过网络了解大数据的一些应用案例，对森工行业应用大数据有何启发？
7. 从生态学和工程学的交叉、融合而产生工程生态学的示例中，你能得到什么启示？
8. 你对森林工程的哪些研究方向感兴趣？为什么？
9. "3S" 技术在我们的日常生活中有何应用？与其在森林工程上的应用有何联系？

推荐阅读文献

1. 赵尘. 森工与土木工程科技进展. 北京：中国林业出版社，2008.

2. 中国科学技术协会. 2012—2013道路工程学科发展报告. 北京：中国科学技术出版社，2014.

3. 赵尘，张正雄，余爱华，陈俊松. 采运工程生态学研究. 北京：中国林业出版社，2013.

4. 史济彦等. 中国森工采运技术及其发展. 哈尔滨：东北林业大学出版社，1998.

5. 黄志坚. 工程技术基本规律与方法. 北京：国防工业出版社，2004.

6. 黄志坚. 工程技术思维与创新. 北京：机械工业出版社，2007.

参 考 文 献

《中国森林》编辑委员会.1997. 中国森林(第一卷 总论)[M]. 北京：中国林业出版社,

陈祥伟，胡海波.2010. 林学概论[M]. 北京：中国林业出版社.

国家林业局.2014. 中国森林资源报告[M]. 北京：中国林业出版社.

赵尘.2016. 林业工程概论[M].2 版. 北京：中国林业出版社.

赵尘.2008. 森工与土木工程科技进展[M]. 北京：中国林业出版社.

张志国.2014. 土木工程概论[M]. 武汉：武汉大学出版社.

罗福午，刘伟庆.2012. 土木工程(专业)概论[M].4 版. 武汉：武汉理工大学出版社.

王立海.2001. 木材生产技术与管理[M]. 北京：中国财政经济出版社.

张金池.2011. 水土保持与防护林学[M].2 版. 北京：中国林业出版社.

许恒勤，李洋.2010. 木材仓储保管与作业[M]. 北京：中国物资出版社.

李坚.2014. 木材科学[M].3 版. 北京：科学出版社.

周定国.2011. 人造板工艺学[M].2 版. 北京：中国林业出版社.

萧江华.2010. 中国竹林经营学[M]. 北京：科学出版社.

许恒勤，张泱.2003. 林区道路工程[M]. 哈尔滨：东北林业大学出版社.

黄晓明，许崇法.2014. 道路与桥梁工程概论[M]. 北京：人民交通出版社.

任征.2011. 公路机械化施工与管理[M]. 北京：人民交通出版社.

李亚东.2014. 桥梁工程概论[M]. 成都：西南交通大学出版社.

马立杰，王宇亮.2014. 路基路面工程[M]. 北京：清华大学出版社.

陈大伟，李旭宏.2014. 运输工程[M]. 北京：人民交通出版社.

胡济尧.1996. 木材运输学[M]. 北京：中国林业出版社.

于英.2011. 交通运输工程学[M]. 北京：北京大学出版社.

祁济棠，吴高明，丁夫先.1995. 木材水路运输[M]. 北京：中国林业出版社.

冯耕中，刘伟华.2014. 物流与供应链管理[M]. 北京：中国人民大学出版社.

国家林业局.2005.LY/T 1646—2005 森林采伐作业规程[S]. 北京：中国林业出版社.

史济彦.2001. 生态性采伐系统[M]. 哈尔滨：东北林业大学出版社.

王立海，杨学春，孟春.2005. 森林作业与森林环境[M]. 哈尔滨：东北林业大学出版社.

黄有亮.2015. 工程经济学[M]. 南京：东南大学出版社.

戎贤，杨静，章慧蓉 . 2014. 工程建设项目管理［M］. 2 版 . 北京：人民交通出版社 .

赵尘，张正雄，余爱华，等 . 2013. 采运工程生态学研究［M］. 北京：中国林业出版社 .

Uusitalo J. Introduction to Forest Operations and Technology［M］. Tampere，Finland：JVP Forest Systems.